昆虫资源学理论与实践
The Theory and Practice of Insect Resources

雷朝亮　著

中央高校基本科研业务专项资金资助项目

U0197467

科学出版社
北京

内 容 简 介

作者经过 30 多年的理论探索和实践研究，界定了昆虫资源与资源昆虫的区别，建立了昆虫学新的分支学科——昆虫资源学，并完善了昆虫资源学的理论基础和分支学科体系。本书以家蝇为材料，系统研究了家蝇生物学和生态学特性、人工大量饲养技术、产品研发及其综合利用，对昆虫资源的研究与利用具有重要的参考价值。

本书可供高等学校和科研院所从事农业、植物保护、昆虫学研究的教师及学生参考，也可供基层植物保护技术人员及农民专业养殖户参考。

图书在版编目（CIP）数据

昆虫资源学理论与实践 / 雷朝亮著. —北京：科学出版社，2015.12
 ISBN 978-7-03-046566-5

Ⅰ.①昆… Ⅱ.①雷… Ⅲ.①动物资源-昆虫学-研究 Ⅳ.①Q969.97

中国版本图书馆 CIP 数据核字（2015）第 288526 号

责任编辑：丛　楠　文　茜 / 责任校对：郑金红

责任印制：赵　博 / 封面设计：铭轩堂

科学出版社 出版
北京东黄城根北街 16 号
邮政编码：100717
http://www.sciencep.com
北京厚诚则铭印刷科技有限公司印刷
科学出版社发行 各地新华书店经销
*
2015 年 12 月第 一 版　　开本：720×1000　1/16
2025 年 3 月第五次印刷　　印张：17　彩插：1
字数：318 000

定价：86.00元
（如有印装质量问题，我社负责调换）

领导及专家题词

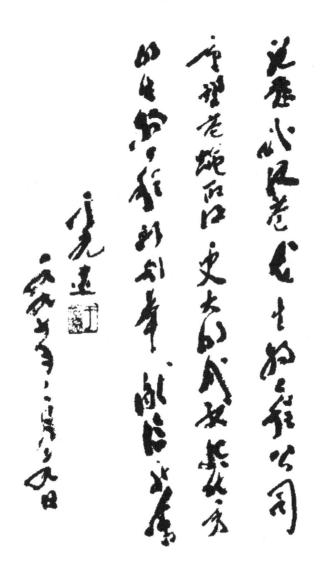

大有希望的工程塑
事业　　钱运录

一九九七年七月三十

凝聚生物科技之精华

题赠湖北省炎黄文化研究会开发工程处

一九九八年元月

程思远

赠苍龙公司

变害为宝造福人类

薄松平
一九八年三月 日

加强昆虫资源理论研
究，合理开发利用昆虫
资源

张端品　九九年
　　　十月

华中农业大学

昆虫资源研究所

陈耀邦 一九九九年十月十日

前　言

　　20 世纪 70 年代初，我的两位老师宗良炳教授和钟昌珍教授把我引入昆虫世界。回忆童年时代，我特别喜欢捉蜻蜓和蝴蝶，戏耍天牛、金龟子和萤火虫，但真正要我以研究昆虫为终生职业时，我突然对昆虫感到陌生和惧怕。因为我不知道要研究什么？作为一门科学，它的内涵是什么？1973 年，我在湖北当阳县病虫测报站实习了三个月，每天早上去收黑光灯下的毒瓶，然后带回办公室，将毒瓶中的昆虫倒入瓷盘，开始鉴定昆虫的种类并计数。那时候的鉴定完全是看图识字，对照几本工具书来判断，我居然能认识灯下 800 多种昆虫。70 年代后期，我跟随两位老师研究湖北省农作物主要害虫及天敌，鉴定来自湖北省各地不同作物上的害虫与天敌；大约有三年时间几乎每天有 8 小时都是以双目扩大镜为伴，虽然枯燥乏味，十分辛苦，但使我打下了昆虫形态学、分类学及害虫生物防治等分支学科扎实的功底。从 80 年代初，我才开始系统学习普通昆虫学理论，并陆续领略周尧、管致和、杨集昆等昆虫大家的风范，也让我对昆虫世界有了基本的了解，真正感悟到昆虫与其他生物的差别。

　　1）昆虫是生物界种类最多的类群

　　昆虫是世界上种类最多的生物类群，目前全球已知种类已超过 100 万种。事实上，要知道昆虫确切种类数量是很困难的，因为昆虫的新种每天都在不断被发现；估计全世界每年发表新种在 1 万种以上。因此有人估计，栖息在地球上的昆虫种类可能达到 200 万～1000 万种。如此丰富的种类，能够满足人类各种不同的需求。

　　2）昆虫是生物界生物量最大的生物类群

　　还要注意的是，昆虫种类的个体数量也是十分惊人的。1 个蚂蚁群体可多达 50 多万头个体；小麦吸浆虫种群暴发年代，每 $667m^2$ 的面积有 2592 万头之多；1 棵树可拥有 10 多万头蚜虫；在阔叶林里每平方米的土壤中可存在 10 万头弹尾纲昆虫。如此小的空间竟能容纳这么大量的昆虫，如此少的资源竟能供养如此众多的昆虫，不得不让人感叹昆虫世界之奇妙。

　　3）昆虫生境复杂，行为奇特多样

　　昆虫分布范围之广，也是其他生物无可比拟的，其分布遍及整个地球，从高空到陆地，从赤道到两极，从海洋、河流、湖泊到沙漠戈壁，从高山之巅到平原深层土中，从户外到户内，地球上的所有角落几乎都有昆虫栖息。有的昆虫生活在地面植物上，有的生活在土壤中，甚至地下十几米深的石油层中，有些生活在植物体内、动物尸体、植物残体和动物排泄物中，还有些能寄生在人和动物体内或体表。从食性上看，有的昆虫为植食性，有的昆虫为肉食性，而另外一些昆虫则为腐食性。蝴蝶、蛾类及膜翅目的蜂类昆虫喜欢取食花蜜，成为众多植物的传粉授粉者；蝇类幼虫和甲虫幼虫喜欢取食腐败的有机物，成为有机废弃物最好的转化者，达尔文不得不感叹"如果没有昆虫，这个世界将被动物粪便和尸体占领"。

4）昆虫具有惊人的繁殖力

大多数昆虫都具有惊人的繁殖能力，加之体形小、发育速度快，两者构成了昆虫极高的繁殖率。例如，大多数鳞翅目蛾类平均单雌产卵数百粒至数千粒，1年可发生多代；蚜虫一般 5～7 天即可发育 1 代，1 年可完成 20～30 代；有人估算过，1 对苍蝇，4～8 月的 5 个月中，如果它们后代 100%存活的话，将会有 $19\,111 \times 10^{16}$ 个后代。我国著名昆虫学家朱弘复教授也曾估算过，1 头孤雌胎生的棉蚜，在 6～11 月的 150 天中所产生的后代是上述苍蝇的 3.5 倍，别看蚜虫个体小（仅有 1mm^2），但平铺起来是地球面积的 1.3 倍，是中国面积的 60 倍。

昆虫的这些特点，深深印记在我的脑海，当大多数昆虫学者把目光投到害虫防治研究的时候，我却在思索另外一个问题，即如何利用昆虫？我喜欢上了资源昆虫这一分支学科。在两位老师的支持下，我只身前往北京学习家蝇饲养，并引种回武汉，在高校率先养起家蝇，一干就是 30 多年。在研究家蝇中，我提出两大预言：一是人类未来的蛋白质来源一定是依靠工厂化生产昆虫；二是昆虫是解决人类有机废弃物的最佳途径。这些观点虽然已被越来越多的国内外学者所接受，但要成为中国官方的行动还有很长的路要走。

从 20 世纪 80 年代后期开始，我认真研读了国内几本相关的资源昆虫著作和教科书，感觉到资源昆虫作为昆虫学的一个分支学科存在的不合理性，因其缺乏一个科学、严谨的定义，没有理论基础作支撑，没有完善的体系。经过多年的研究和慎重的思考，我认为资源昆虫学更改为昆虫资源学更为科学。1995～1998 年，我陆续提出了"昆虫资源"与"资源昆虫"的定义，以及昆虫资源学的研究范畴及理论基础，得到德高望重的昆虫学家庞雄飞院士的支持，他把我的"试论昆虫资源学的理论基础"拙作发表在他主编的《昆虫天敌》杂志上，这是对我莫大的鼓舞和支持，更加坚定了我建立新的昆虫资源学分支学科的信心和决心。

家蝇（*Musca domestica* Linnaeus）并非传统意义上的资源昆虫，而是一种"十恶不赦"的大害虫，它与人类的接触最密切，传播多种疾病，在中国预防医学上被列为"四害"之首。

家蝇有两个亚种即北方亚种（*M. domestica domestica*）和南方亚种（*M. domestica vicina*），是世界各地最常见和经常入侵室内的蝇种。

在确定了昆虫资源学的理论体系和利用原则之后，我思考最多的是选择一种什么样的昆虫作为研究的突破口？

1）选择家蝇作为资源研究的原因

（1）家蝇不是传统意义上的资源昆虫，而是害虫，但家蝇既具有潜在价值也具有现实价值，符合我们定义的昆虫资源学理论体系和范畴。

（2）家蝇幼虫既可取食农副产品下脚料，也可以畜禽粪便为食，腐生性较强，家蝇以室内生活为主，具有较强的繁殖能力，生活周期短，人工饲养容易，符合昆虫资源研究与利用的原则。

（3）家蝇耐高密，可群体饲养，有利于工厂化大量生产。

（4）家蝇生产过程中，可产生各种有价值的中间产物，无废物排出，可实现综合利用。

（5）利用家蝇转化有机废弃物，对保护环境和资源的再生利用具有重要意义。

2）家蝇的可用之处

家蝇可谓浑身是宝，从昆虫资源学研究与利用的原则和途径看，有以下几方面。

（1）本体利用。首先家蝇具有很好的食用价值，蝇蛆营养成分全面，尤以蛋白质和维生素含量高，同时还富含多种人体必需的微量元素。古今中外都不乏食用蝇蛆的先例。墨西哥是昆虫食品之乡，人们用"蝇卵"烹制的"鱼子酱"味美香浓，十分名贵。中国古代就有食用蝇蛆的习惯，江浙一带的"八蒸糕"，以及南方一些地方的"肉芽"等都是以蝇蛆为原料的食品或保健食品。华中农业大学1996年10月召开的全国昆虫资源产业化发展研讨会，堂而皇之地将蝇蛆搬上了昆虫宴的餐桌；研制出的椒盐蝇蛹、玉笋麻果、干煸玉笋和元宝蝇蛆等四大菜肴被中国烹饪杂志收录发表，这些昆虫菜肴也让会议代表大饱口福。其次蝇蛆蛋白是非常好的饲用蛋白，用它代替鱼粉添加到饲料中，饲养猪、鸡、鳖、黄鳝、对虾、鲫鱼、七星墨鱼、鳟鱼、牛蛙等，均有很好的效果，产生了显著的经济效益。另外，家蝇也是很好的教学科研实验材料，已广泛用于生命科学领域的遗传学、生态学、进化生物学、药剂学等相关学科的教学与研究。

（2）行为利用。家蝇独特的生活习性及行为特征，早已引起人类的关注，其研究与利用也具有较悠久的历史。首先，家蝇是大自然尽职尽责的"清道夫"，在自然界生态大循环中起着极为重要的净化作用。早在1893年，英国生物学家E. H. Sibthorpe在他的《霍乱与苍蝇》一书中就明确提出了苍蝇能最大限度地分解动物尸体，扮演了极为重要的"清道夫"角色。其次，家蝇是自然界有机废弃物的优良转化者。据《中国资源综合利用年度报告（2012）》报道，我国2011年排放的畜禽粪便已达到30多亿吨，中国城市每年产生的餐厨垃圾超过6000万t。这些有机废弃物完全可以被家蝇有效地转化，并且能够达到减量化、无害化和资源化的要求。同时，家蝇也是优良的仿生原型。有人模仿家蝇复眼构造，制成一种新的照相机——"蝇眼"照相机，其镜头由1329块小透镜黏合而成，一次可拍摄

1329 张照片，分辨率达到 4000 条线/cm。根据家蝇后翅平衡棒在飞行中的导航原理，仿生设计了振动陀螺仪，应用于高速飞行的飞行器，可起到自动调节平衡的作用。家蝇分解动物尸体的行为特点，已被广泛应用于法医学，成为判断尸体死亡时间的最可靠依据。

（3）产物利用。家蝇出没于病菌滋生的环境，传播多种病菌，但本身却不染病。家蝇独特的免疫能力和免疫机制已受到免疫学家、营养学家、昆虫学家的高度重视，人们期待从家蝇中获得新一代的动物抗生素。最早报道家蝇抗菌物质是在 1982 年召开的国际生命科学大会上，东京大学名取俊二教授发表了一篇具有轰动效应的报告，他们从家蝇的分泌物中提取出一种具有强大杀菌作用的"抗菌活性蛋白"，给从事家蝇研究的学者们注射了一剂兴奋剂。截至目前，这一领域的研究仍然十分活跃。

（4）饲养家蝇后的废弃物利用。家蝇大规模饲养，目前主要使用两类培养基质：一类是农副产品下脚料，如麦麸、米糠、豆渣、酒糟等；另一类即为畜禽粪便。从利用的途径看，第一类农副产品下脚料在饲养家蝇后，其剩余基质可直接投放到鱼塘养鱼，也可干燥后添加到猪、牛饲料中去，一般都可再生利用。第二类畜禽粪便在饲养完家蝇后，粪便已完全腐熟，干燥后稍作调整，可成为花肥或大棚及设施农业中的有机肥。

当我决定在科学出版社出版《昆虫资源学理论与实践》这本专著的时候，我更加缅怀已故昆虫学家庞雄飞院士，同时也将此书献给我的两位恩师宗良炳教授和钟昌珍教授，感谢他们多年的培养、教育之恩。最后也感谢众多的硕士、博士弟子们，感谢他们的无私奉献。

雷朝亮

2015 年 11 月于武汉

目　　录

前言

实　践　篇

理 论 篇

　　本篇首次明确了"资源昆虫"与"昆虫资源"的概念，界定了昆虫资源学的定义、范畴、理论基础及研究利用的途径与方法，总结了昆虫资源研究的历史与展望，建立了昆虫学新的分支学科——昆虫资源学。同时，介绍了可利用昆虫的人工大量饲养技术，以及昆虫产品的功能评价方法。

1 昆虫资源学的定义与范畴

1.1 资源昆虫与昆虫资源

在过去的文献中，对于直接或间接造福于人类的昆虫，有人称之为"资源昆虫"（insect resources），也有人称之为"昆虫资源"。"资源昆虫"与"昆虫资源"两个术语，无论在内涵还是在外延上均有很大差别（雷朝亮等，1995）。

资源昆虫是指各种各样能被人们直接或间接利用的有益昆虫，尤其是那些能直接产生经济效益的昆虫，它是人们对昆虫资源直观利用或间接利用阶段的产物，如新石器时代开始对桑蚕的利用，3000多年前对柞蚕的利用，几千年前开创的养蜂业，公元7世纪利用紫胶入药和作染料，元代利用白蜡虫之蜡作烛及明代多种昆虫入药而收入《本草纲目》等。这些昆虫资源的直观利用，一直延续至今，一方面继续造福于人类，另一方面也禁锢了人们的认识，使人们对昆虫资源的认识长期局限于狭义的、传统的"资源昆虫"范畴。

"昆虫资源"相对"资源昆虫"而言，更加明确了昆虫与资源的关系，把整个昆虫纲全部种类无论其益害均作为生物资源，仅有现实资源和潜在资源之分。的确，对于昆虫来说，益害只是相对的概念，很多可直接或间接利用的并不全是有益昆虫，而大多是植食性昆虫和医学昆虫。"昆虫资源"比"资源昆虫"术语无论在形式还是在内容上，都更加广泛、更加完善、更加科学。首先，使用"昆虫资源"术语更加符合生物多样性的实质意义；生物多样性理论认为物种多样性是最主要和最基本的实体，生物多样性的物质表现就是生物资源，它们具有现实的、潜在的价值，是人类生存的物质基础，也是人类生存的生物圈环境的重要组成部分，作为生物圈中的大家族，昆虫也不例外。其次，昆虫资源的利用在经历直接利用、静态利用后已进入动态综合利用阶段，对昆虫资源的利用已产生了质的飞跃，不再是单纯的直观利用，而是包括对昆虫行为及活性物质的利用。昆虫资源研究利用的范畴越来越广泛，使得狭义的"资源昆虫"概念再也无法包纳了。例如，目前已能利用合成的蜕皮激素、保幼激素、性激素进行农林害虫防治，利用合成的保幼激素提高蚕丝产量，从蚕蛾体内提取细胞色素c、尿酸等；利用昆虫独特的免疫系统和机制，采用生物的、物理的和化学的方法诱导昆虫产生抗菌肽、抗菌蛋白、凝集素等物质；利用基因工程技术，以昆虫为载体生产干扰素、流感疫苗等；以及药用昆虫有效成分的提取纯化和鉴定等，均为昆虫资源的开发利用开拓出了更为广阔的前景。

因此，应用"昆虫资源"术语，更有利于学科的发展，能赋予其更广阔的领域和范畴。

1.2　昆虫资源学研究范畴

关于昆虫资源、昆虫资源学及其研究范畴在以往的文献中，还未见专门论述。十分遗憾的是，在荟萃中外古今农业科学知识、昆虫学知识的大型工具书——《中国农业百科全书（昆虫卷）》中，昆虫资源及资源昆虫也没占一席之地（雷朝亮等，1995）。

昆虫资源是指那些昆虫本体或行为或产物能直接或间接为人类提供生产资料或生活资料的天然来源。昆虫资源学则是研究昆虫本体利用、昆虫行为利用及昆虫产物利用的理论与实践的一门学科。

昆虫资源学的研究范畴主要可分为三个部分。第一部分是昆虫本体的利用，主要包括药用昆虫资源、饲料昆虫资源、食用昆虫资源、工艺观赏昆虫资源、教学科研材料昆虫资源、特殊昆虫资源（如从昆虫体内提取激素等活性物质、用昆虫细胞繁殖病毒、昆虫作为生物工程的重要基因库，以及以昆虫为载体生产干扰素、疫苗等）等方面；第二部分是昆虫行为的利用，包括天敌昆虫资源、授粉昆虫资源、环境清洁昆虫资源、仿生学昆虫资源等方面；第三部分是昆虫产物的利用，昆虫产物主要用作工业原料、药品及食品等，如绢丝、五倍子、白蜡、虫茶、紫胶等。

1.3　昆虫资源的经济意义

5000 多年前，中华民族先祖发明了栽桑养蚕、制丝织绸技术，在漫长的历史年代中，中国已成为世界重要蚕丝绸生产和出口国。中国蚕业生产曾经有过辉煌的历史，也遭受过种种挫折。1931 年蚕茧产量曾达 22.08 万 t，是历史最好水平。后来由于战乱及社会、经济和自然灾害等影响，到 1949 年蚕茧产量仅为历史最高年份的 14%，蚕业生产跌到低谷。

1949 年中华人民共和国成立，其后采取了一系列恢复发展蚕业生产的政策措施，经历了"恢复"时期、"大力发展"时期和"巩固提高、稳步发展"时期，1995 年桑蚕茧产量达到 75.89 万 t，为 1950 年的 23.5 倍，其间 1970 年蚕茧产量超过日本，重新居世界首位，1980 年蚕茧产量超过历史（1931 年）最高水平。

蚕丝是我国传统的重要出口商品，1990 年创汇 25 亿美元，产茧 48 万 t，占世界产量的 65% 以上，生丝出口占国际市场 90% 以上，丝绸出口占 45% 左右，都居世界第一位。中国是世界蚕业生产极其重要的组成部分，是当今最主要的茧丝绸生产和供应国。

蜜蜂是另一类具有重要经济意义的资源昆虫，在我国已有 3000 多年的养蜂历史。进入 20 世纪 80 年代中期以后，随着我国经济的快速发展和人民生活水平的逐步提高，人们的营养保健意识逐步增强，营养保健品市场上蜂产品的份额逐年增加，成为一枝独秀。蜂产品是一种天然营养保健品，适应了大众消费的需求和追求自然、返璞归真的发展潮流。

目前世界蜂蜜年产量 45 万 t 左右，蜂王浆年产量 1500t，1999 年我国蜂蜜产量 16 万 t，蜂王浆产量 1200t，分别占世界年产量的 1/3 和 80%，是世界第一蜂产品大国。1999 年，我国出口蜂蜜 5.33 万 t，出口蜂王浆 564.4t，也是世界上蜂产品出口第一大国。

传粉昆虫被喻为"农业之翼"，据 Kriclmer（1911）统计，在欧洲的植物区系中，80% 以上的被子植物是依靠昆虫传粉的，各种作物经昆虫传粉后可增产 12%～60%，所创造的经济价值是惊人的。

在当今社会生活中，昆虫中的许多种类已成为人类食物、药物和工农业生产原料的重要来源。世界上许多国家都在制定"昆虫计划"，如日本已将开发昆虫食品资源作为"昆虫计划"的重要内容之一；在一些不太发达的国家或地区，人们所需蛋白质的 70% 直接来源于昆虫、野生鱼类和蜗牛。通过营养分析，目前已确定 3650 余种昆虫可供食用，其中已有 370 余种能进行开发利用，昆虫能为人类提供高蛋白、低脂肪、低胆固醇、高含量维生素和矿物元素的高级营养品。维持人类健康的传统医药和现代医药也广泛涉及昆虫资源，中国是最早利用昆虫治疗疾病的国家，公元前 2 世纪～公元前 1 世纪的《神农本草》记载药用昆虫 21 种；400 多年前的《本草纲目》将药用昆虫扩充到 73 种；1756 年赵学敏的《本草纲目拾遗》又补充药用昆虫 11 种。2000 多年来，先后出版与"本草"相关书籍 50 余部，其中都有昆虫的记述和验方记载，药用昆虫已成为传统中医药的重要组成部分。近年来相继发现斑蝥、蟑螂、虫草、蚂蚁、蜜蜂、胡蜂、螳螂、蝇蛆及一些蝶类体内含有抗癌活性物质。例如，发现昆虫变态激素有利于恢复肝功能和降低血压；蚂蚁可治疗类风湿性关节炎和乙肝等；蚁狮可治疗小儿惊厥和癫痫病；昆虫类动物药已成为现代医药中治疗疑难杂症的研究热点。昆虫资源作为工农业生产的重要原料在我国具有悠久的历史，蚕丝、虫茶、五倍子、紫胶、蜂蜜等构成我国创汇农业的主体，其创汇额可与石油相媲美。昆虫资源在工农业生产和对外贸易中具有举足轻重的地位。

昆虫天敌资源也是人类的一笔宝贵财富。据报道，我国水稻害虫天敌有 1303 种，小麦害虫天敌有 218 种，棉花害虫天敌有 417 种，蔬菜害虫天敌有 781 种。

de Bach（1974）报道：美国和加拿大的 85 000 种昆虫中，仅有 1425 种是重要害虫。估计我国有昆虫 150 000 余种，害虫也只有 1000 多种，害虫仅占昆虫总数的 1% 左右。这些充分说明了自然界中天敌资源之丰富。另外，我们也可以清楚地看到，在农作物害虫中，真正危害极大、常年造成经济损失、需要经常进行防治的害虫也不过 1% 左右，还有 99% 的害虫因种群数量较低而没有对农作物构成威胁，这就是我们常称谓的次要害虫，它们的种群数量长期受到众多天敌的控制。天敌资源是一类可持续利用的资源，据统计，我国生物防治面积已达 3 亿亩①，利用天敌资源，已对农业增产、增收、控害、改善生态环境起到了重要作用。

1.4　昆虫资源学的任务

昆虫资源学的任务总体来讲就是要科学地、最大限度地利用昆虫这一巨大资源造福于人类。具体内容包括以下几方面。

1.4.1　摸清家底

必须全面掌握具有现实价值的昆虫资源种类。一方面需要对传统的资源昆虫种类进行考证。由于历代不同领域的文献、著作中所记载的昆虫名称与现代昆虫学名称有一定出入，尤其古代文献中又无昆虫学名，这对资源昆虫种类的考证带来一定难度，如《本草纲目》、《神农本草》、《本草纲目拾遗》等历代本草记载药用昆虫百余种，目前还有许多种类尚无法确认其现代通用昆虫学名称。另一方面是需要挖掘和发现新的昆虫资源种类。大量具有现实价值的昆虫资源种类人类尚未认识，据估计人类目前已发现具有经济价值的昆虫资源种类还不足 0.5%，也就是说，还有 99% 以上的具有现实价值的昆虫种类没有被发现。这需要全球昆虫学工作者共同努力，将一个地区或一个国家的可利用昆虫资源种类调查清楚，建立一个昆虫资源种类资料数据库，以供全球共享。

1.4.2　基础理论研究

昆虫资源学应更加重视基础理论的研究，最大限度地避免急功近利、盲目开发，以免造成资源浪费。

首先，应加强昆虫资源可利用种群生物学、生态学特性的研究，掌握其分布、

---

① 1 亩 ≈ 666.7m²

寄主、发生世代、自然种群数量、种群消长与环境的关系等方面的知识。其次，应开展人工饲养技术的研究，昆虫资源产业化必须建立在昆虫种群人工大量饲养的基础之上。再次，应进行可利用昆虫种群的营养价值、药用价值及其他经济价值的分析与研究。

1.4.3　昆虫资源产业化程序的研究

在确认一种可利用昆虫种群后，必须认真进行产业化过程中的技术组装和应用研究。通常产业化的基本程序包括：①产前应用研究，主要是准确地认定昆虫可利用部分及其价值，综合利用的途径和方法等；②产中技术研究，主要是要制定生产工艺流程、生产设备选型、特种设备设计制作、环境控制及三废处理等；③产后商品化，包括商品加工、包装、质量检测、营销策略、市场开拓及售后服务等。

1.4.4　昆虫资源学专门人才培养

在全国建立昆虫资源学本科、硕士、博士不同层次的专门人才培养基地。目前世界上不少发达国家都十分重视昆虫资源的研究利用，如日本政府专门制定了"昆虫促进计划"，在人力、物力、财力上给予了极大支持。昆虫资源学的前景和诱人的创新潜力，将为昆虫学界和企业界带来前所未有的机遇，在产业结构激烈变动、产值高速增长的新形势下，人才培养必须占先，培养和造就一大批昆虫资源学高级专门人才，才能使我国的昆虫资源产业化不落人后。

1.4.5　野生昆虫资源的保护

昆虫资源学另一重要任务是开展群众性的科普教育，通过成立地方野生昆虫资源保护协会，宣传野生昆虫资源与人类和环境的关系；宣传保护野生昆虫资源的重要性。同时积极建议政府颁布有关野生、濒危昆虫资源保护的条例或法规。合理科学地适度开发野生昆虫资源，把资源利用和资源保护结合起来，野生昆虫资源的利用及产业化必须走可持续发展的道路，必须建立在人工大量饲养的基础之上，否则，大自然将会给人类以严厉惩罚。

1.5　昆虫资源研究与利用的原则

　　昆虫资源是人类的宝贵财富，关于昆虫资源的研究、开发利用均应遵循一定的原则，即合理科学地利用昆虫资源。昆虫资源研究与利用的途径和方法虽然各不相同，但都应该做到最大限度地保护自然资源。在此基础上，深入开展可利用昆虫种群的生物学、生态学及人工饲养技术研究，真正大规模地利用必须建立在人工饲养基础上，从而实现昆虫资源利用的产业化。

　　昆虫资源研究与利用的原则，包括以下几个方面。

1.5.1　"物种保护"原则

　　昆虫资源研究的出发点就在于科学地、最大限度地利用自然资源造福人类。既然是科学的利用，它必须是建立在对自然界生态平衡保护的基础上，既能合理利用自然资源，又能充分保护物种，使资源得以持续利用。

　　生物多样性理论是昆虫资源学的理论基础。生物资源每年回报人类的价值无法估计，然而资源毕竟是有限的，资源的开发利用必须按计划、有节制。随着世界人口的急剧膨胀和人类经济活动的不断加剧，人类赖以生存的最主要的物质基础——生物多样性受到了严重的威胁，物种和生态系统正以人类历史上前所未有的速度消失，生物多样性的保护已成为全球之共识。要强调的是，以生物多样性为理论基础的昆虫资源学，昆虫资源的研究利用必须以能人工大量繁殖或通过技术措施使自然种群数量得以大幅度增加的昆虫类群作为研究利用对象，严禁肆意猎取、捕获昆虫野生种类尤其是濒危昆虫种类。

1.5.2　"优先利用"原则

　　中国是文明古国，有着几千年的文明史，从 5000 多年前开创的养蚕业开始，关于昆虫资源的研究利用已有大量的文字记载，家蚕、蜜蜂、五倍子、紫胶虫等是中国昆虫资源研究利用的成就象征和中国传统"创汇农业"的主体。通过营养分析,全世界已确定出 3650 余种昆虫可供食用,《中国药用动物志》(1979,1982)已记述药用昆虫 145 种，这些研究成果为昆虫资源的研究利用奠定了坚实基础。因此，已有历史记述和被公认具有现实价值的昆虫种类应优先列为研究利用的对象。

1.5.3 "综合利用"原则

任何一种具有开发利用价值的昆虫，要想很好地研究利用并使之产业化，必须遵循综合利用的原则。家蚕、蜜蜂经过几千年的实践，在综合利用方面是卓有成效的，养蚕业、养蜂业脱离了昆虫学科而形成独立的学科和产业，几千年盛而不衰，与其多方位的产品及综合利用是分不开的。反观五倍子，尽管历史悠久，且是中国的特产，但长期以来都是把它作为工业原料，单一产品容易受市场阻遏。因此，五倍子产量和面积总是波动很大。华中农业大学昆虫资源研究所在家蝇的研究与利用上，一开始就走综合利用之路，使养蝇业在很短时间内就步入了产业化轨道。当确认一种有开发利用价值的昆虫后，首先应解决人工大量繁殖问题，其次应考虑综合利用的问题，除目标昆虫的主导产品外，还可考虑从虫体中提取蛋白质、氨基酸、维生素、抗菌肽、凝集素、毒素、激素及抗癌物质等，也可考虑从其分泌物、排泄物中提取一些有价值的物质，还可考虑利用大群体的昆虫行为造福于人类。

1.5.4 "多学科合作"原则

昆虫资源学是一新兴的昆虫分支学科，与古老的昆虫学相比，除了具备昆虫学的基本理论与技能外，还需营养学、生物化学、分子生物学、医药学、生物资源学、社会学等多学科知识的融入，多学科合作才能保证昆虫资源的研究与利用顺利发展，过去那种"跑单帮"的研究模式，绝对不适合于昆虫资源的研究。昆虫资源的研究和利用，在选准课题后，必须是多学科密切配合，持之以恒，才可能取得成效。

1.6 昆虫资源研究与利用的途径和方法

昆虫资源研究与利用的主要途径包括本地天然昆虫资源的保护和人工助长，输入和移植外地昆虫资源；直接或间接食用、药用、观赏用和作为工业原料；人工大量繁殖工厂化生产的资源种群可从虫体本体、行为和产物多方面加以利用。

1.6.1 保护与助长本地昆虫资源

通过人为的技术措施，保护与助长本地昆虫资源，从自然界中合理地、有节制地索取部分昆虫资源直接或间接利用，一般可食用、药用、观赏用和作为工业原料用等。

1.6.1.1　直接保护

利用农业和林业技术措施，为昆虫可利用种群提供生存条件，通过政府行为严禁捕杀、滥杀野生昆虫资源，做到有计划合理地开发利用。例如，我国肚倍（中药，五倍子的佳品）之乡湖北竹山县，若政府规定不摘嫩倍，即 7 月上旬以前不采倍，让倍子自然开裂，夏迁蚜顺利出倍，就能保证次年有较多的春迁蚜上树，仅此一项措施就可增加倍子产量两成以上。规范资源利用行为，对保护资源、合理利用资源是十分必要的。

1.6.1.2　增加可利用昆虫种群的食料

多数可利用昆虫种群的食性为植食性，也有肉食性、粪食性等食性的昆虫，即便它们不直接取食植物，但许多种类在成虫期需要补充营养，一些蜜源植物的花粉、花蜜是最好的补充营养，能促使其寿命延长、性器官成熟和繁殖力提高。例如，在肚倍产区大力推广人工植藓，就是增加可利用昆虫种群食料的一项措施。细枝赤齿藓是肚倍蚜虫的冬寄主，增加苔藓的面积和数量，使肚倍蚜从倍子里飞出后能有足够的食料，倍蚜虫大量繁殖，以保证有足够种群数量的春迁蚜上树致瘿。芫菁类成虫大多以豆科花或嫩豆为食，在芫菁发生区，适当增加豆科作物种植面积，对芫菁种群数量增长也是十分有利的。

1.6.1.3　应用农业、林业技术措施助长有益昆虫种群

应用农业、林业技术措施改善可利用昆虫种群的栖息环境、食物状况和生存条件，使资源发挥更大效益。例如，改善或优化林分结构，增加植被丰富度，加强寄主植物栽培和修剪，可提高倍子、紫胶、白蜡产量；农业上实行的间作套种栽培措施，既可增加资源昆虫的食物种类，又改善了农田小生境条件，更有利于资源昆虫的生存繁衍。

1.6.2　输引、移植外地昆虫资源

昆虫资源、生物资源乃至自然资源都是大自然赐给人类的财富。合理地、科

学地利用资源，使资源能尽其用。在一种可利用昆虫分布区的边缘，往往存在一些不能长期、全面地满足其生存需求的因子，如极端温度、食料等，因而成为其分布的限制因子。随着条件的改变，或人为地满足某条件，也可将这种可利用昆虫由分布区移植到分布区以外的地区。例如，紫胶虫本是热带和亚热带分布的微小型蚧科昆虫，通过寄生在黄檀类树上，从虫体体壁胶腺中分泌一种天然树脂即紫胶而成为重要的资源昆虫。紫胶虫对温度要求很高，以前只在我国云南省有分布，现在通过移植，紫胶虫已自云南省扩大到南方 9 个省（自治区），产区大大扩大，产量也由 1951 年的 10.26t 增至 1994 年的 4000t 左右。昆虫资源的引进，主要是在天敌昆虫资源的引进方面作了不少工作，并取得了很大成绩。据统计，全世界范围内 1969 年共引进天敌成功事件达 225 起，在害虫生物防治方面起到了十分重要的作用。此外，意蜂、壁蜂和切叶蜂等的引进，也大大促进了昆虫资源的利用。在昆虫资源的移植与引进中应注意以下几个问题。

1.6.2.1　被引进种的经济价值

昆虫资源引进是需要一定财力、物力作支撑的。因此，在引种前，必须明确被引进种的经济价值和社会价值，盲目引进，只会造成人力、物力的浪费。

美国由于其特殊的地理和社会环境，本土发生的农林害虫大多为非原产地昆虫，因此，他们非常重视重要害虫的天敌昆虫引进工作。近 100 年来，针对经济意义重大的农林害虫，引进天敌昆虫成功地防治 62 种害虫，其中消除危害的 13 种，基本消除危害的 26 种，减轻危害或部分减轻危害的 23 种。

澳大利亚是一个以农牧业为主的国家，曾从我国引进蚜小蜂、跳小蜂防治红圆蚧。20 世纪 70 年代，为解决草食动物粪便污染草原而致使牧草大面积死亡的问题，从我国引进神农蜣螂（*Catharsius molossus*），这种蜣螂在我国长江中下游分布广、适应性强、食量大、贮粪量大，加之澳大利亚南部气候与我国长江中下游相似，因此澳大利亚昆虫学家 Hwallace 博士将我国列入优先引种地区。

因此，昆虫的引进，必须服从国民经济建设之需要，引进具有重大经济和社会价值的昆虫种群。

1.6.2.2　引进前的准备工作

当确定了被引进的昆虫资源种群后，应准备以下资料。

（1）引种和被引种地区的气候资料。一种昆虫被引种到新的地区能否成功定殖，关键之一取决于气候条件能否适应。一般来说，同纬度或纬度相近的地区相互引种容易获得成功。引种前，尽可能详尽地获得被引种地区的气象资料，对引种决策和引种成功具有重要参考作用。

（2）引进种的食物状况。引种地区的食物状况如何是决定引进种能否在新的分布区成功定殖的又一关键问题。无论引进种的食性如何，都应弄清它们的主寄主、次寄主、转主寄主或中间寄主，有些还要考查有无冬夏寄主之分、补充营养寄主等，满足了营养条件的基本需求，才能保证引进种成功定殖。

（3）引进种的生物学和生态学特性。引种前应向被引种地区相关单位索要被引种的生物学、生态学特性资料，包括引进种的形态特征、世代历期、发育起点温度有效积温、趋性、年生活史，以及对温度、湿度、光照的反应等，尽可能对引进种有比较详细的了解和认识，这样可避免在引进中出现一些意想不到的问题。

1.6.2.3　引种过程中的检疫实施

在引进有益昆虫种群时常常会出现伴种引进问题，即伴随有益昆虫的引进而带入与引进种相关联的一些有害种群。例如，在引进天敌昆虫时，常常会引入重寄生性天敌或其他有害生物。重寄生天敌引入后，将会抑制所引进天敌昆虫的作用，而且还会危及本地有效天敌的数量增长。我国在广东大陆发展紫胶时，由于是新发展区，移植紫胶虫（*Laccifer lacckerm* Ckem）时不慎将专吃紫胶虫的紫胶白虫（*Eublemma amabilis* Moore）也移植进来了，成为紫胶生产上的一大隐患，这些教训应当引以为戒。在引种后散放前，必须实施严格的检疫处理。检疫处理包括封闭性饲养与观察。进行检疫培养的养虫室，要求有防止寄生物或有害生物向外扩散的条件，而且在发现有害生物时，随时可以在室内进行处理，一般说来，引进种要在这种检疫培养室中至少饲养 2～3 个世代，定期观察有无寄生物或有害生物，直到有十分把握，才能带出检疫培养室进行扩大繁殖散放。

1.6.2.4　引种散放后的管理

有益昆虫引进散放后，应在散放点每年进行扩散式调查，即第一年以散放点为圆心，查 50m 半径区域内的引进种分布情况，第二年查 100m 或 200m 为半径区域内的引进种分布情况，逐年扩大区域，以确定引进种是否已在本地定殖。另外，注意观察引进种在新引进区其后代的生存力和生殖力状况，同时，还应监测引进种在寄主范围上有无变迁，益害性有无更替，以便及早采取应急措施。湖北省武汉市曾在 20 世纪 50 年代引进白蜡虫，以期充分利用当地女贞资源，生产当时在国内外均十分紧俏的"中国蜡"。但由于引种后无人进行跟踪管理，虫白蜡没能形成规模和产业，而白蜡虫倒是在城区内外行道树上肆意为害，造成行道观赏树大量死亡，引进的益虫转化为害虫，每年还得投入大量资金购买农药防治白蜡虫。因此，需加强引进种引进散放后的管理，使引进种能真正发挥作用，造福于人类。

1.6.3 人工大量繁殖工厂化生产昆虫资源种群

昆虫资源真正步入产业化轨道，必须人工大量繁殖工厂化生产昆虫资源种群，而且这种生产必须是低成本高附加值的。只有在短时间内能稳定地获得大量的昆虫群体，昆虫资源利用研究与产品开发才能得到保证。昆虫资源利用的途径和思路可从以下几方面考虑。

1.6.3.1 本体利用

昆虫的本体利用主要是指虫体或活体包括细胞和基因的直接或间接利用，包括作为高蛋白饲料用的昆虫资源、食用昆虫资源、药用昆虫资源、教学科学研究材料用昆虫资源和观赏用昆虫资源等。

（1）食用昆虫。昆虫种类多，占整个动物界的 3/4 以上，由于昆虫蛋白质含量高，一般均在 50%左右，还含有大量微量元素、维生素 A、维生素 B、维生素 D 及生理活性物质，而且低脂肪、低胆固醇、低纤维，对人体具有极高的营养价值。现已发现可供人类食用的昆虫种类达 3600 多种，开发成功的美食品种超过 2 万种；德国是生产昆虫食品最早的国家，现已投入工厂化生产，年产昆虫罐头成品达 8000t，南非 1982 年生产阔叶树蛹的产量达到 1600t；美国得克萨斯州人口仅 1200 万左右，但 1989 年昆虫食品的消费额达 5000 万美元以上；日本 1992 年昆虫产品的技术市场已达 2600 亿日元，仅稻蝗罐头每年的销量超过 1000t，且原料大都来自中国。

1996 年 10 月，在武汉华中农业大学举办了首届全国昆虫资源产业化发展学术讨论会，会议推出以昆虫为主体的菜肴品种 10 余个，其做工精美，味道鲜嫩，让全国 100 多位昆虫学者大饱口福，掀开了中国昆虫资源产业化的新篇章。专家们预言：昆虫作为未来食品的一大来源一定会得到世人的公认，21 世纪将是昆虫美食世纪。

（2）饲用昆虫。昆虫作为高蛋白动物饲料具有悠久历史，民间多以黄粉虫、蝇蛆饲养鸟类、鸡类、鸭类、鹌鹑等，不仅增重快、产蛋率高，而且还能增强抗病能力，提高成活率。饲用昆虫还可用来饲养鳖、黄鳝、对虾、鲫鱼、鳟鱼、牛蛙、蛤蚧、蝎子等。实际上，所有昆虫都具备作为饲用昆虫的营养条件，但大多饲养成本高，目前真正应用广泛的饲用昆虫种类还是以蝇蛆、黄粉虫为主。饲用昆虫资源具有巨大潜力，有待进一步研究，可从广度和深度方面加以拓展。

（3）药用昆虫。昆虫在医药上的应用与研究，在我国具有悠久的历史，历代本草记载的昆虫药物达 100 种左右，《中国药用动物志》（1979，1982）记述药用昆虫达 145 种，现经多方查证补充扩展，我国药用昆虫已达 170 余种，分属 11 目、34 科、54 属。从入药的虫态看，昆虫的卵、幼虫、蛹、成虫都有入药的种类；从药用价值看，不同昆虫种的化学成分、药理作用不同，对人体机能和治疗疾病的功能都不尽相同。因此，不同昆虫种类的药用部分、性味、采收时间、炮制方法都有很大差别。随着科技不断进步，现已有多种药用昆虫的化学成分、药理、药效、应用范围得到化验和分析，并在原中药材中精炼、提取出有效成分，使药用昆虫的使用范围和治疗效果都得到了很大提高。

（4）观赏昆虫。观赏昆虫主要是指那些色彩鲜艳、美丽漂亮、形态奇特、鸣声悦耳的昆虫，能供人们鉴赏、品味，美化人们的生活，如飞行的花朵——蝴蝶，昆虫歌唱家——黄蛉、斗蟋、油葫芦、蝈蝈等，模拟高手——竹节虫、枯叶蝶等，昆虫王国大力士——蜣螂等。这些千姿百态的昆虫在为人类生活增添乐趣的同时，又为人类创造了极大的财富。太平洋岛国巴布亚新几内亚，由于开辟"蝴蝶牧场"使农民年平均收入从 50 美元增加到 1200 美元；中国台湾 20 世纪 60 年代蝶类外销年收入约 3000 万美元，1970~1980 年，台湾约有 3 万人从事蝶类及其他昆虫标本采收及加工业。

（5）教学、科研材料。Kopec 在 1917 年发现了盐泽灯蛾脑对变态起激素调节作用；Morgan 对果蝇的研究成果卓著而成为当今遗传学和发育学的重要基石；Ketlewell 对胡椒尺蛾的研究成为自然选择理论的典范。

昆虫在提供生命基础知识方面起着重要作用，有关遗传学、染色体行为、动物生态学、进化生物学、物种形成等方面的知识，都是从昆虫中获取的。昆虫是最好的教学、科学研究试验材料，具有易于饲养、生命周期短、后代繁殖量大的特点。同时，不像高等动物，特别是灵长动物那样受到社会和道德的约束。

（6）细胞利用。利用一些昆虫的细胞，通过人工传代培养后作为生物反应器，增殖昆虫病毒，生产生物农药或生产疫苗、药品等。另外在外源基因表达上，昆虫细胞在一定程度上优于大肠杆菌，因此在分子生物学中受到重视。

（7）基因利用。就目前已定名的种类看，昆虫种类约占全部动物种类的 75%，约占全部生物种类的 53%，从这一点讲，昆虫本身就是巨大的基因库，无论其益害，都将是人类的一笔巨大财富。另外，以生产药物、生物制品为主的昆虫细胞工程和直接以控制害虫、疾病及利用益虫为主的转基因昆虫研究，在非果蝇属昆虫转基因研究取得突破性进展后，该领域的研究有了很好的发展前景。

1.6.3.2 行为利用

昆虫取食、飞翔、爬行等行为活动，有些对人类直接有益，有些间接有益，均可被人类利用。

（1）传粉昆虫。植物有性生殖的授粉有自花授粉和异花授粉两种，异花授粉的传粉方式有最原始的水媒、裸子植物的风媒和最高级的动物媒，而动物媒中鸟类的传粉效果远不如昆虫，据 Krichne（1911）统计，在欧洲植物区系中 80% 的被子植物是昆虫传粉的（19% 是风媒，1% 属于其他方法）。因此传粉昆虫早已引起国内外学者的关注。以往对传粉昆虫的认识，仅限于蜜蜂、食蚜蝇等昆虫，其实传粉昆虫包括鞘翅目、膜翅目、缨翅目、鳞翅目、半翅目等类群的昆虫。据 Knuth（1898）记载，在 395 种植物上采到 838 种传粉昆虫，其中膜翅目占 43.7%，而膜翅目中又以蜜蜂总科为主，占膜翅目种类的 55.70%。据吴燕如（1967）初步估计，我国蜜蜂总科昆虫约 3000 种，常见种 106 种，隶属 6 科 40 属，由此可见传粉昆虫种类资源是十分丰富的。昆虫传粉的增产效果也是十分明显的。据报道，通过蜜蜂传粉，可使皮棉单产提高 38%，油菜增产 40%，向日葵增产 32.4%，苹果增产 20%，柑橘增产 30.1%，荞麦增产 43%～60%，大豆增产 15%，黄瓜增产 76%，西瓜增产 15%，传粉昆虫是名副其实的农业之翼。

（2）天敌昆虫。利用昆虫捕食和寄生行为控制农林害虫是生物防治方法的一种重要措施和手段，我国昆虫天敌资源十分丰富，天敌昆虫在农业增产、增收、控害、改善生态环境方面所起到的作用是不容忽视的。随着传统农业向现代化农业的转化，实施可持续发展农业，开发无公害植物保护技术，进行天敌昆虫商品化、规模化生产已成为世界各国昆虫学家的共识。英国已有 10 多家天敌昆虫公司，其中英国作物生物保护有限公司（BCP）规模最大，可生产 25 种天敌昆虫，1995年生产天敌昆虫量达 1.6 亿只，营业额达 104 万英磅。

（3）仿生昆虫。昆虫的姿态、活动方式、复眼视觉机制等都可仿生为民用、国防工业用装置。例如，蜻蜓的翅解决了飞机飞行的颤振；根据跳蚤的跳跃姿态设计了跳跃机。另外，昆虫的复眼、触角、昆虫的语言等均被研究利用并造福于人类。

（4）环境清洁与监测用昆虫。应用昆虫行为清洁环境和监测环境质量，具有较广阔的前景和较大的应用价值，像粪食性的金龟子，全世界已记载有 15 000 种，此外，还有埋葬虫、皮蠹等众多的尸食性昆虫，它们日复一日地在清洁地球，是尽职尽责的地球环卫工。

蜉蝣目昆虫和毛翅目昆虫对水质的要求较高，受污染的水源中，此类昆虫的数量很少，可用来监测水质污染程度，跳虫则是生活在土壤中的弹尾目昆虫，跳虫的群落结构和水平分布变化对监测土壤污染情况能起到指示作用。

（5）法医昆虫。与人尸体有关的昆虫，就生活习性而言可分为食尸、腐食、食皮、食角质几大类。研究尸体分解过程中昆虫种群的演替特点及据其对死亡时间作出推断，为刑事侦破工作提供依据。

1.6.3.3　产物利用

利用昆虫的分泌物、代谢产物，在我国已有几千年的历史，尽管有的已形成创汇农业的主产业，但昆虫产物利用的研究一直没有停止，且不断地被赋予新的领域和使命。

（1）工业原料用昆虫资源。在我国已形成产业的工业原料用昆虫有家蚕、柞蚕，为绢丝产业的主体；紫胶虫所形成的紫胶产业；倍蚜所形成的倍子产业；白蜡虫所形成的虫蜡业。蚕丝是我国传统出口商品，1990年创汇25亿美元，白蜡、五倍子产量占世界总产量的95%以上，紫胶产量居世界第三（张传溪，1990）。

（2）毒素利用。昆虫毒素资源十分丰富，据报道，已有鳞翅目、等翅目、鞘翅目、膜翅目、蜚蠊目、直翅目等类群的昆虫可产生毒素，仅膜翅目昆虫中有毒种类达700多种。我国医药史上早就有昆虫毒素的应用记载。蜂毒用于治疗风湿、肠炎、心血管疾病等已有百年历史，蜻蜓毒有镇惊止痛之功效，斑蝥毒素更有治疗原发性肝癌的作用，随着科技进步，还有更多的昆虫毒素被人们认识并加以应用。

（3）激素利用。昆虫激素是昆虫内分泌器官分泌的具有高度活性的微量物质。目前已发现的昆虫激素有蜕皮激素、保幼激素、脑激素、滞育激素、性信息素、聚集激素、告警素等，很多昆虫激素已有合成产品，如保幼激素、性信息素被用于农林害虫的防治，被称为第三代杀虫剂。

（4）药用、食用产品。昆虫产物被作为药用和食用产品的主要有蜂蜜、蜂王浆，以及米缟螟产的虫茶、蝙蝠蛾产的冬虫夏草等，这些产品具有药用、食用或药食两用价值。

（5）生物活性物质。通过人工外源诱导，可使昆虫产生多种生物活性物质，初步统计，目前已对8目30多种昆虫进行了诱导免疫的研究，已发现抗菌肽、抗菌蛋白、凝集素、溶菌酶等多种生物活性物质。据报道，从家蝇幼虫分泌物中提取的一种抗菌蛋白，只需1/10 000的浓度就足以杀死多种细菌，并有杀死癌细胞的作用。

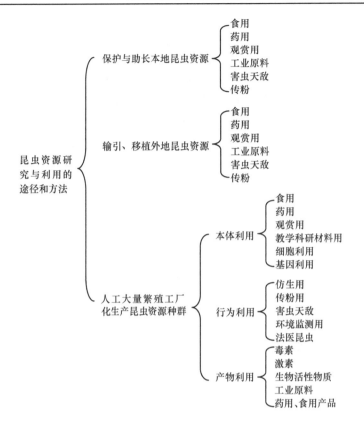

1.6.4　昆虫资源研究与应用要注意的有关问题

综合分析国内外关于昆虫资源研究利用的经验与实践,在选择应用昆虫种群、实施开发应用研究等方面提出以下见解,可供参考。

1.6.4.1　选择腐食性、粪食性昆虫比植食性或其他食性昆虫容易取得成功

昆虫资源的开发利用能否成功,在很大程度上取决于昆虫饲养成本的高低,一般说来,腐食性、粪食性昆虫所利用的是植物产品的下脚料或动物粪便,属资源的再生利用,其饲养成本低;而植食性或其他食性的昆虫,以活植物体或植物产品为食,其饲养成本无论如何都要高于前者。蝗虫是公认蛋白质含量最高的一类昆虫,俗有"旱虾"之称,且在东南亚一带早已成为餐桌上之佳肴,但蝗虫以活体植物为食,人工饲料成本更高。因此,使之形成产业是很困难的。

1.6.4.2　选择 r 选择昆虫比 k 选择昆虫易获得成功

r 选择与 k 选择的概念是 Macthur 和 Milson（1961）提出的，r 选择种具有相对高的生殖潜力、较高的扩散能力、世代历期短、食性较广泛等特征；k 选择种则相反，具有较低的生殖潜力、较强的竞争力和适应力、世代历期长、食性专化。从昆虫资源规模化利用的角度考虑，选择繁殖力强、世代历期短的 r 选择昆虫种更易形成规模，形成产业。

1.6.4.3　选择生活史简单、易于饲养的昆虫比生活史复杂、难于饲养的昆虫容易获得成功

生活史简单的昆虫肯定比生活史复杂的昆虫容易饲养，像复变态的芫菁，尽管具有很高的药用价值，但至今难以突破室内人工饲养关。同时，也应注意到，生活史简单的昆虫不一定容易饲养，有些昆虫的幼期与成虫期食性不一致，饲养起来也很困难，因此最好选择生活史简单且成虫和幼虫食性一致的昆虫种群。

1.6.4.4　选择仓库或室内生活的昆虫较野外生活的昆虫易获得成功

仓库或室内生活的昆虫更适应室内的生态条件和环境，更容易大量繁殖；野外生活的昆虫移植到室内饲养，还有一个适应、驯化、筛选的过程，其研究和利用难度更大一些。

1.6.4.5　选择社会性或喜群聚的昆虫比独居型昆虫易获成功

蜜蜂、蚂蚁、白蚁等为社会性昆虫，家蚕、家蝇耐高密度饲养且不相互残杀，这些昆虫能在单位饲养面积内获得更高的产量，其饲养成本大大低于独居型昆虫。

1.6.4.6　选择具有特殊分泌功能和分泌产物的昆虫

具有特殊分泌功能及分泌产物的昆虫，其开发利用价值大，如蚕吐丝、白蜡虫产虫蜡、紫胶虫产紫胶、蜜蜂产蜂蜜等，这些昆虫能直接分泌或通过与寄主植物的食物联系间接产生有价值的产物，这些产物或作为工业原料，或作为人类食

品和药物，其重要的经济意义易受到人们的重视，也容易形成产业。

1.6.4.7　对一种昆虫资源实施综合开发比单一开发容易获得成功

一种昆虫资源的产物，无论其价值有多大，如果只是单一开发，也是很难成功的，因为单一的产品容易受市场调节机制的阻遏，市场行情好时，产品如日中天，市场行情不好时，产品一落千丈。例如，五倍子产业，长期以来一直是以倍子作为工业原料（单宁）这么一种出路；20世纪70年代至80年代中期，国际市场上单宁原料缺乏，倍子每千克价格达20多元，但80年代后期至90年代，国际市场单宁原料一直趋于饱和，国内倍子价格大幅度下降，每千克仅5元左右，致使农民蒙受巨大经济损失，极大挫伤了倍农种倍积极性。反观养蚕业、养蜂业，经过长期的探索研究，已研制开发出蚕系列产品和蜂系列产品，尽管也有市场的制约和影响，但同样的风险被分配到多个产品上去了，单个产品所承担的风险就比前者小多了，且综合开发使单个产品的成本降至最低水平，其综合效益仍然很高。

总之，昆虫资源研究与利用的总体目标是：使所有昆虫资源能在形态学、生物学、生态学等基础研究方面详尽充分，人工饲养技术完善可行，产品研制物尽其用；使昆虫资源最大限度地发挥其效益，服务于国民经济，造福于人类。

2 昆虫资源学的理论基础

2.1 昆虫在生物中的地位

Wilson（1990）估计全球生物的种类有 3000 万种以上，已定名或描述的物种为 140 多万种（Wilson，1988），另外一种说法为 170 多万种（Tangley，1986），要想得到确切的种类数，困难相当大。但不管怎样，昆虫已定名种类数在整个生物界的占有比例很清楚，无论是生物学家还是昆虫学家，大家都公认昆虫是生物类群中最多的物种。比较一致地认为，昆虫已定名种类为 75 万～100 万种，占全部生物种类的 53.5%以上。在动物界，昆虫更是以其种类众多而著称。据估计脊椎动物种类占全部动物种类的 5%左右，95%的物种为无脊椎动物，仅昆虫种类就占整个动物界的 75.0%以上。经历了 3 亿 5 千多万年历史和生存斗争的昆虫，其种类数和种群数量都是任何生物类群无法相比的，这不能不让人们感叹"不知是谁主宰着这个地球"。

2.2 生物多样性的概念

生物多样性（biodiversity）的概念和术语是 Wilson（1986）在华盛顿特区召开的一个学术讨论会上提出的。术语"biodiversity"是"biological diversity"或"biotic diversity"的缩写形式，而非复合词。因为"bio"来源于希腊词，而"divers"则来源于拉丁词，所以它们是不能互相配合形成复合词。然而，"biodiversity"这一缩写式却往往被误作为复合词"biodiversity"而广为流传，其实是不规范的。

生物多样性是多样化的生命实体群（entitygroup）的特征。每一级实体——基因、细胞、物种、种群、群落乃至生态系统都不止一类，亦即都存在着多样性。因此，多样性是所有生命系统的基本特征。生物多样性包括所有植物、动物、微生物物种，以及所有的生态系统及其形成的生态过程。

生物多样性是几十亿年进化形成的宝贵财富，它的任何损失都是不可逆的，都是无法挽回的。一个物种可在很短时间内灭绝，但要形成一个新物种却需上万年的时间。生物多样性不仅限于物种水平上的多样性，如今科学家已赋予它更广、更深层的含义，即生物多样性是自然界中生物基因、物种及生态系统多样性的总和。

2.3 生物多样性的层次

生物多样性表现在生命系统的各个组织水平，即从基因到生态系统。各个组织水平的多样性都十分重要，与不同水平的多样性相关的各个生物学分支，都有其研究重点及独特的研究方法。例如，遗传学注重基因和染色体变异的重要性的研究，其研究的对象是生物种群；群落生态学试图揭示物种在群落功能发挥中的作用，但忽视遗传变异的研究；而生态系统生态学则更注意生态系统功能多样性的研究，但在一定程度上忽视物种多样性的研究。事实上，不同水平的生物多样性是紧密联系、不可分割的。生态系统的功能是由物种表现的，物种具有不同的特征是因为其具有不同的基因型。换言之，某一水平的多样性是由其下一级生命实体的不同组合方式形成的。尽管不同水平的多样性都很重要，但从目前生物多样性的现状、研究方法或手段的成熟与难易程度，以及人力、财力资源的承受能力等方面考虑，不同水平的生物多样性的重要程度还应有所差别，亦即应确定优先重点。可以认为，物种多样性是生物多样性研究的基础，生态系统多样性是生物多样性研究的重点。无论从生物多样性功能、形成、维持与丧失机制，以及时间动态与空间格局的理论研究出发，还是从生物多样性的保护与持续利用的实践方面考虑都是如此。

2.3.1 遗传多样性

遗传多样性是指种内基因的变化，包括种内显著不同的种群间和同一种群内的遗传变异。种内的多样性是物种以上各水平多样性的最重要来源，遗传变异、生活史特点、种群动态及其遗传结构等决定或影响着一个物种与其他物种及其环境相互作用的方式。而且，种内的多样性是一个物种对人为干扰进行成功反应的决定因素。种内的遗传变异程度也决定其进化的潜势。

所有的遗传多样性都发生在分子水平，并且都与核酸的理化性质紧密相关。新的变异是突变的结果，自然界中存在的变异，源于突变的积累。这些突变都经受过自然选择，一些中性突变通过随机过程整合到基因组中，上述过程形成了丰富的遗传多样性。

遗传多样性的测度比较复杂，主要包括三个方面，即染色体多态性、蛋白质多态性和 DNA 多态性。染色体多态性主要从染色体数目、组型及其减数分裂时的行为等方面进行研究；蛋白质多态性一般通过两种途径分析，一是氨基酸序列分析，一是同工酶或等位酶电泳分析，后者应用较为广泛；DNA 多态性主要通过 RFLP（限制性片断长度多态性）、DNA 指纹（DNA finger printing）、RAPD（随机扩增多态 DNA）、PCR（聚合酶链反应）等技术进行分析。此外，还可应用数量遗传学方法对某一物种的遗传多样性进行研究，虽然这种方法依据表型性状进行统计分析，其结论没有分子生物学方法精确，但也能很好地反映遗传变异程度，而且实践意义大，特别对于理解物种的适应机制更为直接。

2.3.2　物种多样性

物种多样性是指物种水平的生物多样性，与生态多样性研究中的物种多样性不同。前者是指一个地区内物种的多样化，主要是从分类学、系统学和生物地理学角度对一定区域内物种的状况进行研究；而后者则是从生态学角度对群落的组织水平进行研究。

物种多样性的现状（包括受威胁现状）和物种多样性的形成、演化及维持机制等是物种多样性的主要研究内容。物种水平的生物多样性编目，即物种多样性编目是一项艰巨而又亟待加强的课题，是了解物种多样性现状，包括受威胁现状及特有程度等最有效的途径。然而，目前我们不能将地球上的物种估计到一个确定的数量级，即使是目前已定名或描述的物种数目也不十分清楚。此外，物种的濒危状况、灭绝速率及灭绝原因，生物区系的特有性，以及如何对物种进行有效的保护与持续利用等都是物种多样性研究的内容。

2.3.3　生态系统多样性

生态系统多样性是指生物圈内生境、生物群落和生态过程的多样化，以及生态系统内生境差异、生态过程变化的多样性。此处的生境主要是指无机环境，如地貌、气候、土壤、水文等。生境的多样性是生物群落多样性甚至是整个生物多样性形成的基本条件。生物群落的多样性主要指群落的组成、结构和动态（包括演替和波动）方面的多样化。从物种组成方面研究群落的组织水平或多样化程度的工作已有较长的历史，方法也比较成熟。自 1943 年 Williams 提出物种多样性概念以来，发表了大量的论文和专著，讨论有关物种多样性的概念、原理、测度方法，以及形成原因或主要影响因素等问题。不论怎样定义多样性，它都是把物种均匀度结合起来的一个单一的统计量。此处的均匀度可以用不同物种的个体数目的分布、生物量的分布或盖度的分布来测度，其中，物种的生物量是一个比较合理的指标，但个体数目应用得较多，主要是资料的限制。目前提出的大量的物种多样性指数可分为三类：α多样性指数、β多样性指数和r多样性指数。α多样性指数用以测度群落内的物种多样性；β多样性指数用以测度群落的物种多样性沿着环境梯度变化的速率；r多样性指数则是一定区域内总的物种多样性的度量。生态过程主要是指生态系统的组成、结构与功能在时间上的变化，是生物多样性研究中非常重要的方面。

此外，景观水平的生物多样性，即景观多样性也越来越受到人们的重视，不仅理论上对于认识生物多样性的分布格局、动态监测等具有重要意义，在实践上对区域规划与管理、评估人类活动对生物多样性的影响等方面均具有广阔的应用前景。

2.4 物种多样性是最主要和最基本的实体

物种是生物多样性概念的中心，物种资源对农业、医药和工业发展作出了巨大的贡献。

2.4.1 物种多样性的物质表现是丰富的生物资源

人类靠生物多样性为生，没有生物，人类就失去了赖以生存的物质基础。事实上，人类生活水平的不断提高，主要是建立在利用生物多样性的基础之上，世界人口已超过50亿，对提供食用、医药和工农业原料的物种的需要也日益增多。

（1）供人类利用的所有作物、牲畜、家禽、鱼类等品种，都是从自然野生物种中长期驯化而来，自然野生近缘种类对改良现有的品种退化仍然起着非常重要的作用。

（2）作为食物，人类还不断地向大自然直接索取野生生物多样性资源，并且生物多样性在人类饮食文化中也占有越来越重要的地位。

（3）医药方面，无论传统医药，还是现代医药都离不开生物多样性资源。世界上许多医药，大多是从植物、动物、微生物中提取有用的物质制成，或以天然化学物质为模式合成。

（4）人类所需要的主要工农业原料，都直接或间接来源于生物多样性资源。

毫不夸张地说，人类生存所有必需的物质，均来自生物多样性。生物多样性是人类工业、农业、林业、畜牧业、渔业、医药业、旅游乃至文化、艺术等行业重要的组成部分。没有生物多样性，人类生活简直不可想象。

2.4.2 生态系统的功能由物种体现

生态系统的功能是由物种表现的。物种具有不同的特征是因为其具有不同的基因型，一个物种就是一个独立存在的基因库，而每个基因库，亦即每个物种贮藏有大量的遗传信息。物种的数量，即有代表性个体的遗传信息的数量，只构成地球生物多样性的一部分；每一个物种是由许多个体所组成。例如，10 000 种蚂蚁在一定的时间内估计有 10^{15} 个活个体；除了孤雌生殖和同卵双生以外，实际上没有任何两个个体在遗传上是相同的，主要是由于高层次遗传多态性穿过许多基因位置。在另一个层次上，广泛分布的一些物种依然包括众多的繁殖种群，它们在遗传多态性上展现出复杂的地理变异格局。这样，即使一个濒危物种从灭绝中被挽救过来，它大概已失去了许多内部的多样性，当该种群再次得到扩大时，它们在遗传上与祖传的种群几乎一致。

2.5　保护昆虫多样性的意义

2.5.1　昆虫在生物圈内的平衡作用

生态系统中各组成单元或组分相互联系的实质是取食与被取食的关系。由于大多数昆虫处于食物链的第二和第三个环节，它们使自然界不同物种之间通过取食产生了相互依存、相互制约的关系，成为促进生态系统的物质循环、能量流动和维持生态平衡的重要因素。首先，昆虫作为生态系统中的初级消费者、次级消费者和食物分解者，是生态系统结构不可缺少的组成部分，也是物质代谢循环中必不可少的环节。其次，占生物种类 53% 以上的昆虫，由于种类众多，增加了生态系统中物种丰富度，使生物多样性程度更高、更复杂，这更加有利于生态系统的平衡和生物多样性的稳定。最后，昆虫中不少种类为食物的分解者，它们分解动物尸体和植物残体，净化环境，清洁地球，是尽职尽责的地球清洁工，如果没有它们的存在，地球的现状简直难以想象。

2.5.2　植物生产者的最有力帮手

根据前人的估计，在全部昆虫中有 50% 以上的种类是植食性。经过几百万年的协同进化，传粉昆虫与显花植物形成一种互利的特殊关系，即昆虫在采食花粉和花蜜的同时，为植物起了传粉的重要作用。

在显花植物中，估计有 85% 属于虫媒植物，自花授粉和借风传粉的分别占 5% 和 10%。以花粉和花蜜为食的昆虫，如蜂类、蝇类、蛾类和蝶类等，它们经常出没于花丛，为植物传粉，是粮食、蔬菜、瓜果、牧草增产的重要媒介，为人类创造了大量财富，如苹果有 70%以上依靠蜜蜂传粉。

据报道，在不增加人力和投资的情况下，仅利用传粉昆虫就可以使作物增产 10%～30%，美国当年利用意蜂传粉年收入达 190 亿美元，前苏联达到 20 亿卢布。因此，发达国家已将其列为除大规模机械化外的一项重要农艺措施，并在政策上给予鼓励和支持。

昆虫作为显花植物的传粉者，在人类的食物生产体系中扮演着重要的角色。如果没有传粉昆虫，也就没有虫媒植物，其结果不但影响生态系统的稳定性，而且危及人类的生存。

2.5.3 有害生物的自然控制者

在昆虫世界，植食性的种类除了一部分取食农作物的害虫外，还有一些取食杂草，它们是防治杂草的自然天敌。

真正对人类有害的种类只是极少数,需要防治的害虫仅占昆虫种类的 2% 左右，其余绝大多数是无害或者是有益的，它们当中有许多是捕食性或寄生性的天敌昆虫，对有害生物起了重要的自然控制作用。

2.5.4 昆虫资源——人类的巨大财富

建立在生物多样性基础之上的昆虫资源学，其研究领域既涉及了昆虫本体的利用，也包括了昆虫行为利用和昆虫产物利用，既包含昆虫的直接利用，也包含昆虫的间接利用。众多的昆虫，无论益害，无论已定名的种还是未定名的种，都是丰富多彩的昆虫资源。

昆虫资源是指那些昆虫本体或行为或产物能直接或间接为人类提供生产资料或生活资料的天然来源。在当今社会生活中，昆虫中的众多种类已成为人类食物、药物和工农业生产原料的重要来源；同时还可以作为观赏、仿生、教学科研材料。

2.6 生物多样性所面临的问题

2.6.1 生境遭受破坏

由于缺乏保护生物多样性的意识，对生态规律认识不够，人们在砍伐、捕猎、垦荒等生产和经济活动过程中，严重干扰和破坏了昆虫及其他生物赖以生存的生态系统。

　　森林作为野生生物的重要栖息场所，它的快速消失是物种大规模灭绝的一个重要因素。据估计，全世界森林每年减少 1% 左右。数百万年前，地球上 2/3 的陆地还曾被森林覆盖，面积达 76 亿 hm^2，而如今森林面积还不足 30 亿 hm^2。热带森林的情况更糟，每年大约以 1700 万 hm^2 的速度在减少。

　　由于人口的巨大压力，资源过度开发，尤其是传统饮食文化和中药业的影响，生物多样性损失的情况也十分惊人。大约 2000 年前，我国森林覆盖率在 50% 左右，而今天却不足 14%，天然林已难见到。栖息地的破坏、化学污染及乱捕滥猎等，已经导致了我国许多动物、植物、微生物的灭绝。据有关方面估计，中国受威胁的物种可能占整个区系成分的 15%～20%，受威胁状况均高于世界水平。中国濒危植物比例为 15%～20%，有 4000～5000 种，其中 5% 左右的物种可能将在近几十年内灭绝。

2.6.2　生物、昆虫物种灭绝速度惊人

　　经历 5000 余年农牧业的发展，尤其是近 100 年来工业的发展，生物多样性遇到了最严峻的挑战。全世界范围内生物多样性遭受了严重破坏，并仍以惊人的速度急剧减少。由人类干扰所造成的物种灭绝速度为自然灭绝速度的 1000 多倍。据估计，全世界每年灭绝的野生生物竟高达 4 万余种，相当于每天有近 110 种生物悄悄地绝迹了，这些灭绝的物种当中肯定有许多对农作物、家畜等品种改良有重要遗传多样性价值的种类。

　　由于我们对昆虫多样性的研究不够，因此难以准确地统计出昆虫的灭绝数字。据 IUCN 红皮名录的记载，全世界已经灭绝或可能灭绝的昆虫有 62 种，处于威胁状态的有 1006 种（其中只列出中国的 16 种蝴蝶）。这些数字只能说明我们对受到威胁的昆虫了解得太少。根据已经定名的物种数量及昆虫所占的比例（53.37%）推算，即全世界每年有 2 万多种昆虫灭绝；再根据我国昆虫占全世界昆虫总数 10% 的比例推算，即我国每年灭绝的昆虫数量约为 2000 种。

2.6.3　保护生物多样性

　　生物多样性对人类如此重要，为什么还要那样无情地破坏它呢？这主要是因为人类一直认为地球上多种多样的生物资源是取之不尽、用之不竭的。从大自然索取，又不用付出成本，加剧了人类对自然资源的过度开发。但现在由于资源过度开发、破坏，生物资源已反馈性地对人类的经济、社会及文化发展起到了明显

的限制作用，人们终于认识到我们共有一个地球，生物多样性是全人类的财富，保护每一个基因、每一个物种和每一类生态系统是全人类的事业。

人类发展与生物多样性保护并非是矛盾的、对立的，而是相辅相成的。生物多样性越丰富，越有利于经济的发展，经济发展了，也就有更多的财力、物力投入到多样性保护与开发利用研究中去，这样的良性循环应是人类未来的发展方向。相反，如果不顾环境与多样性的破坏，而一味强调短视行为式的经济增长，这样不但最终阻碍经济发展，而且环境会更加恶化，形成恶性循环。

生物多样性亟待保护，生物资源是有限的，昆虫资源的开发利用应有节制。随着人口的急剧增长和人类经济活动的不断加剧，作为人类生存最主要的物质基础——生物多样性受到了严重威胁，物种和生态系统正以人类历史上前所未有的速度消失，全球警钟急鸣，生物多样性已濒临极限。以生物多样性为理论基础的昆虫资源学同样也须强调昆虫资源的保护和持续性的开发利用；特别警示资源的过度开发，防止野生资源遭到掠夺性的破坏；注重有计划分步骤地研究利用昆虫资源。目前国内掀起的"蚂蚁热"，人为掠夺性地大量挖采野生蚂蚁，既不符合昆虫资源学的理论，也与生物多样性理论相悖。

3　昆虫资源学研究利用

3.1　昆虫资源学研究利用的历史

传说养蚕是黄帝的元妃嫘祖所发明的技术。《蚕经》记载："西陵氏劝蚕稼，视蚕如此"。《通鉴外纪》"西陵氏之女嫘祖……教民育蚕"。《通鉴前编》"黄帝有熊氏命元妃西陵教民养蚕"。20 世纪 60 年代初在浙江吴兴钱山漾新石器时代遗址中，出土有一批盛在竹筐中的丝织品，包括绢片、丝带和丝绒，经 ^{14}C 测定其年代为距今 4728±100 年，树轮校正为 5288±135 年，也就是说约 5200 年以前中国人民已开始养蚕，并利用蚕丝来纺织了（周尧，1980）。

关于蚕的生活习性和养蚕技术的研究，约在公元前 3 世纪的《礼记·祭义》中记载，带露的桑叶必须风干了才能喂食，蚕种可用流水冲洗进行消毒。战国时荀况（公元前 313～公元前 238 年），在《荀子·蚕赋》中总结了劳动人民养蚕技术，研究了三眠蚕的特性、习性及其化育过程的规律性。

最早关于蚕桑的专门著作是公元前 2 世纪淮南王刘安的《蚕经》，其次为 3 世纪东汉王景的《蚕织法》，清代关于蚕桑的专著特别多。中国的养蚕技术在公元前 138～公元前 126 年，通过"丝绸之路"传至中亚、西亚及世界各国。

养蜂的历史可能更早于养蚕，据推测可能开始于农业时代初期，但目前还无史料证明，《礼记·内则》记载"子事父母，枣粟饴蜜以甘之"，业已证明至少 3000 年前古代中国人已开始食蜜。晋皇甫谧《高土传》中记载东汉延熹（158～167 年）时人姜岐，"隐居以蜜蜂豕为，教授者满于天下，营业者三百余人"，说明早在 1800 多年前，养蜂已成为一门专门的学问和新兴的事业了。

有关蜜蜂的科学记载，在 3 世纪以后的书籍中已可见，如晋·张华的《博物志》，详细记载了蜜蜂的收集方法。将养蜂作为农业科学来研究的，则见于元·司农司《农桑辑要》（1273），元·王桢《农书》（1313），元·鲁明善《农桑衣食撮要》（1314），明·徐光启《农政全书》（1639）等；而研究蜜蜂最早的专著是清·郝懿行的《蜂衙小记》（1819）。在这些著作里，关于蜜蜂的形态、生活习性、社会组织、饲养技术、蜂蜜的收取与提炼、冬粮补充、蜂巢清洁及天敌清除等都有较详尽的论述。另一蜂产品蜂蜡与蜂蜜利用的时间差不多，在 2000 年前的汉代，蜂蜡已被人们作为药品使用。

白蜡虫的利用是从元代开始的，距今已有 600～700 年。关于紫胶的记载，始见于 3 世纪张勃的《吴录》（265～289 年），17 世纪中叶，著名旅行家徐霞客第一次明确指出云南为我国紫胶产地，并记述了紫梗树的形态。紫胶在我国古代作为医药，主治血症，在《本草纲目》中已有详细记述，同时还可用作染料。五倍子为古人所注意当在 2000 年以前，而比较详细的记述当属《太平广记》（980 年），《本草拾遗》（739 年），《图经本草》（1018 年）等，对五倍子的寄主植物和用途都有较为科学的论述。

2000 多年前的《神农本草经》共记述药用昆虫 29 种（真正属于昆虫类的为 21 种），明·李明珍《本草纲目》（1578 年），药用昆虫增加到 73 种，虫类中药蜂蜜、五倍子、斑蝥、蝉蜕、土鳖、螵蛸等的药用价值都有较详细的记述。

中国古代，昆虫在人类的食谱中曾占过重要的地位，公元前 12 世纪的《礼记·内则》记载有蜂、蜂子（幼虫和蛹）和蚁卵可供食用。另外还有关于蝗虫、蚕蛹、龙虱等昆虫的食用记录。

早在 1600 多年前，我国劳动人民已开始利用天敌防治害虫了。晋·稽含《南方草木状》（304 年）有："人以席囊贮蚁鬻于市者，其窠如薄絮，囊皆连枝叶，蚁在其中并窠同卖，蚁赤黄色，大于常蚁。南方柑橘若无此蚁，则其实皆为群蠹所伤，无复一完者矣"的记载，这大概是利用黄猄蚁防治柑橘害虫，天敌移植的最早例证。

晋汉时代已有饲养蝉作娱乐用的记载；唐代（618～907 年）长安已有赛蝉风俗；王仁裕《开元天宝遗事》（956 年前）记载了饲养蟋蟀放在枕边，以欣赏其鸣声；12 世纪开始出现斗蟋蟀，以后日渐兴盛，利用蝴蝶、金龟子等色泽鲜艳的昆虫制作装饰品也有近千年的历史。

3.2 昆虫资源学研究利用的现状

具有悠久历史的昆虫资源学，在近代的发展却比较缓慢，昆虫资源学研究与应用的现状表现在以下几个方面。

3.2.1 传统的资源昆虫仍是创汇农业的主体

我国养蜂业在蜂群数量、蜂产品产量上都居世界第一位，出口到近 50 个国家和地区，2007 年蜂蜜出口 6.4 万 t，出口金额 9438 万美元，蜂王浆类出口 1981t，出口金额 3544 万美元，蜂胶等稀有蜂产品出口 53t，出口金额 90 万美元。目前，我国已有 2000 余名科技工作者和 10 余万名生产者在各地从事蜂业科研、教育、管理、企业或直接从事蜂业生产，为中国蜂业现代化建设勤奋工作。

作为世界蚕丝的第一大生产国，中国蚕茧和蚕丝（生丝和废丝）年产量均超过世界总产量的 70%，平均每年生产蚕茧 24 万 t 左右，生丝 3 万余吨。蚕丝是我国具有显著竞争优势的传统出口创汇产品。据我国海关统计，2006 全年出口 2.5 万 t，平均单价为 25.43 美元/kg，金额 6.36 亿美元，同比分别增长 25.96%和 3.57%。2007 年 1～10 月蚕丝类出口 2.18 万 t，同比增长 0.9%，出口金额 5.19 亿美元，平均单价 23.79 美元/kg，同比分别下降 5.21%和 6.06%。

工业原料昆虫市场需求量大，我国白蜡和五倍子产量一直居世界首位。五倍子主要有角倍和肚倍两种，分布于四川、湖北、陕西、贵州、云南等省，产量最大的是角倍，质量最好的是肚倍。五倍子的最高年产量达 6000t，目前产量为 4000～5000t，原料年产值 1 亿元左右。生产方式已从野生林向半野生林和人工林转变，目前新产品、新用途开发较欠缺。白蜡是我国的特产，生产潜力在 1000t 以上，年产值 8000 万元左右。

3.2.2　基础理论与应用基础研究上的突破

3.2.2.1　基础理论上的突破

一直以来，人们对资源昆虫学和昆虫资源学的概念和研究范畴无明确界定，笔者在多年研究的基础上，明确指出资源昆虫学和昆虫资源学是两个不同的概念，昆虫资源学是研究昆虫本体利用、行为利用和产物利用的理论与实践的一门学科。它源于资源昆虫，但拓展了资源昆虫的研究范畴，内涵与外延更深、更广。相对于资源昆虫学而言，更加明确了资源与昆虫的关系，把整个昆虫纲全部种类无论其益害均作为生物资源，仅有现实资源和潜在资源之分，同时还提出生物多样性理论是昆虫资源学的理论基础，这些基础研究成果为昆虫资源学的发展和昆虫资源的保护利用提供了科学依据。

中国科学院动物研究所康乐研究员领导的研究组利用基因组学与蛋白质组学信息，通过研究不完全变态的飞蝗，完全变态的果蝇、蜜蜂、埃及伊蚊和家蚕的基因组信息，并与主要的真核生物真菌、线虫、小鼠和人类的基因组进行了细致的比较，鉴定出 51 种昆虫特有的蛋白（Zhang et al., 2007），包括与环境胁迫和感受刺激相关的蛋白、表皮蛋白和气味结合蛋白等，揭示了昆虫在环境适应与信息交流方面的独特特征。对其功能的进一步验证，有助于科学家推测昆虫亿万年来在基因组与蛋白质组方面的进化过程。这项研究揭示出昆虫生命形式的多样性并不是通过增加大量不同的基因实现的。

3.2.2.2 昆虫基因及昆虫表达系统的研究与开发令人瞩目

2004 年年底,西南农业大学向仲怀教授作为中国家蚕基因组计划项目主持人,率领研究群体成功绘制了"家蚕基因组框架图",在 *Science* 杂志上发表(Xia et al., 2004),通过基因组生物学分析获得了 18 510 个家蚕基因,其中大部分为新发现基因。一些关键基因的获得,为农民实现只饲养吃桑少、吐丝多的雄蚕打下了坚实的基础,部分重要功能基因的发现,彻底突破了茧丝蛋白质合成相关基因克隆和研究的瓶颈,对于研究蚕丝如何高效合成的分子机制奠定了良好基础。这是我国在昆虫学、资源昆虫学及蚕学研究领域所取得的标志性成果。研究组基于家蚕全基因组数据,设计制作了世界上第一张覆盖家蚕全基因组的 Oligo 基因芯片,共包含 22 987 条代表家蚕编码基因的特异性探针(Xia et al., 2007)。家蚕全基因组芯片的成功研制成为中国 2006 年十大科技新闻之一。

利用重组杆状病毒在昆虫细胞系中表达外源蛋白是目前较为流行的表达系统,而另一类新型的昆虫细胞表达系统,则是建立在对果蝇等昆虫细胞进行稳定转化的基础之上的,在稳定性和表达效率方面有着更为突出的优点。浙江大学吴小锋等(2004)以家蚕 BmNPV 为基础,利用决定病毒寄主范围的 DNA 解旋酶基因及同源重组原理,构建了介于 BmNPV 和 AcNPV 间的杂交重组病毒表达载体。目前已经利用昆虫表达系统成功地生产了鼠源单克隆抗体、人-鼠嵌合抗体、单链抗体及人单克隆抗体等多种抗体分子,还将抗体分子与尿激酶型纤溶酶原激活物等肿瘤相关蛋白进行了融合表达,这些抗体分子多数能正确组装,完成糖基化过程,具有相当的活性。

3.2.2.3 昆虫行为和机能的研究与利用向广度及深度扩展

目前,天敌昆虫已确定 1000 余种,包括 7 目 70 余科,可产业化开发的超过 40 种。我国现已投入生产的主要天敌昆虫有赤眼蜂、平腹小蜂、肿腿蜂、草蛉、瓢虫、小花蝽、捕食螨、红腹茧蜂、金小蜂等。目前,我国有近 10 种赤眼蜂被大量繁殖和推广应用,其中规模较大的有松毛虫赤眼蜂、螟黄赤眼蜂、玉米螟赤眼蜂、广赤眼蜂、稻螟赤眼蜂等,主要应用于玉米、甘蔗、棉花等农作物及一些林木果树的害虫防治。赤眼蜂的防治对象已达 20 余种,全国利用赤眼蜂防治农林害虫的面积最高达 66 万 hm^2,其中主要用于防治玉米螟、甘蔗螟、苹果小卷叶蛾等害虫,每年防治面积稳定在 40 万~50 万 hm^2。另外,我国四川曾利用川硬皮肿腿蜂进行防治杉天牛(粗鞘双条杉天牛和双条杉天牛)和花椒虎天牛,其中粗鞘双条杉天牛的防治面积累计达 3.5 万亩，平均虫口减退率达 82%，部分防治区防效达 95%。

传粉昆虫已知种类达 300 余种，如蜜蜂、切叶锋、壁蜂、熊蜂、蝇类及蝴蝶类等。在果园、大棚蔬菜、瓜果和大田作物中广泛应用，大大提高了农作物的产量。例如，蜜蜂授粉，可使油菜增产 19%～37%、向日葵增产 20%～64%、大豆增产 14%～15%、棉花增产 18%～41%、柑橘增产 25%～30%、苹果增产 32%～52%、西瓜增产 1.7 倍、草莓增产 10 倍。同时，也改善了产品品质，如粮食作物的淀粉、蛋白质等含量，油料作物含油量，以及维生素、微量元素的含量。目前已知的传粉昆虫主要分属于直翅目、半翅目、鳞翅目、鞘翅目、双翅目和膜翅目，其中膜翅目占全部传粉昆虫的 43.7%，双翅目占 28.4%，鞘翅目占 14.1%，半翅目、鳞翅目、缨翅目和直翅目所占比例极小。

观赏昆虫具有重要的生态价值和经济效益。随着生态旅游成为世界旅游业发展的新潮流，必将与旅游业紧密结合起来。西北农林科技大学昆虫博物馆是世界上建筑面积最大、综合性最强的昆虫博物馆；上海昆虫博物馆馆内收藏了 100 多万号昆虫标本，包括一大批极为稀有的国家保护类昆虫标本及一部分国际、国内的危险性检疫害虫标本；莱阳农学院昆虫博物馆是国内展览面积最大的博物馆，展厅面积 1800m²，分为昆虫展览、标本收藏两大部分，也收藏了国内外昆虫标本 100 多万号；天台山昆虫博物馆收集了 3000 多种昆虫标本，其中有大量的萤火虫标本，几乎包括了世界上所有的萤火虫种类；台湾的木生昆虫博物馆馆内珍藏了世界各地著名的蝴蝶和昆虫标本，并出售各类蝴蝶装饰品及纪念品，为世界上私人收藏最丰富的昆虫博物馆。我国台湾对蝴蝶和萤火虫的研究与开发较早，目前有 1 万余人从业，每年出口昆虫标本收入达 3000 万美元左右。昆虫博物馆既是科学知识普及的重要场所，同时也是旅游创收的重要途径。

许多昆虫在环境监测及保护中显示出了重要作用，尤其在水体环境监测中应用较多。目前可以作为环境指示的昆虫类群有：鞘翅目步甲科、虎甲科、叩甲科、瓢甲科、金龟科、天牛科、叶甲科、象甲科、隐翅甲科；膜翅目的蚁科、蜜蜂总科、泥蜂科、胡蜂科；双翅目的蚊科、摇蚊科、虻科、食虫虻科、食蚜蝇科；鳞翅目蛱蝶科、斑蝶科、眼蝶科、凤蝶科、粉蝶科、天蛾科、大蚕蛾科、灯蛾科、舟蛾科；半翅目缘蝽科、蝽科、长蝽科、网蝽科、盲蝽科、龟蝽科；以及蜻蜓目、弹尾目、蜉蝣目、襀翅目、毛翅目的一些类群。不同的物种能够根据其自身对生长环境需求的不同，监控和指示不同区域生态环境变化程度。我国利用水生昆虫监测水质开展于 20 世纪 70～80 年代，颜京松等利用摇蚊作为生测指标评价了黄河支流和官厅水库的水质。许多学者报道了利用毛翅目等水生昆虫监测和评价自然保护区主要水体的水质。许杰等（2007）研究了弹尾目昆虫在土壤重金属污染生态风险评估中的应用，并取得了较好的效果。

昆虫在仿生方面也有较大利用前景。上海交通大学（2003）自行研制了 SMA 仿昆虫蠕动微型车，该微型车打破近年来微小型机器人大多采用腿式结构的传统，是开发轮式微小型机器人的全新尝试。孙霁宇（2005）分析了臭蜣螂股节的性能及微观结构，将其应用到纤维增强应用模型、孔洞拨出增韧模型、表面减粘降阻模型、纳米力学测试技术等方面。金晓怡（2007）研究了昆虫的飞行机制，将其用于研究扑翼飞行机器人并取得了成功。中国科学院动物研究所梁爱萍研究员领导的研究组研究发现，蝉类昆虫翅表疏水性有很大差别，翅表疏水性的强弱是由其表面的纳米级形貌结构（主要为乳突）和化学成分（主要为蜡质类）共同作用的结果。该研究为仿生超疏水及自清洁材料的设计和开发提供了基本数据和参考。张伏等（2011）研究了 4 种鞘翅目昆虫鞘翅断面的超微观结构，基于 4 种昆虫鞘翅的内部结构分析，总结了常用的几种纤维模型，并进行了模型示意。迟鹏程等（2011）研究了昆虫胸腔结构，并基于 MEMS 技术提出一种仿昆虫微扑翼飞行器的结构设计和工艺流程，并利用 SU-8 胶作为结构材料加工出微扑翼飞行器。陈东良等基于对现有蝗虫跳跃机制及蝗虫弹跳腿部肌肉特性的研究，建立了弹跳腿机构的三维模型，利用仿生四杆机构对跳跃中腿部的运动轨迹进行了模拟还原，设计完成了仿蝗虫弹跳腿机构样机，通过实验验证其不仅具有较高的形态仿生特点，同时具有较好的弹跳能力。张琰（2011）发现蝼蛄的陆上运动模式为三角鼎形，而且蝼蛄的前足并不像一般的六足行走昆虫那样有效，取而代之的是中足和体节的补充行走作用。

3.2.2.4　昆虫活性物质的研究成为新的生长点

（1）从昆虫中提取抗菌肽是目前昆虫活性物质研究的热点。由于抗菌肽在农业、医药、食品等领域有着广泛的应用前景，因此，自发现至今，抗菌肽一直都是各相关学科研究的热点。分子生物学尤其是基因工程技术和蛋白质组学技术的迅猛发展为抗菌肽研究提供了新的技术支撑，人们从最初简单的分离纯化到现在的基因表达调控，对抗菌肽的研究越来越广泛深入，已发现 200 多种昆虫抗菌肽。周义文等（2007）从家蝇体内获得一种新型抗菌肽，具广谱抗菌活性，对革兰阴性菌和革兰阳性菌均有一定的抑制作用。李鹏等（2008）获得两种家蝇抗菌肽突变体 des-hf-MU1 和 des-hf-MU2，试验表明两种突变体抑菌效价和热稳定性均有所提高。乔媛媛等（2007）研究发现离体培养的菜青虫 Pr-49 细胞和 Tn-SB1 细胞经灭活的大肠杆菌诱导分泌了具有抗菌活性的物质。陈维春等（2007）从斜纹夜蛾 mRNA 中得到了一个新的天蚕素类抗菌肽，该抗菌肽由 2 个基因编码，各有 1 个长度分别为 568bp 和 377bp 的内含子。通过转基因工程，将抗菌肽基因转化到植物中获得抗病品种，为抗病品种的培育提供一条新途径。中国科学院昆明动物研究所"百人计划"获得者赖仞研究员领导的团队，通过对牛虻唾液腺分泌物中蛋白质和多肽的结构及药理功能进行系统的研究，从寄主与宿主相互作用的角度解释了牛虻成功从其宿主获得血液的分子机制（Xu et al., 2007）。更为重要的是，他们的研究揭示了牛虻作为重要传统抗血栓中药的分子机制，并发现了多种作用于血液系统和免疫系统、具有潜在药用价值的先导结构分子。

（2）抗癌及抗肿瘤活性物质研究较多。已证僵蚕过氧毒角甾醇及 7β-羟基胆甾醇在体外有较强的抗癌活性。刘东颖（2007）通过观察冬虫夏草对乳癌细胞株 MCF-7 的增殖抑制及诱导凋亡的作用，进一步丰富了冬虫夏草治疗乳腺癌的现代理论依据。另外，虫草素对人鼻咽癌细胞也有抑制作用。周游等（2008）研究了斑蝥素对肿瘤细胞的抑制作用。有些学者发现蜣螂毒素、蝶类异黄蝶呤、蟑螂半乳甘露糖、土鳖虫浸膏也有不同程度的抗癌活性。

（3）活性蛋白、活性酶的研究已经成为研究动物药的一个新热点。例如，已经发现僵蚕蛋白有刺激肾上腺皮质的作用；土鳖虫丝氨酸蛋白酶类具有纤维蛋白酶原激活物样作用；蝇蛆体内含有具抗氧化活性（Ai et al., 2008）和具护肝作用（Wang et al., 2007）的活性蛋白。

（4）信息素与激素的研究。胡江等（2006）采用麻点豹天牛雌虫信息素提取物证明其在成虫的交尾行为中起着较为关键的作用，雄虫依靠此信息物来寻找和识别雌虫。王永模等（2003）在贵州省黔南州都匀茶场进行了性信息素迷向法防治茶毛虫的田间试验。许国庆等（2006）研究了甜菜夜蛾性信息素激活肽基因在雌成虫的不同发育时期的表达。陆鹏飞等（2007）研究了成虫日龄对豆野螟交尾成功率的影响，以及雄性豆野螟对性信息素的反应，同时分析了二者之间的关系。广东省测试分析研究所于 2005 年鉴定出亚洲玉米螟的性信息素为顺式及反式的12-十四烯醇乙酸酯，其顺反式化合物比例为 47∶53。随后，李久明等（2007）报道合成了亚洲玉米螟性信息素的经济方法。上海有机化学研究所等（2006）完成了若干昆虫性信息素结构、合成及应用研究。

在激素研究方面，欧阳迎春等（2003）用改良的 RP-HPLC 方法，成功地分离咽侧体离体合成的保幼激素及其代谢产物，以及测定血淋巴中的保幼激素滴度。在微胶囊方面，朱晓丽等（2007）选择研究广泛的凝聚法，使用阿拉伯胶与明胶通过复凝聚或者明胶的单凝聚作为昆虫激素包覆技术，探讨了凝聚过程的规律，制备了十二醇微胶囊，研究了凝聚方法、交联度对微胶囊性能的影响，为进一步开展昆虫激素包覆奠定了基础。

3.3 研究基础正在不断加强

3.3.1 科研项目逐年增加

经费投入中对传统资源昆虫的投入仍占较大比例,家蚕、蜜蜂等相关研究项目较多。资源昆虫研究项目总数逐年增加,占较大比例的国家级项目也呈上升趋势,省部级和自选项目增幅不大。

3.3.2 研究队伍不断壮大

我国从事资源昆虫的研究机构比较分散,但主要集中在中国林业科学院资源昆虫研究所、中国农业科学院蜜蜂研究所、中国农业科学院蚕桑研究所、华中农业大学、西北农林科技大学、浙江大学、中山大学、福建农林大学、山东农业大学、东北林业大学、西南大学等。可喜的是,2005~2008年,我国从事资源昆虫研究的人员及研究生招生人数逐年增加,从事资源昆虫研究的科研人员增长了70%,2008年从事资源昆虫研究的学生比2005年翻了两番,他们中有很多人将成为资源昆虫研究与发展的主力军。

3.3.3 学术交流日益频繁

2005年以来,我国在资源昆虫方面的学术交流主要有:第三届东亚水生昆虫学国际会议于2005年6月17~20日在南开大学召开,来自中国、日本、韩国、越南、蒙古国、泰国、俄罗斯和美国的70余位水生昆虫学工作者参加会议。第五届生物多样性保护与利用高新科学技术国际研讨会暨昆虫保护、利用与产业化国际研讨会于2005年10月22~24日在北京召开;第六届中国国际丝绸会议于2007年9月13~15日在苏州大学成功召开,来自中国、韩国、日本、印度、英国、澳大利亚及中国香港特别行政区等国家和地区的150余人参加了会议;2008年,"全国害虫生物防治暨资源昆虫研究与应用技术研讨会"于5月10~12日在山东泰安召开,参加本次会议的人员来自除西藏外的各省、直辖市、自治区,分布面广,其中正式代表近200人,全部参会人员300多人,参加资源昆虫专题讨论的代表近150人,会议还特别推出了全国首届资源昆虫博览会,共有近20家企业参展,涉及黄粉虫、蝗虫、蝈蝈、土元、金蝉等10余类昆虫,展有虫油、虫粉、昆虫食品等几十种相关产品，对了解和推动昆虫产业的发展具有重要作用；2006 年华中三省昆虫学术年会暨全国昆虫资源学术讨论会在湖南韶山市举行，参会代表 200余人，交流论文 50 余篇。近年由中国昆虫学会主持的学术年会都有资源昆虫专题学术论文交流。

3.3.4　国际合作初现端倪

近些年来，我国已开始出现资源昆虫的国内外合作研究。中国林业科学院资源昆虫研究所就白蜡（白蜡虫）产业化研究、几种药用昆虫培育及药理研究与日本和韩国开展了合作研究；浙江省农业科学院蚕桑研究所获得浙江省重大国际合作项目——虫草培养与虫草多糖组分研究；西南农业大学申报的"家蚕重要功能基因及遗传资源研究"获批科技部国际合作重点项目。近年，华中农业大学等国内单位参与的欧盟第七框架项目昆虫蛋白的开发和中英非合作项目"利用昆虫转化有机废弃物造福加纳莱农"，均展示出我们在该领域国际合作的良好前景。

3.4　与国外同类研究比较

3.4.1　传统资源昆虫

蜜蜂、家蚕、紫胶虫、胭脂虫、白蜡虫等历来是国内外研究的热点。国外学者在蜂蜜和蜂胶生物活性物质方面研究较多。Caravaca 等（2006）报道蜂蜜和蜂胶中含有 180 多种酚类化合物，从中提取的类黄酮具有抗菌、抗过敏、抗血栓的功效，从蜂胶中提取的醇类物质还可以作为动物饲料的添加剂，效果比维生素 C好（Seven et al., 2008）；Moreira 等（2008）分析了蜂胶的抗氧化性和总酚量等特性，证明了其在医学上广泛的应用前景。中国农业科学院蜜蜂研究所、浙江大学、北京市农林科学院养蜂研究室、吉林农业大学及云南农业大学等单位，开展了优质高产高效蜜蜂饲养技术（梁以升和杜相富，2006）、蜜蜂遗传育种（石巍和刘先蜀，2007）、蜜蜂病虫敌毒害防治（冯峰和魏华珍，2007；黄文诚，2007；李继莲等，2007）、蜂种资源（阮长春等，2007）及为农业授粉增产（郭媛和邵有全，2008）、蜂产品化学及综合深加工利用（陶挺等，2008；陈健和李建科，2008）、蜂机具设备、蜂产品质量安全与检测（陈兰珍等，2008；谷翠霞，2008）等方面的研究。功能性保健蜂产品已发展到第 3 代，明确了其功能因子及功效成分。关于蜂产品质量安全与检测的行业与国家标准已制定了 29 项。

Zainuddin 等（2008）年研究了蚕丝制品作为生物材料用于人工眼膜；Hardy

等（2008）分析研究了蚕丝的组成及分子结构，证明了蚕丝在材料科学上的应用前景；Hamamoto 等（2008）报道了家蚕可作为药品毒性和代谢的模式实验动物；Cheung 等（2008）通过实验证明了蚕丝优良的韧性和重量，使之成为材料工程上的重要原料；Vepari 等（2007）报道了蚕丝优良的力学性质，使之可以广泛应用于生物医学中的凝胶、外科手术中的纱布、胶片等。

国外对紫胶虫优良寄主植物的筛选和育种、寄主植物的有性繁殖和无性繁殖（陈又清，2007）、紫胶色素、紫胶蜡的提取工艺、紫胶改性（包括聚合、酯化、化学改性）及紫胶漂白机制等方面都有较深入的研究（Suri，2000）。中国林业科学院资源昆虫研究所在紫胶虫基础研究方面处于世界领先地位，建成世界上第一个紫胶虫种质资源库（王建兰，2007），收集和保存了 9 种种质资源，其中有两个种是世界上紫胶质量最好的，已应用于我国紫胶生产。紫胶虫生态分布（陈又清和王绍云，2007）、染色体、辐射育种（陈航等，2006）、优质紫胶虫胶片的配比加工技术等方面已取得重要进展，现已开展前期性的产品开发工作，其中优质紫胶片显示了良好的产业化前景（汪咏梅等，2007）。

人们利用基质辅助激光解吸电离技术（MALDI）和电喷雾质谱法（ESI-MS）等研究技术分析胭脂虫的胭脂红酸的成分（Maier et al.，2006），应用胭脂红酸作为天然着色剂取代商业用人造着色剂在食品、化妆品、制药业中的应用（Calvo and Salvador，2000），具有很好的市场前景。

白蜡虫、五倍子是我国特有的工业资源昆虫，我国在白蜡虫、五倍子的基础及应用研究方面均处于领先水平，在紫胶色素、紫胶蜡的提取工艺方面取得了显著的成效，尤其在紫胶产品深加工方面达到了国际先进水平；在家蚕的分子生物学的研究方面取得了昆虫学领域标志性成果。与国外同类研究相比，在家蚕的基础研究方面还相对较弱，在蚕丝的应用研究方面仅限于纺织产品；对于蜂蜜和蜂胶的利用研究，国内还停留在食品和保健品的开发利用层面，而在工业和医药上的应用研究相对较少。另外，我国在胭脂虫及胭脂红色素的研究和利用方面与国外相比还有较大差距，每年仍需花大量外汇进口胭脂红以用于制药及食品工业。

3.4.2　食用与食品昆虫

随着世界人口及能源消耗的日益增长，畜禽及渔业饲用蛋白的生产面临挑战。世界上有 1900 多种昆虫被人类食用，并且主要分布在发展中国家。昆虫作为食用和饲用材料的组成部分，拥有高的能量转化效率，并且减少了温室气体的排放。一些昆虫可以在有机废物上生存，减少环境污染，实现废弃物向高蛋白饲料的转化，从而替代越来越昂贵的化学饲料添加剂，如鱼餐。这些需要高效、自动化的大规模饲养设施来提供可靠、稳定和安全的产品。在西方国家，消费者的接受程度将关系到价位环境效益，以及美味的昆虫蛋白产品的开发。如今，已应用网络资源宣传昆虫作为食用和饲用原料的重要性，如学者建立相关网站来介绍食用饲用昆虫的种类、分享研究进展等（http: //www.food-insects.com）。值得注意的是，利用蝇蛆转化畜禽粪便、厨余等降低污染并且生产饲料等已得到一定程度的应用。此外，在灵长类的食虫性的研究中，学者们发现人类吃掉的昆虫占有广泛的蛋白脂肪比，一般是营养密集型的，而其他非人类灵长类所吃的昆虫则是高蛋白脂肪比的，并且食虫性在非人类灵长类和许多人类部落中的程度和模式在不断变化，其作用尚不得而知（Raubenheimer and Rothman，2013）。联合国粮食及农业组织于 2013 年发表了白皮书号召人们享用昆虫。

对食用昆虫进行深加工，开发"整形"食品，是目前国际上食用昆虫发展的重点，被誉为"世界昆虫食品之乡"的墨西哥，已对 100 余种昆虫营养进行了分析和评价，并且已将 60 多种昆虫制成蜜饯、糖果、罐头等，出口到美国、法国、日本和比利时等国，使昆虫食品成为一项重要的出口创汇来源。同样，德国、法国也有众多昆虫食品加工企业。与其他国家相比，我国的昆虫食品开发利用还处于"非整形"阶段，产品的加工程度低，基本上保持了昆虫原形全部或部分，而且品种仅限于蜜蜂、柞蚕、蝗虫、蚂蚁等传统食用昆虫，再加上传统观念的影响，使我国昆虫食品的开发利用进程缓慢。

3.4.3　传粉昆虫与观赏昆虫

国内外观赏昆虫的开发多以蝴蝶和萤火虫为主。马来西亚已建成 2 个萤火虫生态旅游景点。新西兰奥克兰市以南的怀托摩萤火虫洞被人们誉为世界七大奇景之一。新加坡的国家公园局也计划在双溪布洛天然公园创建一个适宜的生态环境，以便吸引几乎在当地绝迹的萤火虫到公园"落户"。我国许多省市都有生态蝴蝶园。我国台湾阳明山国家公园、阿里山农场和嘉义县梅山乡瑞里风景区已开发出了萤火虫生态旅游景点。国外对于蝴蝶的研究主要集中在研究蝴蝶幼虫的拟态（Bohlin et al.，2008）、环境温度对于蝴蝶生殖的影响（Ghalambor et al.，2007）、特殊及濒危蝴蝶的养殖技术及保护手段（Crone et al.，2007）、生理学反应导致的蝴蝶翅颜色的变化（Otaki，2008）、环境破坏对蝴蝶种群的影响（Cleary et al.，2008）。萤火虫是日本的国虫，日本在萤火虫的生物学、生态学、保育学及分子生物学等方面都处在世界领先水平（Ohba，2000）。2008 年 8 月，全球首届"国际萤火虫多样化及保护研讨会"在泰国清迈召开，来自 20 个国家的 200 名专家齐聚旅游胜地清迈，商讨如何保护这种会发光的小昆虫。

在数量庞大的昆虫纲中，约有 7 目 22 科的昆虫能够授粉，膜翅目的 11 科昆虫授粉能力最强。膜翅目的蜜蜂总科是最为理想的授粉昆虫；另外还有鳞翅目的一些蝶类、蛾类，缨翅目的蓟马，半翅目的姬猎蝽科、长蝽科、盲蝽科，双翅目的蜂虻科、食蚜蝇科、花蝇科，以及瘿蚊、摇蚊、蠓等原始的授粉昆虫也具有一定的传粉能力；鞘翅目有 30 多万种昆虫常在花朵上活动，如叩甲科、郭公虫科、露尾甲科、叶甲科、金龟科、芫青科、天牛科和隐翅虫科等。与以往单纯地关注昆虫授粉影响农林产品产量不同，近几年的研究更加倾向于关注其对产品经济效益、营养价值，以及其对农林生产及生态系统的影响。

Bommarco 等（2012）研究了昆虫授粉对欧洲油菜（*Brassica napus*）种子产量、质量和市场价值的影响，发现授粉昆虫增加了 18% 的种重和 21% 的商业价值。种子质量也因昆虫授粉而提高，表现在种子更重、出油率更高和更低的叶绿素含量。而 Klatt 等的研究表明，经过蜜蜂授粉的草莓，果实更重，畸形率更低，并且因保质期更长使欧盟在 2009 年 29 亿美元的草莓交易中减少了 11% 的损失。Brittain 等发现，杏仁坚果的脂肪和维生素 E 会受到授粉的影响，自花授粉（排除昆虫作用）产生的坚果中，亚油酸的比例更低。

授粉昆虫作为全球生物多样性的重要组成部分，为作物和野生植物提供至关重要的生态系统服务。有证据表明，野生和家养授粉者近年来都在下降，并且依赖它们的植物也在并行下降。蜜蜂（*Apis mellifera*）是全球范围内增加农业产量的主要管理授粉昆虫，相对于其他蜂种而言已被广泛地研究，证明能够使 96% 的动物授粉作物增加产量。但是有明确的证据表明，美国（1947～2005 年减少了 59%）和欧洲（1985～2005 年减少了 25%）的家养蜜蜂种群有严重的区域性下降，这使得依赖于单一授粉物种的农作物，甚至野生植物前景堪忧。由于一种亚洲入侵物种大蜂螨（*Varroa destructor*）的影响，使得欧洲和美国多数野生凶猛的蜜蜂已经消失，只剩下了养蜂者保留的那些。虽然全世界蜂箱的数量从 1961 年起增加了 45%，但是依赖于授粉昆虫的农作物比例增加得更快（>300%），以及对授粉服务的需求比蜂箱数量增加得更快。授粉昆虫多样性及丰度的减少会导致其为野生植物群体的授粉服务下降，因此会对虫媒授粉植物造成不利影响，这样又会反过来减少授粉昆虫的花粉资源。大多数野生植物种（80%）需要直接依赖于昆虫授粉以形成果实和种子，并且这些种群之中的多数（62%～73%）表现为授粉限制。专性动物授粉植物的授粉服务特别容易下降，同时这些物种一般也会随着授粉昆虫并行下降。尽管有很多方法对减少的授粉进行补偿（如无性繁殖），但有研究表明，授粉限制是野生植物种群系统损伤最常见的直接原因。Garibaldi 统计了全球 41 个作物生态系统中野生昆虫访花对坐果的全面影响，结果发现，野生授粉昆虫增加坐果的效率是授粉管理昆虫的两倍，说明授粉管理昆虫不能完全替代野生授粉昆虫。与此同时，野生授粉昆虫在作物生态系统中还起着扩大虫-花交互网络规模、改变虫-花网络结构、增加物种多样性、平衡生态位等不可替代的作用。我国对野生授粉昆虫，特别是野生授粉蜂类的研究较少。为了保持授粉服务的可持续性，更好地了解使授粉昆虫下降因素之间的相互作用，减少农药化肥使用，保护野生授粉昆虫栖境，加快发展其生态学、生物学繁殖技术和开发利用，改善及增加野生授粉昆虫的丰度及多样性是必不可少的。

许多发达国家为追求农产品的质量，提高食品安全，大力开发和应用传粉昆虫，而且有很多专营传粉昆虫的企业。欧美国家尤其重视传粉昆虫的保护。欧洲国家广泛开展授粉昆虫保护，开展了欧洲传粉昆虫的现状及发展趋势项目（Status and Trends of European Pollinators，STEP，2010□2015），主要目标为记录传粉昆虫衰减的性质和程度，了解授粉功能性状缺陷，建立欧洲传粉昆虫的红色名录；STEP也评估造成传粉昆虫锐减的气候变化、生境缺失和破碎、农业化学品、病原物、外来入侵种群、光污染等因素及其互作。总体来说，STEP计划致力于研究地方、国家、欧洲及全球范围内传粉服务减退的特点、原因、后果、可能的缓解办法（Potts et al.，2011）。零星观测表明，在世界范围内最广泛的作物传粉昆虫大黄蜂（*Bombus*）在北美的一些种群在减退，美国学者使用3-y跨学科研究了美国大黄蜂种群的分布变化、遗传改变及病原物感染水平（Cameron et al.，2011）。对共享生态特性的传粉蜂类在美国的历史变迁的总结有助于保持其本土蜂类的丰富度、多样性及生态系统功能（Bartomeus et al.，2013）。

与国外相比，我国还有一定的差距，主要表现在：①传粉昆虫资源家底不清，应加大传粉昆虫资源的调查力度，筛选出传粉能力和抗逆能力强、繁殖力高、易驯化的传粉昆虫，为大田应用及产业化奠定基础。②对传粉昆虫的生物学和生态学缺乏系统研究。③应该加强传粉昆虫人工繁殖的研究力度。④加强传粉昆虫的定向育种工作。⑤现有的传粉昆虫授粉技术不能适应传粉昆虫产业化发展的需求。⑥传粉昆虫产业化进展缓慢。政策的扶持和资金缺乏对传粉昆虫产业化进程影响颇大，可在推广工作较好的地区进行企业化试点，对参与的企业给予更多的优惠政策，从而加速传粉昆虫的产业化进程。

3.4.4　仿生昆虫

国外主要集中在仿生昆虫飞行器研制、虫型机器人、仿生触角传感器、仿生昆虫视觉系统、仿生昆虫翅结构、仿生昆虫感觉系统等。研究变色的结构在昆虫中较为常见，并且随着基因的变化可以产生色彩结构及其他结构，而昆虫这种结构的形成机制相对保守。事实上，这种结构色来源于昆虫在细胞和亚细胞水平上的发育适应性，一些材料学家和工业组织试图模仿这种合成，通过纳米压痕技术来研究蝗虫胸骨表皮的机械性质；在干燥和潮湿的天气分别测量不同板层的硬度。

结果表明，水分在不同板层的机械性质差别中起重要作用；上表皮通过设置蒸发梯度精细调节不同表皮层的机械性质。

对昆虫翅的仿生和甲虫的研究较深入，Jin 等用数显技术描绘了甲虫翅的物质组成和性质。Byun 等研究了甲虫翅微观及纳米级的浸湿特征，昆虫翅表的齿状物和刚毛等增加了其疏水性，仿生制造的硅片也显示出相似的疏水性质。Nguyen 等描述了甲虫自由飞行的特征，并模仿了其飞行而形成扑翼飞行系统，还研究了昆虫扑翼系统动力的测定方法。Bhayu 等仿甲虫的人造拱形翅，飞行高度超过非拱形翅 10% 左右。Jin 等通过限定元素法在数值上模仿甲虫翅，弹力系数、弯曲测验等结果与真实观察值一致。Sitoru 等通过对比调查，研究双叉犀金龟翅基的空气动力学特征和力的产生。2011 年，可自行发电昆虫飞行器问世，研究人员利用绿花金龟开发出可自行发电的昆虫飞行器。研究人员将数枚压电发电机安装在一只经过特殊处理的绿花金龟的翅上，利用绿花金龟翅的振动发电。实验数据显示，绿花金龟飞行中的输出功率约为 45μW；并且研究人员预计，如果将发电机直接与绿花金龟的飞行肌相连，发电功率还可以再提高一个数量级。这样一来，昆虫翅振动产生的电能足以让安装在昆虫身上的神经控制系统运转，从而实现对昆虫飞行动作的人工控制。其他昆虫翅的仿生研究也有报道。Nguyen 和 Byun（2008）用改进的准稳态方法研究了昆虫拍翅的机制，认为这种机制可以在机器人应用上得到广泛的推广。通过模仿蝉翅并使用高能量金属离子流能够形成超高疏水表面结构。Le 等研究了扑翼系统的弦弯曲效应，为仿生飞行器的研发提供技术支持。Bao 等制造了几何学和形态学上较为逼真模仿大蚊的几何纹路的人工翅。通过使用扫描电镜来观察蜻蜓翅的微观结构和多型现象早已展开。使用三维数字模型法、有限元素法等来确定蜻蜓前翅的自然频率和振动模式。结果发现，蜻蜓的翅由于复杂的混合结构，从而具有很好的适应性，而这种生物构造具有潜在的价值。蜻蜓翅的自然振动频率为 168Hz，这也许对微型飞行器的设计有所启发。

对昆虫足的仿生。Drechsler 和 Federle（2006）研究了印度竹节虫的足垫，认为这种根据接触物情况调节分泌黏液的机制可以得到很好的借鉴。Chen 基于昆虫足的运动结构、相对比例和驱动系统及昆虫足的肌肉解剖结构，设计了一个小的六足机器人 HITCR-II，并应用一个以高斯伪谱法求解（GPM）为基础的数值技术摆动生成算法，使 HITCR-II 成功地在崎岖的地形上进行有效的摇摆运动。Jiang 等在分析仿生甲虫生物原型的特点及运动机能的基础上，进行了仿生甲虫六足机器人的结构设计与样机设计，设计从结构上保证了仿生机器人能够有效地模拟甲虫的运动能力。一些科学家也通过模仿蟑螂的行走方式开发了一个四足步行机，获得跨越高障碍和适应复杂环境的能力。

对昆虫复眼的仿生。Franceschini（2004）研究了昆虫复眼的结构及成像系统，认为昆虫视觉眼肌的运动能力及神经元底物可以启发人们去开发能够在空中、水中和陆地上处理突发事件的智能化交通工具，昆虫神经系统可以启发人们去开发更加敏捷智能的机器人。Chen 等为了满足实时的要求和高质量的马赛克，模拟苍蝇复眼的视觉机制设计了一个仿生复眼视觉系统，并基于该系统的光学分析，提出了全景图像镶嵌算法，这种方法与其他方法相比具有更好的实时属性。Sun 等模拟昆虫复眼的检测系统的结构和功能，提出了一种新的运动目标检测系统，系统有效地解决了在运动目标检测时分辨率、实时处理等问题。Zhang 等模拟昆虫复眼的成像机理和光强度适应，提出一个 ICE-based 的适应性重建方法，能够根据光强度调整图像的抽象视觉领域。Li 等设计了更适合的制造仿生复眼的曲面仿生复眼微透镜阵列，并详细介绍了设计方法和设计实例。车静等模仿昆虫复眼的视觉机理，设计一种仿生球面 9 复眼视觉系统，并提出一种全景图拼接算法。全景图的整个拼接过程中复眼视觉系统可以自动地实现对多视角图像序列的无缝拼接，并在多个方向都增大了视场，弥补了传统宽屏幕全景图的不足。

其他仿生研究如 Chen 等（2004）用扫描电镜研究了鞘翅目昆虫的表皮孔道的结构，认为这种结构用在复合材料层板上可以极大地提高复合材料层板的性能。Schadschneider 等（2005）研究了蚂蚁的化学向性，比较了蚂蚁的追踪系统及人类的交通系统，预测了一种非单调速度-密度相关关系，提出了一个可以用在交通管理上的模型。Dürr 等（2007）研究了昆虫的触角感受器，认为这种非视觉、近距离判断物体位置及分辨物体的功能可以应用在自动探测机器人上。Nepomnyashchikh 等（2007）研究了石蛾幼虫在修建 case-house 过程中的搜索建筑材料，并记忆所用材料特征的行为，提出了一个搜索模型，可以用在人工智能上面。我国近年来在昆虫仿生学方面研究得较少，仅见 SMA 仿昆虫蠕动微型车（上海交通大学，2003）、模拟臭蜣螂股节用于材料科学（孙霁宇，2005）及应用昆虫的飞行机制研制扑翼飞行机器人（金晓怡，2007）。

3.4.5　昆虫基因

继黑腹果蝇完成全基因组测序之后，多个昆虫相继完成了全基因组测序工作。目前在 NCBI 上搜索（http://www.ncbi.nlm.nih.gov/genomes），具有 contig 数据的昆虫种类达 73 种，具有 scaffold 数据的昆虫种类达 116 种，尤其是 2011~2015 年的发布数量突飞猛进（图 3-1 和表 3-1、表 3-2）。我国主导完成的有 4 种，分别是家蚕（*Bombys mori*）（Xia et al.，2004）、小菜蛾（*Plutella xylostella*）（You et al.，2013）、二化螟（*Chilo suppressalis*）（Yin et al.，2014）、飞蝗（*Locusta miratoria*）（Wang et al.，2014）。

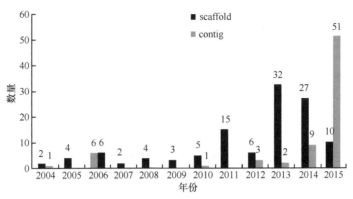

图 3-1 不同年份发布的昆虫基因组数量

表3-1 具有contig数据的昆虫种类（数据来源NCBI）

物种	大小/Mb	时间	物种	大小/Mb	时间
Aedes aegypti	745	2015.5	*Coboldia fuscipes*	99	2015.5
Anopheles darlingi	137	2010.11	*Condylostylus patibulatus*	452	2015.5
Anopheles farauti	161	2015.3	*Cotesia vestalis*	186	2015.3
Anopheles farauti No. 4	146	2015.3	*Dactylopius coccus*	19	2015.2
Anopheles gambiae	220	2015.5	*Diuraphis noxia*	395	2015.7
Anopheles koliensis	151	2015.3	*Ephydra hians*	400	2015.5
Anopheles nili	98	2013.7	*Eristalis dimidiata*	315	2015.5
Anopheles punctulatus	146	2015.3	*Eutreta diana*	233	2015.5
Apis mellifera intermissa	244	2015.1	*Glossina morsitans*	348	2015.5
Bactrocera dorsalis	415	2014.12	*Glossina morsitans morsitans*	363	2014.3
Bactrocera oleae	472	2015.7	*Hermetia illucens*	890	2015.5
Bactrocera oleae	334	2015.5	*Holcocephala fusca*	516	2015.5
Bactrocera tryoni	519	2014.5	*Hypothenemus hampei*	151	2015.5
Belgica antarctica	90	2014.9	*Lasius niger*	236	2015.7
Bombyx mori	382	2004.4	*Liriomyza trifolii*	70	2015.5
Calliphora vicina	459	2015.6	*Locusta migratoria*	5760	2013.12
Chaoborus trivitattus	269	2015.5	*Lucilia cuprina*	434	2015.7
Chilo suppressalis	314	2014.4	*Lucilia sericata*	320	2015.5
Chironomus riparius	155	2015.5	*Mayetiola destructor*	147	2015.5
Clogmia albipunctata	256	2015.5	*Megaselia abdita*	412	2015.5
Drosophila albomicans	150	2015.5	*Mengenilla moldrzyki*	156	2012.7
Drosophila americana	48	2015.7	*Mochlonyx cinctipes*	441	2015.5
Drosophila americana	59	2015.7	*Neobellieria bullata*	396	2015.6
Drosophila busckii	113	2015.5	*Papilio glaucus*	375	2015.2
Drosophila melanogaster	153	2014.6	*Phortica variegata*	156	2015.5

续表

物种	大小/Mb	时间	物种	大小/Mb	时间
Drosophila melanogaster	164	2014.11	*Piezodorus guildinii*	3	2014.11
Drosophila melanogaster	118	2015.5	*Plutella xylostella*	186	2012.11
Drosophila miranda	131	2015.5	*Scaptodrosophila lebanonensis*	187	2015.5
Drosophila pseudoobscura	119	2015.5	*Sphyracephala brevicornis*	316	2015.5
Drosophila simulans	85	2006.8	*Spodoptera frugiperda*	358	2014.9
Drosophila simulans	85	2006.8	*Teleopsis dalmanni*	469	2015.6
Drosophila simulans	65	2006.8	*Tephritis californica*	342	2015.6
Drosophila simulans	79	2006.8	*Themira minor*	100	2015.5
Drosophila simulans	105	2006.8	*Tipula oleracea*	542	2015.6
Drosophila simulans	91	2006.8	*Trichoceridae* sp. BV-2014	42	2015.5
Drosophila suzukii	172	2012.8	*Trupanea jonesi*	97	2015.5
Ephydra gracilis	411	2015.5			

表3-2　具有scaffold数据的昆虫种类（数据来源NCBI）

物种	大小/Mb	时间	物种	大小/Mb	时间
Acromyrmex echinatior	296	2011.4	*Cerapachys biroi*	213	2014.3
Acyrthosiphon pisum	542	2008.4	*Ceratitis capitata*	485	2013.3
Aedes aegypti	1376	2005.2	*Ceratosolen solmsi marchali*	277	2013.12
Aedes aegypti	1384	2005.2	*Chironomus tentans*	213	2014.11
Agrilus planipennis	354	2014.6	*Cimex lectularius*	650	2014.4
Amyelois transitella	406	2015.7	*Copidosoma floridanum*	555	2014.4
Anopheles albimanus	171	2013.3	*Culex quinquefasciatus*	579	2007.4
Anopheles arabiensis	247	2013.3	*Danaus plexippus*	273	2011.11
Anopheles atroparvus	224	2013.9	*Dendroctonus ponderosae*	253	2013.3
Anopheles christyi	173	2013.3	*Dendroctonus ponderosae*	261	2013.3
Anopheles culicifacies	203	2013.9	*Diaphorina citri*	486	2013.9
Anopheles dirus	216	2013.3	*Ephemera danica*	476	2013.12
Anopheles epiroticus	223	2013.3	*Fopius arisanus*	154	2014.12
Anopheles farauti	183	2013.9	*Frankliniella occidentalis*	416	2014.6
Anopheles funestus	225	2013.3	*Gerris buenoi*	1000	2015.5
Anopheles gambiae M	224	2008.2	*Glossina austeni*	370	2014.5
Anopheles gambiae S	236	2008.2	*Glossina brevipalpis*	315	2014.5
Anopheles maculatus	142	2013.9	*Glossina fuscipes fuscipes*	375	2014.5
Anopheles melas	224	2013.9	*Glossina pallidipes*	357	2014.5
Anopheles merus	288	2013.9	*Glossina palpalis gambiensis*	380	2015.1
Anopheles minimus	202	2013.3	*Halyomorpha halys*	1150	2014.5

续表

物种	大小/Mb	时间	物种	大小/Mb	时间
Anopheles quadriannulatus	284	2013.3	*Harpegnathos saltator*	294	2010.8
Anopheles sinensis	221	2013.7	*Heliconius melpomene melpomene*	274	2012.2
Anopheles sinensis	376	2013.9	*Homalodisca vitripennis*	2246	2014.5
Anopheles stephensi	221	2012.10	*Ladona fulva*	1158	2013.4
Anopheles stephensi	225	2013.3	*Leptinotarsa decemlineata*	1170	2013.11
Anoplophora glabripennis	708	2013.5	*Limnephilus lunatus*	1346	2014.4
Apis dorsata	230	2013.9	*Linepithema humile*	220	2011.6
Apis florea	230	2010.12	*Lucilia cuprina*	470	2014.6
Athalia rosae	164	2013.3	*Lutzomyia longipalpis*	154	2012.6
Atta cephalotes	318	2010.5	*Manduca sexta*	419	2012.4
Bactrocera cucurbitae	375	2014.12	*Mayetiola destructor*	186	2010.9
Blattella germanica	2037	2014.10	*Megachile rotundata*	273	2011.7
Bombus impatiens	249	2011.1	*Megaselia scalaris*	489	2013.2
Bombyx mori	482	2008.4	*Melitaea cinxia*	390	2014.6
Bombyx mori	398	2004.10	*Microplitis demolitor*	251	2014.2
Camponotus floridanus	233	2010.8	*Monomorium pharaonis*	258	2015.2
Catajapyx aquilonaris	302	2015.2	*Musca domestica*	750	2013.4
Cephus cinctus	162	2014.7	*Nasonia giraulti*	284	2009.11
Drosophila albomicans	254	2012.9	*Nasonia longicornis*	286	2009.11
Drosophila ananassae	231	2006.4	*Nilaparvata lugens*	1141	2014.9
Drosophila biarmipes	169	2011.10	*Oncopeltus fasciatus*	1099	2014.5
Drosophila bipectinata	167	2011.10	*Onthophagus taurus*	271	2014.4
Drosophila elegans	171	2011.7	*Orussus abietinus*	201	2014.4
Drosophila erecta	153	2006.4	*Pachypsylla venusta*	702	2014.5
Drosophila eugracilis	157	2011.10	*Papilio polytes*	227	2015.1
Drosophila ficusphila	152	2011.7	*Papilio xuthus*	244	2015.1
Drosophila grimshawi	200	2006.4	*Pediculus humanus corporis*	111	2007.4
Drosophila kikkawai	164	2011.7	*Phlebotomus papatasi*	364	2012.5
Drosophila mojavensis	194	2006.4	*Plutella xylostella*	393	2013.1
Drosophila persimilis	188	2005.9	*Pogonomyrmex barbatus*	236	2011.2
Drosophila pseudoobscura pseudoobscura	164	2004.11	*Rhodnius prolixus*	707	2009.6
Drosophila rhopaloa	197	2011.10	*Solenopsis invicta*	396	2011.2
Drosophila sechellia	167	2005.9	*Stomoxys calcitrans*	971	2015.5
Drosophila suzukii	233	2013.9	*Trichogramma pretiosum*	196	2014.3
Drosophila takahashii	182	2011.7	*Vollenhovia emeryi*	288	2015.3
Drosophila virilis	206	2006.4	*Wasmannia auropunctata*	324	2015.2
Drosophila willistoni	236	2006.4	*Zootermopsis nevadensis*	485	2014.5

随着越来越多的昆虫的全基因组测序完成，昆虫基因方面的研究已经进入后基因组时代。如何利用基因组中隐藏的巨大信息去探索昆虫复杂行为、生理及习性下的各种调控机理和分子机制，将成为新的研究热点。相关技术如功能基因组学、生物信息学、比较基因组学、结构基因组学、蛋白质组学、整体生物学、DNA芯片、基因敲除、RNAi、CRISPR-CAS9 技术、药物基因组学等，这些技术交叉应用于昆虫后基因组学研究将掀开昆虫学研究的新篇章。

3.4.6　昆虫活性物质

3.4.6.1　抗冻蛋白

昆虫抗冻蛋白（antifreeze protein，AFP）的分子质量为 7～20kDa，含有较多的亲水性氨基酸。目前研究比较多的是黄粉虫（*Tenebrio molitor*）、赤翅甲（*Dendroides canadensis*）和云杉卷叶蛾（*Choristoneura fumiferana*）的抗冻蛋白，都具有 β 螺旋结构（Graether et al.，2000）。Hawes 等（2011）在南极跳虫（*Gressittacantha terranova*）虫体总蛋白中发现了抗冻蛋白，Wharton 等（2011）在新西兰蟑螂（*Celatoblatta quinquemaculata*）的肠道总蛋白中发现了抗冻蛋白。抗冻蛋白具有超低温储藏细胞、组织和器官，且用于食物生产和储存，以及保护作物免受霜冻的潜力（Celik et al.，2013）。在迄今发现的抗冻蛋白中，松皮天牛的抗冻蛋白可冷却至-25℃以下（Hakim et al.，2013）。

3.4.6.2　地鳖纤溶活性蛋白

地鳖虫是传统中医中常用的一味药材。曹付春等（2011）研究地鳖（*Eupolyphaga sinensis*）纤溶活性蛋白（fibrinolytic protein，EFP）对 H22 和 S180 荷瘤小鼠肿瘤组织微血管密度（MVD）及血液中血管内皮细胞生长因子（VEGF）的影响，发现 EFP 可显著降低 MVD 及 VEGF 的表达，有抑制肿瘤新生血管形成的作用。另外研究 EFP 对小鼠 S180 和 H22 实体瘤组织细胞凋亡的诱导作用发现，EFP 对 S180 和 H22 实体瘤有一定的抑瘤作用，对 H22 和 S180 腹水瘤细胞端粒酶活性有一定降低作用，可提高 Caspase-3 表达水平，诱导细胞凋亡（曹付春等，2011）。林泽飞等（2013）研究地鳖纤溶活性蛋白（EFP）含药血清对人肺癌 A549 细胞凋亡的影响及凋亡相关基因的表达发现，EFP 含药血清各组对 A549 细胞有明显抑制作用，EFP 使 A549 细胞发生细胞凋亡，细胞周期发生改变，随着药物浓度的增加，Bax 表达逐渐增强，Bcl-2 表达逐渐减弱（林泽飞等，2013）。

3.4.6.3 家蚕活性物质

家蚕是中国古代最主要的经济昆虫之一。Ponnuvel 等对家蚕幼虫消化液分离纯化出分子质量为 25 436Da 的碱性胰蛋白酶,发现其在体外对 BmNPV 有强烈的抗病毒活性（Ponnuvel et al., 2012）。Park 等（2011）发现丝素蛋白（silk fibroin, SF）对胰岛 B 细胞株（HIT-T15）具有保护作用,可以降低细胞的氧自由基（ROS）水平和增强细胞增殖核抗原（PCNA）的免疫活性。另外,通过末端标记法分析表明,SF 可使 HIT-T15 细胞免受葡萄糖诱导的细胞凋亡,也可诱导胰岛素样生长因子（IGF-1）基因的表达,因此 SF 可作为潜在的治疗剂来治疗高血糖症诱导的胰腺 β-细胞死亡（Park et al., 2011）。Wang 等（2012）研究发现,蚕茧丝胶层非丝胶物质（乙醇提取物）主要为游离氨基酸和黄酮类物质,该提取物不仅对 α-葡萄糖苷酶有明显的抑制活性,而且还具有体内抗链脲佐菌素氧化能力,并且纯化的丝胶蛋白也能降低由链脲佐菌素引发的糖尿病小鼠的患病比例（Wang et al., 2012）。

3.4.6.4 蜂毒素

蜂毒素是最早发现的昆虫抗病毒蛋白。Gajski 等最近研究发现,蜂毒素对癌细胞的毒性机制具有不同的类型,如对肿瘤细胞周期的改变、细胞增殖或生长抑制作用,并诱导细胞凋亡,还包括半胱天冬酶和基质金属蛋白酶的激活。由于蜂毒素对肿瘤细胞的毒性具有广谱性,且对正常细胞也有毒性,因此需要一个合适的运载工具使其对肿瘤细胞具有靶向作用,可以通过静脉注射蜂毒素纳米粒子（Gajski and Garaj-Vrhovac, 2013）。研究者还发现,从社会性昆虫黄蜂的毒液中分离出来的抗菌肽 polybia-CP 可以通过破坏细胞膜的完整性发挥其细胞毒功效,且可抑制革兰氏阳性和革兰氏阴性细菌的活性,也可作用于癌细胞（Wang et al., 2011）。Api88 是蜜蜂体内产生的一种抗菌肽,具有多功能性,不仅可以调节人单核细胞的生物反应,还可以调节肥大细胞的抗菌活性（Keitel et al., 2013）。

3.4.6.5 昆虫抗菌肽

现已发现的抗菌肽达到了 1000 种（Bechinger and Lohner, 2006）,涉及的昆虫有鳞翅目,如家蚕（Gandhe et al., 2007）、菜粉蝶（Yoe et al., 2006）;双翅目,如按蚊（Dassanayake et al., 2007）;膜翅目,如黄蜂（Dani et al., 2003）等。

医学上昆虫抗菌肽已经用于脑脊髓膜炎、幽门螺旋杆菌感染及抗真菌感染等的临床应用。英国皇家医学会把昆虫幼体提炼出来的抗菌蛋白列为 21 世纪抗癌的首选药物。同时已有不少关于昆虫活性蛋白的营养研究和应用报道，但到目前为止，还没有产品走向市场。与国外相比，我国的抗菌肽、抗菌蛋白的研究还处于表观研究阶段，在利用其诊断疾病、控制疾病及其产业化方面还有待进一步发展。Hall 等发现埋葬甲的口腔和肛门分泌的那些类似于其他昆虫的抗菌小肽有抑菌作用（Hall et al., 2011）。Login 等（2011）发现象鼻虫体内的 coleoptericin-A（ColA）抗菌肽对内共生菌具有选择性靶标作用，通过抑制细胞分裂来调控它们的生长（Login et al., 2011）。用 RNAi 沉默 colA 基因后，细菌会从类菌体上分离，扩散到昆虫组织。孙龙等（2012）发现喙尾琵甲（*Blaps rhynchoptera* Fairmaire）幼虫体内产生的抗菌肽对金黄色葡萄球菌、枯草芽孢杆菌、绿脓杆菌具有活性，且在诱导和非诱导条件下均可分离到具有抑菌活性的抗菌肽，菌液诱导可增强抗菌肽的活性和抑菌谱（孙龙等，2012）。Coprisin 是三开蜣螂的 43bp 防御素抗菌肽，研究测试了它的最小抑制浓度，并评价了其与氨苄青霉素、万古霉素和氯霉素的组合效果，发现其具有抗菌性能，且与抗生素有协同作用（Hwang et al., 2013）。Harmoniasin 是从异色瓢虫中发现的一种防御素类抗菌肽。HaA4 是从 Harmoniasin 衍生合成的多肽类似物，具有抗菌活性没有溶血活性。研究者在调查 HaA4 是否具有针对人白血病细胞系（如 U937 和 Jurkat 细胞）的抗癌活性中发现，HaA4 能引起 U937 和 Jurkat 白血病细胞坏死及相关的细胞凋亡蛋白酶程序性细胞凋亡，说明 HaA4 在癌症治疗上具有潜在效用（Kim et al., 2013）。干扰素（alloferons）是一类从昆虫体内分离的天然多肽，能够刺激老鼠和人类的 NK 细胞对癌细胞的细胞毒性。Chernysh 等（2013）探讨了 alloferon-1 及其类似物 allostatine 的抗肿瘤活性，在 DBA/2 幼鼠同系 P388D1 白血病细胞皮下接种预防性肿瘤抗原，结果注射了 allostatine 的幼鼠比注射了 alloferon-1 的幼鼠活动性强，经过 allostatine 处理的幼鼠有 30%被完全治愈，allostatine 和 alloferon-1 尤其是 alloferon-1 值得进一步考虑作为潜在的抗癌药物（Chernysh and Kozuharova，2013）。

3.4.6.6　昆虫信息素

近年来，昆虫信息素研究集中于信息素化学成分的分析及其有效成分的化学合成，研究人员已经在超过 1000 种昆虫中发现了信息素，并利用信息素来检查 250 种昆虫的种群大小，阻止或干扰 20 多种昆虫的交配。昆虫信息素结合蛋白及其分子生物学的研究也是这一领域的研究热点。奥地利的科学家于 2007 年报道了利用昆虫避孕药切断蚊虫性能力，这对害虫的控制具有重要意义。我国近年来在昆虫性信息素方面作了大量的研究工作，在多种害虫的防治方面已经取得了较大的成功,性信息素的产业化也取得了可喜的成绩。2008 年,武大绿洲生物技术有限公司生产的昆虫信息素——诱虫烯原药通过审核并获得正式登记,这是我国第一个产业化的昆虫性信息素产品。我国在昆虫信息素的结构鉴定和合成、信息素结合蛋白及分子生物学等基础研究上还显不足。

3.4.6.7　其他化合物

Song 等(2012)在长白山红蚁(*Tetramorium* sp.)的甲醇提取物中分离得到三种新型香豆素类化合物,以及两个已知的酰胺类生物碱,其中两个香豆素类化合物具有抑菌活性(Song et al., 2012)。美洲大蠊(*Periplaneta americana*)的提取物对枯草杆菌表现出抑菌活性,尹卫平等(2012)从美洲大蠊的抗菌活性组分中分别分离得到一个新的异黄酮化合物和两个已知的次生代谢化合物,包括一个异黄酮化合物和一个甾醇类化合物,其中,新的异黄酮化合物对革兰氏阳性菌枯草芽孢杆菌(ATCC strain 6633)有明显抗菌活性。王奎等(2013)对美洲大蠊乙酸乙酯提取物进行分离和抑菌试验发现,美洲大蠊抑菌活性物质为不饱和脂肪酸类化合物,对供试的革兰氏阳性菌的抑菌活性较强。Choi 等(2012)发现黑水虻幼虫的甲醇萃取物不仅对肺炎杆菌、淋球菌、志贺氏菌具有抗菌活性,强烈地抑制细菌生长和增殖,而且有独特的性能,能有效地阻止细菌扩散。果蝇中的 γ-谷氨酰羧化酶具有类似于脊椎动物的 γ-羧化酶的底物识别的属性,并且在体外实验中它的羧基化产物比人的酶得到的还要多。为了验证果蝇酶是否能够 γ-羧酸化人类维生素 K 依赖性(VKD)蛋白,在果蝇的 S2 细胞体系转染了金属硫蛋白启动子调控的人凝血因子 IX(hFIX)表达质粒,感应铜离子后,hFIX 活性表达的效率通过 72h 后对转染的 S2 细胞的培养上清液进行酶联免疫和凝血试验分析,与中国仓鼠卵巢细胞系相比,S2 细胞表现出较高的(约 12 倍)hFIX 蛋白表达水平。γ-谷氨酰羧化酶能够识别人体的肽作为底物,是用于生产具有生物活性的 γ-羧基化蛋白 VKD 的一个必要步骤(Vatandoost et al., 2012)。

3.5　展望

昆虫作为一种资源,对人类作出的贡献是非常惊人的。在未来 5~10 年内,昆虫技术市场将会呈几何级数增长。昆虫将成为人类蛋白质资源的重要来源,成为科学研究和仿生学的优秀模板和模式物种,成为世界经济的一个新的生长点。昆虫资源的研究和利用将是 21 世纪生物学领域的研究热点之一。

家蚕、蜜蜂、倍蚜、紫胶虫、白蜡虫等是传统的特色资源昆虫,其产物的经济价值已有目共睹，它们曾是中国创汇农业的主体，今后应深入研究其高产理论和应用技术，加强资源保护和遗传育种研究，加强产品开发，提高产品在国际市场上的竞争力。另外，中国还有很多特有的资源，应进一步加强研究和开发。

3.5.1　拓展观赏昆虫与传粉昆虫研究

观赏昆虫研究与利用的最大问题是掠夺式的开发，影响到资源的可持续利用。现在虽然有野生动物保护法，许多珍稀昆虫品种受法律保护，但管理办法不完善，使得现实状况不容乐观，无序的开发对观赏昆虫资源和生物多样性造成极大危害。我国应加强立法和完善管理办法，加强观赏昆虫及其生境的保护，探讨人工大规模饲养及释放技术，开发出更多的观赏昆虫种类。

在设施农业兴旺发展的大好形势下，拓展传粉昆虫的研究，包括资源调查、价值评估及推广应用等。

3.5.2　昆虫仿生学研究有待深入

我国在昆虫仿生学方面虽然有所涉及，但尚不够深入，整体水平也有待提高。数百万的昆虫种类及其复杂精妙的结构，是值得开发的宝贵资源。与此同时，要进一步开拓仿生研究的新领域，尤其要注重昆虫特异能力（如特异的感觉能力、信息处理能力）的仿生。要通过多学科的交叉，结合现代生物学、工程学、微电子学等学科的研究技术和方法，加强对昆虫器官组织和细胞的生物学特性、功能及其机制的基础研究，深入理解昆虫各器官系统的生理学、生物化学、生物信息学等生物过程及其相关功能，才能在比较高的层次上更加有效地进行昆虫仿生。

3.5.3　加速天敌昆虫的产业化

农业生产的精准化、无公害化发展趋势对天敌昆虫产品有强烈的市场需求。天敌昆虫产业化是促使传统植物保护工作优化升级的新型产业。目前，主要天敌昆虫人工规模化饲养、商品化生产已有许多可借鉴的经验，且形成产业的时机已日趋成熟，应加速开发天敌昆虫产品，倡导多样化的生产模式，促进我国天敌昆虫的产业化发展。

3.5.4　推进昆虫活性物质的研究

我国昆虫资源极为丰富，但是现在常用的药用昆虫种类不过几十种，这显然与庞大的昆虫种类数量很不相称,昆虫作为药物资源开发的潜力很大。随着高新技术的应用,应大力推进昆虫活性物质的分离纯化和人工合成研究。昆虫虫体及分泌物中的活性物质将向医药、保健、食品和工业新材料等领域进一步拓展。除传统利用方式外,昆虫还是一座巨大的几丁质资源库,几丁质作为一种特殊的糖蛋白,在医学、生物工程、轻工、食品等领域有广泛用途,亟待进一步开发。昆虫体内一些具特殊性质的酶、激素、色素、蛋白质、脂肪可通过生物技术,如细胞离体培育、克隆技术、基因导入等,实现工厂化生产。同时,我国还应建立昆虫活性物质资源库,收集和保存我国各种昆虫活性物质资源,尤其是我国特有昆虫的活性物质资源,更应建立相关的数据库,开通资源共享,推动我国昆虫活性物质的研究和利用。

3.5.5　重视野生昆虫资源的调查和保护

应开展全国范围内的昆虫资源普查,建立国家经济昆虫种质资源库和数据库。立法保护,建立相关审批程序,保护野生昆虫资源,使其生息繁衍。扩大稀有品种、紧俏品种的人工养殖已迫在眉睫。各产区有关部门要组织力量,对濒危昆虫的保护加大监管力度,并应以市场为导向,组织科研部门、养殖场和农民因地制宜地适度发展人工养殖市场急需的品种,扩大养殖规模,满足市场需求,增加企业和农民的收入。

3.5.6　正确引导昆虫产业化发展

昆虫产业应以高科技、高收益为特点,开展多层次、综合性利用研究。我国的天敌昆虫、传粉昆虫、观赏昆虫还未形成商品,走进市场的昆虫种类不多。一方面是因为产品流通不顺,另一方面是因为加工业多限于初级产品,科技含量低,资源浪费大。要想使昆虫产业成为一个支柱产业,就必须以系统研究为先导,强调有关基础研究和应用基础研究的结合,以增强昆虫产业化的后劲。

4 可利用昆虫的大量饲养方法与技术

4.1 饲养的目的与意义

昆虫是生物界种类数量最多的类群，据昆虫学家估计至少有 100 多万种。由于昆虫食性异常广泛，与人类的关系十分复杂，根据其对人类的影响将其划分为益虫和害虫。益虫根据应用途径又分为食用昆虫、药用昆虫、工业原料用昆虫、仿生昆虫、观赏昆虫、传粉昆虫、天敌昆虫、教学与科研材料用昆虫、环境清洁与监测用昆虫等。害虫根据其发生地又分为农业害虫、林业害虫和卫生害虫（媒介昆虫）等（雷朝亮，2003）。这些昆虫有的我们已经认识，并掌握了一定的利用或防治方法，有的我们不认识，也还不知道如何利用或防治。昆虫饲养是解决这一问题的基本途径之一。应用人工饲料饲养昆虫不受寄主、季节限制，随时可获得大量的虫源，可用于昆虫行为、生理、生态及防治研究，也可以直接用于深加工和作为商品虫销售。

4.2 饲养昆虫的类型

4.2.1 按照饲养的虫态

4.2.1.1 成虫期饲养

许多不完全变态的昆虫种类，其成虫、若虫食性相同，饲养方法也一样。而对于完全变态的昆虫种类，其成虫期食性与幼虫期食性完全不同，因此，在饲养这类昆虫的成虫时，应着重了解食性特点，给予必要的补充营养，使其性成熟，进行交配产卵。昆虫种类不同，对于补充营养的要求也不一样。一般按照补充营养的性质，可分为液体食料、固体食料和半固体食料几类。

（1）液体食料。液体食料如水、糖液、牛乳、蜜水，浓度一般在 1%～10%，不可太浓。液体饲料常用于鳞翅目、双翅目和膜翅目的许多种类。供给液体食料的方法，最简单的是把液体食料装入容器中供食，或用脱脂棉等浸渍液体食料放入容器中供食，但这种方法食料易干燥或被菌类污染。改进的方法是把液体食料倒入小瓶中，再把小瓶倒置于底部铺有吸水纸或脱脂棉的玻璃器皿中，由外露的吸水纸或脱脂棉部分随时供给昆虫吸食。也有用小瓶盛好饲料，在瓶口装入纱布捻子，使纱布捻吸引液体食料上升供食。对于吸收花蜜的成虫，可用盛水的瓶子插入喜食的花朵供食。对于蝇类，要在盛有饲料液的玻璃皿中再放入几片软木塞，以便成蝇停落取食。

（2）固体或半固体食料。各种果干和糖果，只要把表面浸湿，就能被某些成虫取食，如浸润软化的葡萄干和梅干，就是许多种双翅目和膜翅目昆虫的良好食料。饲养寄生蜂类，常用碎糖和蜂蜜制成固体饲料。把蜂蜜加热后，放入碎糖，待糖液溶化冷却，制成硬块，这样的食料在潮湿的大气中能稍微溶化，供寄生蜂取食。另一种半固体食料，是用 1%的洋芋加上水加热溶化，然后在 100mL 的溶液中加入 20g 蔗糖和 50mg 蜂蜜。这种混合物在凝固以前，滴于硬纸片上，使成小滴或条形，适于多种寄生蜂的取食。干奶粉和红糖也可作为一些蝇类的饲料，这类饲料使用方便，不易发酵。试验证明，饲养棉盲蝽类，除供给幼嫩棉株外，还需要取食一定数量的蚜虫和糖蜜，才能正常生活下去。如果不供给蚜虫和糖蜜，棉盲蝽就会大量死亡。至于取食植物叶片的成虫，如蝗虫、叶蝉等，只要供给新鲜喜好取食的寄主叶片，就能正常生活。

（3）成虫的交尾。许多昆虫在交尾时需要一定的条件，如蝶类、蝇类、蜻蜓等，须经一定时期的飞舞，甚至在飞行中进行交尾，对于这类昆虫，如果饲养空间不够大，就不能满足交尾的要求。因此在目前所有的饲养器内，还没有发现蝶类能够飞翔交尾的。另外，有些种类在较小的饲养器内，反而能够增加雌雄相遇的机会，易于交尾产卵，如麦蛾等。在饲养过程中，常常雄虫羽化早，雌虫羽化晚一两天，这种现象最适合两性交尾。有时只有雌虫出现，而缺乏雄虫，在这种情况下，可以利用雌虫的性引诱作用，把大自然中的雄性引诱来以便交尾。引诱的方法是把雌性的成熟个体，放在一个陷阱式的纱笼中，并放在室外的适当场所，就能诱到不少的雄性个体。有些种类能在白天诱来，有些种类则在晚上诱来。

（4）成虫的产卵。昆虫对产卵的场所，有比较严格的要求。一般幼虫取食的食料的气味，常常是引起产卵的重要刺激物。因此，在饲养时必须放置可以引起产卵性行为的食物。但有些种类除嗅觉刺激外，还要求具有其他刺激条件，如合适的温度、湿度和光照等。有些昆虫，对产卵部位的光滑、粗糙、折缝等有选择的要求，如麦蛾喜把卵产在折叠的纸缝中；玉米螟、梨小食心虫、枯叶蛾和某些鞘翅目昆虫，喜欢产在光滑的表面，因此在饲养器中放些蜡纸、玻璃纸、塑料纸等就能使昆虫在上面产卵。黏虫喜欢产在枯草的折缝里，在饲养器中放入稻草、谷草、纱布条和折叠的纸条就能使它产卵。有的喜欢在湿润的地方产卵，如叶蝉、蝇类，在饲养器内放入吸湿的棉花、纱布、吸水纸等使它们产卵。对于在土中生活的昆虫，则应放土，如蟋蟀可产于任何潮湿的土中，飞蝗则喜产于压紧的沙质土中。总之，要使昆虫产卵行为能够实现，就必须周密地了解昆虫在自然中的产卵环境和习性，很好地设计产卵场所，否则就会受到限制。

4.2.1.2　卵期饲养

要使昆虫的卵正常孵化，应注意把卵保存在一定温湿度条件下。特别是在气温高的情况下，保持湿度更为重要。保湿的方法，可在卵上覆盖湿润的纱布，或在饲养器中放浸湿的棉球，也可用玻璃杯装卵放在盛水的容器中。卵期是昆虫长时间贮存最好的时期，如果暂时不需要卵孵化时，可放在合适的低温下加以贮存，一般的贮存温度为 0～5℃。

4.2.1.3　幼虫期饲养

在饲养前，就要种植昆虫取食的植物，以备随时采取供食。为了保持食料新鲜，可把剪下的小枝或小苗插入水中，或用湿棉包扎，如用盆栽植物供食则更方便。

初孵幼虫换食时，可把旧的食料连同虫体一起轻倒在一张白纸上，然后用干净毛笔轻轻扫到新食料上。

幼虫群体饲养时，要注意虫口密度，过密会影响体重和发育，容易传染疫病。有互相残杀习性的幼虫，如地老虎、棉铃虫、黏虫、切根甲虫、天牛等则需要单头饲养。

4.2.1.4　蛹期饲养

要事前根据幼虫的化蛹习性，准备好化蛹场所。许多蛾类的幼虫喜欢在树皮缝隙或枝杈处化蛹，有的吐丝结茧，因此可放些折叠的纸条、皱缩的纸团或成簇的秸秆等，都能使它们顺利化蛹。

4.2.2　按照饲养的场所

4.2.2.1　室内饲养

一些昆虫生活在较远的地点或高大的树木上，或其他不便于观察的地点，多采用室内饲养，使昆虫脱离原有环境条件进行生长发育。室内饲养的优点是便于观察，可以同时饲养多种昆虫；其缺点是室内环境条件和野外的不完全一样，观察的结果和野外有一定差异。

室内饲养昆虫大多是用玻璃皿和各种形状的养虫笼进行。例如，食叶害虫，可在经过消毒的培养皿内放入饲料，并放置少量湿棉球，以保持一定湿度，然后再放入要饲养的成虫或幼虫，皿口覆盖纱布并用皮筋固定。有的树种如杨树，则可将带叶枝条插在盛有清水的广口瓶或其他玻璃瓶中，瓶口用棉花塞住或用纱网围住，将害虫放在枝叶上搁置在养虫笼内饲养。需要观察个体时，还可在试管中进行饲养。如果饲养蛹，可将蛹直接放在经过消毒的培养皿内（在土内化蛹的，培养皿内也要放以湿润的细土，将蛹埋在一定深度的土中）。如果饲养卵，可将卵搁置在该虫卵的寄主叶片上，放入经过消毒的培养皿内。不管是饲养蛹或饲养卵，培养皿内均需放入润棉球，以保持一定湿度，皿口亦覆盖捆紧的纱布。钻蛀性蛀果害虫的饲养可将带卵或幼虫的种子或果实，放在经过消毒并放有润棉球保湿的培养皿内进行饲养。随着幼虫蛀入为害、龄期增长和食量增大，当种子或果实已被蛀食中空不能满足幼虫食料需要时，可更换一次饲料。更换饲料时，将种子或果实小心打开，用毛笔拨出其中幼虫，接入另外备好的新鲜种子或果实即可。对钻蛀性的蛀干害虫，室内室外可采取同样的饲养方法。先截取直径 1.5～10cm，高 1.5～2 尺[①]的枝干，去掉上部枝叶，栽在盆内或栽在庭院湿润的地点，然后在近干基 5～6 寸[②]处树皮上刻一伤口，将当天采到的新鲜卵接种其中，外罩纱笼即可。或在枝干上直接套笼饲养。对为害枝梢的害虫，则可将带虫的枝条两端包扎放在养虫笼内饲养，或直接在枝梢被害处套笼饲养。

4.2.2.2 野外饲养

野外饲养是在自然环境条件下的饲养，只要保证足够的新鲜食料，防止其个体逃跑，是比较容易获得饲养成功的，观察的结果更接近于实际。例如，食叶害虫，就可在有害虫为害的枝叶上直接套纱笼进行饲养（不宜套塑料薄膜）。蛀果害虫，可将同期产有卵（先期产的卵可去掉）的种子或果实或幼虫为害的种子或果实，连同枝叶直接套纱笼进行饲养。但应注意，饲养卵时为便于辨认和统计，需在卵粒旁边用红漆或白漆作标记。

4.2.3 按照饲养的规模

4.2.3.1 单虫单管饲养

该饲养方法在饲养期昆虫间不会发生病原物的交叉感染，还可以对昆虫进行定

---

① 1尺≈0.333m

② 1寸≈0.033m

量染菌，且经乙醇浸泡消毒，可以进行昆虫体内外带菌调查。采用 15mm×150mm 的试管进行饲养，用纱布、纱网、滤纸、小棉球、带孔铝盖等封口，用牛皮纸包扎灭菌后使用。试管可以根据昆虫的存活情况和试验需要，1～2 天更换 1 次，但盖内棉球和方盘中的纱布，需每日滴加灭菌水。

4.2.3.2　大规模饲养

昆虫的资源化利用如开发利用活性物质蛋白质、肽、几丁质、低聚糖、信息素等，常需大规模饲养昆虫。利用昆虫生产致病微生物，特别是大量生产病毒的时候，首先应大量生产未感病毒的健康昆虫，其次是生产病毒感染昆虫，对于这一过程进行昆虫的大规模饲养是必要的。另外，天敌特别是捕食性天敌的繁殖，尚未摆脱实验室少量饲养现状，要大量获得必须扩大繁殖进行大规模饲养。

4.3　资源昆虫规模化饲养的一般要求

4.3.1　资源昆虫规模化饲养应注意的问题

4.3.1.1　饲养昆虫种类的选择

昆虫的饲养与其他动物一样，常常需要根据饲养要求选择合适的种类。在昆虫种类的选择中，对初次养殖者而言，首先，应考虑选择容易养殖、成活率较高、适应性较广的昆虫；其次，应考虑养殖的起始虫态，一般根据各虫态采得的难易程度而定，许多昆虫的养殖可以选择从成虫或卵开始饲养，远距离引种多以卵或成虫为主；再次，要考虑昆虫种类的市场行情，一般选择市场上易销售的种类，这样可以在尽可能短的时间内收回成本，尽快进入扩大再生产，进而开展多品种、大种群的规模化养殖。

4.3.1.2　虫种消毒处理

昆虫规模化养殖过程中，防止昆虫疾病的发生是一项重要的任务，因此，各个环节必须采取严格消毒措施。多数昆虫养殖的起始虫态为卵，虫卵的消毒相对昆虫的其他发育阶段要方便和安全得多。虫卵消毒一般使用杀菌剂，消毒时必须注意：选择有效的杀菌剂、最适合的浓度、一定的处理时间和最适消毒虫卵的发育时期。

选择杀菌剂种类和浓度时，视虫卵的形状和结构而异，不同卵的形状和结构不同，所携带的微生物种类也不同，因而同种杀菌剂的消毒效果也不同。虫卵消毒时期的选择正确与否直接影响卵的发育和幼虫的孵化，消毒时期得当，卵的孵化率高，幼虫活力强。不同昆虫种类消毒时期的选择，应在养殖实践中多积累经验。

虫卵消毒常用的消毒剂有次氯酸钠、高锰酸钾、过氧化氢、氯化汞、甲醛溶液、乙醇和怀特氏溶液，次氯酸钠是一种温和的表面消毒剂，多用于双翅目昆虫卵的消毒，也常与其他杀菌剂配合，广泛用于各类虫卵的消毒。氯化汞的杀菌力强，渗透力也强，容易杀伤虫卵，处理时间不宜过长。对一些带有绒毛的卵块，可连续使用几种杀菌剂消毒。无论使用何种消毒剂或何种方法消毒虫卵，每次消毒之后都要用灭菌蒸馏水冲洗或漂洗数次，清除卵表面残留的消毒剂。漂洗后，一定要将卵上的水分用灭菌滤纸（或吸水纸）吸干，不然会影响卵的孵化。

4.3.1.3　虫卵的孵化

一般虫卵消毒后都要立即进入孵化阶段，卵的孵化场所和条件因昆虫种类不同而有差异。卵的孵化尽可能在消毒过的环境中进行，并且控制好适当的温、湿度。根据不同昆虫的产卵习性，人工孵卵时，尽量满足或接近自然状态，如蝗虫一般产卵于土中，卵的孵化也在土中，因而，可以将蝗虫的卵放入沙盘中孵化。家蚕和其他鳞翅目昆虫卵的孵化可以在消毒的纱布或滤纸等物品上进行，然后转接幼虫于饲料上饲养。家蝇类直接产卵于食物上的昆虫，可以直接接卵于饲料上孵化，但要注意饲料表面含水量不能太高，否则，会影响卵的孵化率和幼虫的成活率。

4.3.1.4　化蛹处理

化蛹是全变态昆虫从幼虫期向成虫期过渡的阶段，不同昆虫其化蛹条件和场所各不相同，为了让昆虫顺利化蛹，应提供适宜的条件和场所。一些昆虫直接在饲料中化蛹，如一些鞘翅目和大多数双翅目的昆虫；一些鳞翅目的昆虫则要求提供化蛹场所，如夜蛾科的一些种类要在土壤中化蛹，家蚕和蓖麻蚕要求提供各种类型的簇让其结茧化蛹。家蝇的幼虫即将化蛹时常常寻找较干燥的场所，所以通常在其化蛹前在饲料表面铺一层 1cm 左右的麦麸或木屑，使老熟幼虫在这层干物质中化蛹，收集蛹时也十分方便。

4.3.1.5　成虫的交配与产卵

成虫羽化前，要按一定数量的比例将蛹或高龄若虫（不全变态类）放入产卵笼中，使成虫羽化后能顺利交配。多数鳞翅目昆虫羽化时，要求90%以上的相对湿度。成虫羽化时，应根据它们在自然界中的习性控制光照，如植食性的夜蛾类在黑暗或微弱光照条件下羽化。多数成虫羽化后不久即行交配。

一些成虫羽化、交配和产卵后死亡，不需要取食营养物质，但许多成虫在羽化交配后都有补充营养的习性，以完成卵的发育和提高产卵数量。除了非生物因素影响成虫产卵外，许多昆虫的产卵数量和质量与成虫期的营养状况直接相关，如双翅目的一些蝇和虻、直翅目的蝗虫、鞘翅目的多数种类、鳞翅目的一些蛾蝶等都需要取食才能维持一定的繁殖力。对这些种类的成虫应供给专门配制的成虫饲料或天然寄主。

4.3.1.6　养殖密度

许多昆虫都有群集取食的习性，这为用较少的饲料和较小空间养殖大量的昆虫提供了极大的方便，也是昆虫能规模化养殖的优势，在鞘翅目、双翅目和部分鳞翅目昆虫中较容易达到这个目的，如家蝇、黄粉虫、家蚕、玉米螟等都可以高密度饲养。当然高密度只是一个相对说法，无论是哪种昆虫的饲养密度都有一个限制，过分拥挤会产生各种不利因素，影响饲养效果。饲养密度常常受场地大小、虫龄、食物条件等的影响，如在35cm×25cm×22cm左右的大型容器中可饲养80～100只蜚蠊，在直径20cm、高40cm的玻璃缸中可放养150～200头衣鱼，30cm×30cm×60cm长方形铁纱木笼中可放入50～100头蝗螽等。此外，在高密饲养的情况下，应经常注意养虫室的通风，尽量避免在同一个养虫室内饲养几种习性不同的昆虫。

4.3.1.7　养殖的卫生条件

动物养殖中，卫生条件是关系到养殖成功与否的关键环节。卫生条件较差时，直接影响动物感病性、成活、生长发育及繁殖的数量和质量，昆虫养殖也不例外。不卫生的环境和设备，容易引起各种微生物或螨类等节肢动物对昆虫的侵染，严重时，会污染消毒和防腐的饲料。因此，饲养中要保护环境卫生，作好各种器械和设备的消毒，养虫室尽可能控制人员进出，禁止在室内吸烟。使用带有刺激性气味的消毒剂（如甲醛溶液、过氧乙酸等）时，在消毒一段时间后，应充分通风散气，以免影响昆虫的取食和生长。

除大环境的卫生外，对小环境的卫生也不容忽视，特别是对容器中饲养的昆虫更应该经常更换饲料，清除粪便、死虫和变质的饲料，同时，最好隔一段时间更换为干净的养虫器皿。只有这样，才能确保所养殖的昆虫健康生长，获得良好的经济效益。

4.3.2 资源昆虫的采集原理和方法

对那些发生数量大并且能够利用的资源昆虫，可以从自然界直接采集利用。

4.3.2.1 资源昆虫的采集原理

要有效地从自然界采集资源昆虫，必须掌握以下原理。

（1）根据昆虫越冬期和发生期确定采集时期。在昆虫的年生活史中，可分为越冬期和发生期。对于那些越冬数量大和越冬虫态较集中的昆虫，可于越冬期采集。不同昆虫一年中发生代数不同，各世代、各虫态出现盛期不同，因此，采集者必须对采集对象的生物学特性及生活史有详细了解，才能抓住适宜的采集时期。

（2）根据昆虫昼夜活动节律确定在一天中采集的适宜时间。不同昆虫昼夜活动节律不同，日出性昆虫成虫在白天活动，但不同昆虫成虫在一天之内大量出现的时间又有差别；夜出性昆虫成虫多在夜间或前半夜活动，有的成虫仅在黄昏时活动最盛。对这些昆虫应在它们大量出现的时刻进行采集。不过对于昆虫的卵、幼虫和蛹，都可在白天采集。

（3）根据昆虫栖息和活动场所确定采集地点。不同昆虫的生活场所不同，有生活在水中的水生昆虫、生活在陆地的陆生昆虫和生活在土壤中的土壤昆虫。陆生昆虫中越冬场所和活动取食部位也不同，有的在土中越冬，有的在杂草和枯枝落叶中越冬，有的在植株茎秆中越冬。就取食部位来讲，有的在植株表面取食，有的在植株茎秆内及果实或种子内取食。因此，采集者应了解采集对象的生活场所，以便确定采集的适宜地点和部位。

（4）根据昆虫的趋性及行为特点确定采集方法。①假死性。有些昆虫如金龟甲、黏虫和小地老虎幼虫等，在受到突然震动时，能落地装死，这种现象称为假死性。②趋光性。一般夜出性昆虫，如一些蛾类、金龟子、蝼蛄等，见到光后向光源飞来的现象，称为趋光性。③趋化性。一些昆虫在嗅到化学物质气味后便向产生气味的地方飞来的现象，称为趋化性。如黏虫、小地老虎、梨小食心虫对糖、酒、醋混合液气味有趋性；蝼蛄等对马粪气味有趋性；二化螟、三化螟等具有趋嫩绿习性等。④群集性。同一种昆虫个体高密度聚集在一块生活的现象为群集性，如蚜虫、群居型飞蝗、飞虱常聚集在一起生活。⑤巢居性。一些社会性昆虫如白蚁、蚂蚁、蜜蜂、胡蜂等，常筑巢栖居。⑥潜伏习性。有些昆虫具有潜入草束等处栖息或越冬的习性，称为潜伏性。

4.3.2.2 主要采集方法

（1）网捕法。利用捕虫网捕捉能飞善跳的昆虫。

（2）震落法。利用一些昆虫的假死性，将塑料布摊在树木或作物基部地面，用力震动树木或作物，昆虫便装死落到塑料布上。

（3）灯光诱集。利用昆虫趋光性，安装黑光灯、高压汞灯、双色灯、频振灯等，傍晚或夜间开启开关，诱集昆虫。

（4）食物诱集。利用昆虫趋化性，例如，利用糖、酒、醋混合液诱集黏虫、小地老虎；利用趋嫩绿习性，设置诱集田诱集二化螟、三化螟等；利用马粪诱集蝼蛄；利用装有红糖等甜食的罐诱集蚂蚁等。

（5）潜所诱集。根据昆虫对栖息潜藏和越冬场所的选择性，可利用一些昆虫的潜伏习性，设置树枝把、草把、包扎麻布或瓦棱纸等诱集。例如，常利用杨树枝把诱集棉铃虫成虫；用树干束草诱集梨星毛虫、梨小食心虫等的越冬幼虫。

（6）虫筛法。对一些储藏物昆虫和土壤昆虫，可利用不同规格的虫筛，将其从储藏物或土壤中分离。

4.4 饲养的一般程序和主要环节

4.4.1 采集与引进虫源

（1）引种。从其他实验室引进的虫源，因经过驯化，容易繁殖起来，引种时要了解该种类在原实验室的生活条件和发育指标。要避免从已经出现衰退现象或已有感染现象的实验室种群中引种。

（2）采集。第一，起始样本要大。起始样本小常造成新种群遗传可塑性和适应度降低，从而使种群对实验室条件的适应性越来越低。具体样本的大小要视饲养目的而定。例如，用于田间释放进行大规模连续饲养时，起始样本要尽可能大；

实验室小批量饲养时，样本可适当减少，但是依靠数十头虫建立一个种群是不够的，除非饲养是季节性的。第二，采集地点要有一定的宽度。因为大的野外种群的生境是由一块块小生境组成的，该种昆虫也是以小群体分布其间的。从一个地点所取的样本与整个种群相比，其变异性可能有偏差。因此，取样时要考虑到该种昆虫在整个环境中的正常分布。同时也要考虑一个种群一生或某个阶段的分散性。对高度活动性及广泛分布种类的取样方法应与那些活动性差及呈小群体分布的种类不同。在前一种情况中，从一个或少数区域中收集的样本代表性大；对后一种情况要考虑从各个小群落中收集样本，以保证群体变异性的完整。第三，要防止农药污染，在采集卵块时尤其要注意。粘上农药的卵块有时不能孵化，即使孵化，幼虫的存活也会受到影响。所以，从田间或从诱虫灯下采集虫卵时，要了解施药情况。寄生和病原感染往往在室内饲养时才表现出来，发现被寄生虫体要及时拣出。如发现病毒感染要将样本全部销毁，重新采集。

4.4.2　选用饲料

饲料是昆虫赖以生存和繁殖的基础。解决饲料的途径有三方面：①用天然饲料饲养；②用人工饲料饲养；③用天然饲料和人工饲料配合饲养。饲养时可根据不同的种类和要求选择。

4.4.2.1　用天然饲料饲养

用自然界的食物（或寄主）作为饲料饲养昆虫是最原始、最简便的方法。其特点是容易被昆虫接受，饲养的昆虫活力高，食性行为也不会受到影响。但这种方法受季节、空间和土地等因素的限制，一般适宜不完全饲养或季节性饲养，而对那些能在较小植株或叶片上生长发育的种类，如蚜虫、小菜蛾、二化螟等可以用室内培育的植物小苗连续饲养。

从野外采集寄主植物时除了保鲜外，还要选择适当的生育期和部位。例如，菜粉蝶幼虫喜食青的、尚未包紧的甘蓝叶，饲以包紧的白色菜叶时，生长发育就差。秋后，在短日照下生长的植物茎叶中常含有较多的植物次生物，对昆虫的取食和生长往往有害。

4.4.2.2　用人工饲料饲养

用人工饲料饲养昆虫有很多优点：①不受气候和寄主等因子的限制，能在室内长年和大量饲养；②不受寄生、捕食和污染等因子的干扰；③饲料营养稳定，能获得生理标准划一的试验用虫；④饲料成分能控制变动，可以研究昆虫的取食需要和营养需要，也可以测试植物提取物或化学物对昆虫生长发育的影响等。因此，20世纪70年代以后，国内外实验室饲养中普遍采用人工饲料。

4.4.2.3　用天然饲料和人工饲料配合饲养

当人工饲料尚未达到满意效果或天然饲料一时供应不足时可用这种方法作为过渡措施。例如，三化螟幼虫有多次转株危害习性，用稻秧饲养不但消耗大，低龄幼虫死亡率也很高；而用人工饲料饲养时，低龄幼虫存活率虽然很高，但成虫活力低、产卵少，当采用人工饲料和盆栽水稻配合饲养时可取得良好效果。再如，由人工饲料连续饲养黏虫的化蛹率常低于50%，有些实验室就在春夏季采用麦苗、玉米苗等天然饲料饲养，冬季则用人工饲料饲养，用这种方法保持的室内种群活力良好。

4.4.3　不同虫态的饲养

室内饲养可根据采集或引进的情况从任何一个发育阶段开始。为避免寄生和污染，饲养通常从卵开始。

4.4.3.1　卵的处理

为获得发育一致的虫卵，成虫产卵后要及时收集，并注明产卵时间，不同时间的卵要分开放。卵在适宜的温湿度下才能正常孵化。在高温季节或干燥环境中培育虫卵一定要保湿，否则会使虫卵干死。多数昆虫的卵在70%左右的相对湿度下能正常发育，通常的办法是在容器中放浸水的棉球。不过，容器加盖时要适当透气，防止湿度过高引起卵表面或所依附的底物发霉。

从野外或室内收集的卵都带有微生物。为避免虫体感染和饲料发霉，虫卵都要消毒，消毒不能影响胚胎发育，要达到这一要求，必须选择有效的消毒剂、最适宜的浓度、一定的处理时间和最宜消毒的发育期。常用的消毒剂有次氯酸钠、过氧化氢、氯化汞、甲醛、乙醇和怀特溶液等。前几种消毒剂常使用1%~2%浓度，氯化汞常用0.1%浓度，甲醛常用10%浓度。次氯酸钠是一种温和的表面消毒剂，多用于双翅目虫卵的消毒。氯化汞的杀菌力强，渗透力也强，处理时间长容易杀伤虫卵。消毒的时间随虫卵的大小和结构而变化。一般在25℃下，浸渍或洗涤数分钟即可。对一些带绒毛的卵块，用几种消毒剂配合消毒才能获得满意效果。例如，三化螟卵块需用 10%甲醛、2%次氯酸钠、0.1%氯化汞各浸 5min；玉米螟卵块在 2%次氯酸钠加 2%甲醛的溶液中浸 10min 才能获最好的效果。不论用哪一种消毒剂，每次消毒后都要用灭菌水漂洗数次，防止残留药物伤害初孵的幼虫。切不能用消毒乙醇代替灭菌水冲洗。此外，卵表面的水要用灭菌滤纸吸干，否则会影响孵化。一般最适宜的虫卵消毒时间是在孵化前 4~24h。例如，很多鳞翅目昆虫卵消毒都选择"黑头期"，即孵化前的半天或 1 天。过早地消毒不仅影响孵化率，而且对幼虫的存活和生长都有不利影响。

消毒后的卵要立即放入饲料中，如饲料防腐能力差，接种要在无菌室或超净台下进行，如饲料防腐性能强，在一般清洁过的工作室内就可进行。不少种类的卵在水中或过湿的物面上不能孵化，因此，接种时不要把卵直接放在含水量高的饲料上面，通常在饲料与卵中间衬一块清洁蜡纸。

一般来说，卵期是长时间保存昆虫的最好时期。很多昆虫的卵可以在低温下保存较长时间而不影响孵化和以后的发育。例如，大部分蝗卵可以在 0~5℃的冰箱中保存数月至 1 年，黏虫的卵在 5℃左右也可以保存一个多月。但也有些种类的卵不耐低温，如三化螟的卵块在 10℃下保存 1 周，孵化率和幼虫存活率都下降。

4.4.3.2 幼虫饲养

幼虫多采用集体饲养。根据不同种类的取食习性，每容器可饲养数十头、数百头或更多的幼虫。饲料可一次性供给，也可添加或更换饲料。仓库害虫饲料含水量低，不易发霉，幼虫有隐蔽取食习性，可一次供给。饲养期间除必要的观察外，尽量少惊动。植食性昆虫的饲料含水量高，易变质，需常更换饲料。换饲料时要防止污染和机械损伤。幼虫将蜕皮或正蜕皮时，不要换饲料，否则会造成死亡，换饲料时可利用昆虫的习性使其聚集。例如，利用鳞翅目低龄幼虫的趋光性将它们集中到容器口边；利用家蝇等幼虫的避光性使它们趋向容器底部等。对有相互残杀行为和单栖习性的幼虫，通常采用单个饲养。不过，多数情况下低龄幼虫能群聚取食，很少残杀或排斥。因此，可以集体饲养到三龄前后再分开单个饲养。较大批量饲养时，可以用方格的塑料容器，如实夜蛾属的一些幼虫使用分为小室的格子盘饲养。

集体饲养中，弱小的初孵幼虫容易死亡。有时会被饲料析出水或容器内壁凝结水淹死；有时因不适应人工饲料的味道爬到容器口或棉花塞上饿死或干死。为了避免这种情况，不要使用刚配制好的饲料饲养初孵幼虫；接种前要使饲料中多余的水分蒸发，饲养容器也要透气。用干饲料饲养直翅目昆虫时，供水器要倒置在吸水棉上，使小若虫通过吸水棉吸水。对爬离饲料的小幼虫可用光照"诱导"，对有趋光性的，将光照集中在饲料部分，其他部分用黑布遮盖；对有避光性的，可将容器口部或棉花塞附近部位暴露在光照下而将饲料部分遮住。

4.4.3.3　蛹的收集和管理

昆虫化蛹的场所和方式千奇百怪，但在室内用人工饲料饲养时，由于容器和饲料物理性状的限制，其化蛹的方式和场所不外有以下几种：在饲料表面化蛹、在容器盖下或壁上化蛹、在饲料中化蛹、因条件不适合而不化蛹。前两种情况收蛹容易，在饲料中化的蛹有时较难收集。有些蝇类的饲料松散，大批幼虫化蛹时，可用水漂洗和过筛的方法将蛹和饲料分开。植食性昆虫的饲料含有凝固剂，不易散开，收蛹费时，通常在化蛹前将老熟幼虫从饲料中移至供化蛹的容器中，容器内放有纸或砂土、蛭石等适宜幼虫化蛹的物件，并保持一定湿度。有些种类化蛹需要特殊的场所，例如，三化螟老熟幼虫要装入模拟水稻茎的蜡纸管，咬成羽化孔后才化蛹；天蚕蛾的一些幼虫需供给一定类型的簇使其结茧化蛹。

用于连续饲养的蛹要及时放在适宜的温湿度下培育。虽说蛹比卵能忍受较干燥的条件，但保持 70%～80% 的相对湿度对多数昆虫的蛹是有利的。羽化前将蛹放入成虫产卵笼中。成虫羽化一般需 85% 以上的相对湿度。蛹和卵一样，均可在低温下保存备用。较小的蛹可以保存 1～2 周，较大的蛹能保存 1 个月以上。

4.4.3.4　成虫的饲养

成虫有取食型和不取食型。常见的不取食型中多数是鳞翅目的一些成虫。这类成虫的寿命一般只有数天，饲养这类成虫要特别注意控制饲养条件并及时备好供产卵的场所或底物，否则就得不到足够的虫卵，甚至会使饲养中断。取食型的成虫，性成熟期较长，需补充营养才能更好地繁殖。直翅目、半翅目、脉翅目、双翅目、鞘翅目和膜翅目中很多种类的成虫都能取食，鳞翅目中的部分种类的成虫也取食。取食型成虫的寿命因种类不同有很大差异。全变态昆虫中的瓢虫及一些植食性象甲和不完全变态昆虫中的许多种类，如蝗虫、飞虱、草蛉等寿命都较长，这些成虫羽化时卵巢基本未发育，需要充分取食，所以饲养中要不断供给饲料。另一类成虫如菜粉蝶和夜蛾科中的黏虫、棉铃虫、地老虎等寿命较短，这些成虫羽化时卵巢尚未完全发育成熟，需要补充营养，一般供给 8%～10% 的蔗糖或蜜糖水就能满足发育要求，通常在喂食后 2～3 天供给产卵底物。

选用成虫饲养笼时要考虑该种类的交配习性。对飞行交配的蝶类要选用较大的饲养笼，这些种类在室内光照下不易交配，应使其在自然光下交配。对多数在夜晚静止状态下交配的蛾类，可选用较小的笼具并置于暗处，避免周围灯光的干扰。交配过的成虫只要有适宜的产卵场所或底物都能顺利产卵。对喜欢在平滑表面产卵的成虫，如玉米螟、二化螟等，通常以蜡纸作底物，对喜欢在缝隙中产卵的成虫，如黏虫、麦蛾等可供给折叠的纸条；蝗虫和蟋蟀等要供给湿润的沙土。选用产卵底物时，要考虑收卵的方便。

4.4.4　控制饲养条件

昆虫生活在自然环境中，可充分利用身体上的运动、感觉、嗅觉、触觉等多种器官，任意选择各自最适宜的生活环境、场所、食料等赖以生存的必需条件。因此，在饲养昆虫时，也应首先考虑以下几点。

4.4.4.1　食源

食料是任何一种昆虫在生长发育和繁殖过程中，必不可少的营养物质。由于昆虫的种类不同，口器构造各异，所需食物的软硬、粗细、稀稠和口味各不相同，即使是以植物为食的种类，也有的只吃叶，有的则贪食果实，还有的专门蛀食某种植物的茎秆，这些以某一种植物为食，或只吃一种植物的某部分的昆虫习性，人们称为单食性。有些种类的昆虫，喜食动物性食物，如鲜肉、腐肉、禽、兽的毛皮、尸体、骨骼等，人们称为腐食性。因此，在饲养某种食用昆虫时，就应先了解它们所需要食物的种类和取食方法，以便于配置最适宜的饲料，选择最适宜的放置饲料的容器及饲养方法。

4.4.4.2　空间

任何一种昆虫，都需要一定的生活空间，即其活动范围（指天空、地下、水中、山区、平原等大环境）。大部分有翅昆虫，发育到成虫阶段时必须在一定空间内进行飞翔、追逐，才能促使其性器官发育成熟，然后选择配偶，经过交配，产下后代。即使无翅种类或有翅种类的前期，也需要有一定的空间，才能进行取食、排泄，完成蜕皮、增龄及多种身体内部的生理变化。有了空间，才能躲避天敌的侵袭，特别是捕食性或吸血性昆虫，没有空间就失去了它们的捕食本能，以及其身体上特殊构造功能的发挥，或难以找到捕食对象及宿主。在自然环境中如此，在人工饲养环境中更容易因空间限制而缩小昆虫的活动范围，从而严重影响昆虫的生长、发育和交配繁殖行为。所以，饲养任何一种昆虫，首先都必须具备起码的活动空间，否则，很难达到预期的饲养效果。

4.4.4.3　气候条件

气候条件是指昆虫生活环境中的温度、湿度、光照、雨量、土壤等条件。其中，温度、湿度对昆虫生长发育的快慢影响较明显，光照对昆虫的休眠、滞育起着决定性的作用。

昆虫虽为变温动物，但不同种类的昆虫，同种昆虫的不同发育阶段，所需温度、湿度的高低，均各有一定适宜限度和极限。一般来说。在适宜的范围内，温度增高，可促使发育加快，寿命相对缩短。温度降低，发育减慢，寿命相对延长。非适宜生存的气候条件，便会影响昆虫生长发育，超过极限就会造成自然死亡。

一般情况下，大多数昆虫在 5～15℃以上才开始生长发育，在 25～35℃的温度条件下，生长发育最为适宜，当温度升高到 38～45℃时便进入昏迷状态，超过 48℃，即使很短时间也会大量死亡，气温低于 5℃，则不利于其发育。

湿度的变化对昆虫的生活也有相当大的影响。湿度是表示大气中含水量的指数，昆虫需要一定量的水分来维持正常的生命活动。如水分不足，正常生理活动便无法进行，以至死亡。一般来说，在虫体内的含水量接近适宜时，低湿能抑制昆虫体内的新陈代谢，延缓发育期，高湿能加快其发育。昆虫生活中的最适宜湿度应为 75%～85%，这当然同它们食物中的含水量也有着密切的关系。

4.4.4.4　栖息场所

不同种类的昆虫，都有着各自的既定生活环境和栖息场所，改变了各自世代相传的栖息习性与场所，便不利于生存。因此，在饲养食用昆虫时，首先要了解和掌握所要饲养昆虫种类的有关适宜生活、生存的条件。常见昆虫的生活环境，如按主要虫态的最适宜生活环境和场所区分，大致可分为五类。

（1）空中生活的种类。这些昆虫种类，大都是在白天活动，成虫期具有发达的翅和完整的取食器官。相对来说，成虫寿命较短。在成虫活动阶段，主要是寻找食物、迁移扩散、求偶和选择繁殖后代的产卵场所。例如，蜜蜂采集花粉酿造为蜜，合成蜂蜡和蜂王浆等食用或药用物质，大多是在日间进行，而且是在地表以上的蜂巢中完成。胡蜂和马蜂，在建筑物及树木枝条上筑巢，产卵繁殖，大部分生活时间也是在空中度过的。螳螂活动觅食，生长发育，交配后产下药用部分——螵蛸，也是在地表以上的植物或山石峭壁上完成的。

（2）地表活动的种类。在地表活动的食用或药用昆虫种类的特点是有翅但不善飞翔，或只能爬行及跳跃。有的种类虽然成虫期有飞翔能力，但它们的大部分发育阶段，是在地表面或浅土层中生活。一些专门以腐败动植物为食的昆虫，大部分活动时间在地表面。例如，蜣螂（屎壳郎），它们取食人畜粪便及腐殖质，并堆集粪便为球状，推到适合的场所，产上卵粒，将粪球浅埋于土中，成为卵孵化后的幼虫（蛴螬）的食料。多种蟋蟀的成虫，虽有翅但不会"远走高飞"，因为它们有把卵产在地面土缝、砖石块下、草丛中的习性。

（3）地下生活的种类。在地下土壤中生活的昆虫种类，大部分是以植物的根茎为食。由于它们长期生活在地下土壤中，便适应了土壤中温差变化缓慢、潮湿阴暗、水分不易蒸发的环境，因而视觉减弱了，表皮上的蜡质保护层变薄了，体色变淡了。由于土壤中的生活环境比较稳定，食物来源变化不大，这些种类的活动和迁移扩散能力较差，一旦气候长期干旱则对它们不利。例如，蝼蛄的一生，大部分时间是在土壤中度过的，而且自身能够在土壤深处挖掘隧道，产卵繁殖，各虫态发育生长过程都离不开土。蝉的成虫在树上生活，但这段时间只是一生中的瞬间，而它们的若虫期都要在地下生活少则三五年，多则十余年。名贵中药材冬虫夏草的宿主虫草蝙蝠蛾，它们的幼期是在高海拔草原的土壤中构筑隧道生活，冬季随冻土层的加深而不断向深处转移，直至化蛹阶段仍离不开土。

（4）水中生活的种类。水生昆虫身体构造的主要特点是体侧的气门退化，而位于身体两端的气管却很发达，或以特殊的气管鳃代替气门进行呼吸。水生昆虫的足大部分也演变成扁而多毛、善于划水的桨状足。例如，食用昆虫中的龙虱，它们把卵产在水草或水底的泥沙上，借助水温孵化出小稚虫（完全变态水生昆虫的幼虫）。小稚虫依靠前足和发达的大颚，捕食水中的小动物，即便是发育到老熟，也是选择在池塘岸边的泥土中作土室，才化成蛹，经过一定时间的蛹期后，羽化出来的成虫又到水域中生活。

（5）吸血或寄生性种类。这类昆虫在药用昆虫中，以双翅目中的虻科种类较多，如华斑虻、黄虻等。它们的主要特点是雌性成虫以蜇刺及吸收式口器，吸食大型温血动物的新鲜血液，然后才能使生殖器官发育成熟，而后交配、产卵于池塘岸边的植物叶片上，幼虫孵化潜入潮湿的土壤中生活，以土壤中的小动物及腐殖质为食，并化蛹。丽蝇的生活方式，虽不是纯寄生性种类，但它们的幼虫却以动物的初腐尸体、食肉动物的粪便为食料，才能完成一生中的各虫态发育过程。

饲养食药用昆虫，不论在室内或室外，完全饲养或阶段饲养，用自然饲料或用人工饲料，群体的或个体的，总的说来，是要为其创造各种有利条件，使饲养的昆虫种类能获得近乎自然情况下的有利于正常发育的环境和食物，从而得到数量和质量均合乎要求的食药用昆虫。

4.5　饲养设备和器具

饲养昆虫的工具，可根据昆虫的种类、生活特点和节约的原则，自行设计制作。常见的瓶、盆、盒、罐、缸、皿、橱等都可以进行昆虫的饲养。下面介绍几种最常用的工具和使用方法。

4.5.1　培养皿

培养皿有直径 6cm、10cm、15cm 等不同规格，适于饲养幼虫，便于观察。一般放入新鲜食物，就能保持皿内一定湿度。如在卵期，可在皿内放吸水棉球保湿。

4.5.2　指形管

指形管有 1cm×8cm、2cm×8cm 等各种规格，适于单体饲养小型昆虫，便于检查观察。只要投入新食物，放进昆虫，并用纱布扎口，放在管架上，每天更新食物，就能观察昆虫的生活情况。

4.5.3　养虫缸与养虫盒

有各种口径大小不同的养虫缸和养虫盒，一般用于大量繁殖饲养。只要把虫放入缸内，投入新鲜食物，缸口用纱布或铜纱盖好，及时更新食物，就能顺利进行。

4.5.4　养虫纱罩

养虫纱罩是用铁皮作成圆形或方形的架子，然后焊上铜纱或铁纱。也可在铁皮架子上，罩上用纱布或尼龙纱做好的罩子。纱罩的下边是开口的，这样可以罩在养虫的花盆上。纱罩的长度和口径按盆栽植物的大小决定。一般口径要比花盆的口径小一点。有的在铁皮架的下端留上几根伸出的脚，以便插入泥土中，免得被风吹倒。一般大小约为 20cm×30cm。有的上口还可以作成活动的盖，在植物长得过高时可用两个纱罩接在一起使用。这样的纱罩适于饲养喜欢干燥通风环境的昆虫，也能直接罩在田间植株上进行田间饲养，适于各种大小昆虫的野外饲养。

4.5.5　饲养箱

饲养箱主要由木材、窗纱和玻璃制成，其大小、规格可根据需要而定。但要具备调节温度、湿度、光照、通风等条件，以使所饲养的昆虫和植物能基本正常生活。饲养箱的四框均为木质，上下和后背均镶以木板，一侧有可开关的木板门，用于取放昆虫、植物、饲养用具、添加饲料和清洁卫生。在木板门的中上方装有玻璃及窗纱的双层小门，用来调节箱内温度。另一侧镶有木板，木板中间有 1 个小木门，用于取放善于飞跳的昆虫。

在箱的前面装有可上下抽拉的玻璃，箱的下面配有内镶硬质塑料板的抽屉，抽屉中装土种草，供昆虫栖息。整个饲养箱的四周作成双层，两隔层间留有 5～10cm 空隙，中间填充锯末形成保温层。箱内安装电灯和排气扇。电灯既可用于补充照明，又可在低温季节增加箱内的温度。当打开 1 只 25W 灯泡时，可使箱内温度保持在 25～30℃，昆虫饲养箱可用来饲养观察各种植食性、肉食性昆虫和其他小型无脊椎动物。

4.5.6　饲养笼

饲养笼可用木材和窗纱制作。用木材作框，四周用窗纱作壁，顶上用窗纱，下面用木板作底，一面装有一扇小门。使用时，将寄主植物浸泡在玻璃瓶中，同时放入昆虫即可观察。饲养笼用途与昆虫饲养箱相同，但不能在低温季节使用。

4.5.7　地下昆虫饲养器

饲养器一般高 30～50cm，宽 20～30cm，厚 3～5cm。用铁皮作框架，两侧装上 16 目的铜纱（铜纱事先应涂上防锈剂），前后两面安装玻璃，下面安装铁皮或硬塑料，上面敞开，使用时在饲养器中装入土壤，种植所需的植物。然后将地下昆虫放入土壤中的植物根系附近。观察时可通过玻璃观察土中昆虫的取食，不观察时可用黑纸将玻璃遮盖。

4.5.8　饲养架

饲养架一般高 1.4m，宽 0.35m，层间 0.35m，长度可根据情况确定，供放置养虫器具用。

4.6 昆虫的人工饲料

　　尽管不同昆虫种间对个别营养物质的需求略有差异,但几乎所有昆虫的营养需求基本相似。人工饲料一般由营养物、赋形物、助食物和防腐剂四类物质组成。

　　饲料中的营养物有来自动植物体的粗制品,如肝粉、种子粉等;有的是动植物产品的精制物,如干酪素（酪蛋白）、植物油等;也有纯化学物质如各种维生素和无机盐等。饲料中的营养物要包括昆虫生长发育所需要的各种营养成分。昆虫的营养需求在质的方面与高等动物基本相同,都需要氨基酸、糖类（碳水化合物）、脂肪、维生素和无机盐等。

　　赋形物的作用是保持饲料的形状和调节饲料的物理性状。例如,琼脂、藻原酸钠和果胶常用于凝结含水量高的饲料;纤维素等常用作填充剂;封口膜和乳胶薄膜等常用于包裹液体饲料等。

　　助食物主要在植食性昆虫的饲料中使用,它们的作用是刺激和促进昆虫取食。助食物有的是寄主植物的粗提物,有的是经过分离提纯的化合物,如从桑叶中分离的桑色素,从水稻中分离的稻酮,从十字花科植物中分离的芥子苦等。一般来说,这些助食物都有一定的专一性。在营养物中,有些糖、氨基酸和类脂也可以作为助食物使用。

　　防腐剂主要在含水量高的饲料中使用,这类饲料如不加防腐剂,隔天就会变质。常用的防腐剂有对羟基苯甲酸甲酯、山梨酸及其钾盐、苯甲酸及其钠盐、丙酸及其钠盐、甲醛、脱氢乙酸和金霉素、土霉素、卡那霉素等抗生素。

4.6.1 人工饲料的营养物

4.6.1.1 碳水化合物

　　碳水化合物又称糖类。根据虫体中降解大分子物质的消化酶的类型,糖类可以多种形式存在,从多糖、寡糖到单糖。多糖有糊精、淀粉、糖原等。这些多糖在人工饲料中以提纯或半提纯的植物提取液形式出现,如大米浆、玉米或马铃薯淀粉等。寡糖包括蔗糖、乳糖、麦芽糖等。蔗糖是植食性昆虫人工饲料中效果最好的取食刺激剂。研究发现,在一些嗜糖昆虫的饲料中,即使饲料的热量水平已达要求,仍需再加入一些糖,才能保证这些昆虫的正常取食。显然,这种饲料中的糖就起到了取食刺激物的功能。麦麸、琼脂、纤维素等无营养碳水化合物可将人工饲料中的营养元素稀释到所需要的浓度，还可调节饲料的物理性状，如质地、聚合度和形状等。因为碳水化合物是虫体的主要供能物质，所以它的缺乏症主要表现为虫体乏力，缺少活力和运动性，最终导致产卵力下降和成虫寿命缩短。

王松尧等（2002）用蔗糖、蜂蜜等饲养斜纹夜蛾幼虫，蔗糖、蜂蜜等饲料对延长成虫的寿命十分有利，并且增加雌虫产卵量。苜蓿夜蛾成虫期补充糖分是非常必需的，但王安皆等（2002）发现，添加蔗糖和葡萄糖的饲料与没有加糖的饲料对稚蚕的饲养效果没有太大的差异。程安玮等（2002）也发现，蔗糖对小蚕的摄食性和生长发育无明显的促进作用，相反，添加量达到一定剂量后均有抑制作用。

4.6.1.2　脂肪酸

脂肪酸是昆虫体内的主要能源物质，也是构成昆虫虫体结构物质的组分，如磷脂，具有某些代谢功能，动植物组织里均含有磷脂。根据昆虫对脂肪酸的利用情况可分为非必需脂肪酸和必需脂肪酸。非必需脂肪酸是昆虫可以在体内利用其他物质生物合成的脂肪酸类，包括饱和脂肪酸和一元不饱和脂肪酸。必需脂肪酸是某些昆虫必需的营养元素，昆虫本身缺乏生物合成的能力，需要从饲料中直接获取的脂肪酸类，包括多元不饱和脂肪酸。某些昆虫即使具有生物合成必需脂肪酸的能力，仍然需要从饲料中获取一定量的必需脂肪酸才能正常发育。在人工饲料里提供脂肪酸的来源主要是植物油，如玉米油、棉籽油、鱼肝油、橄榄油、花生油、亚麻籽油、油菜籽油、红花油、葵花籽油等。植物油来源广泛，成本较低，而且还含有昆虫营养必需的部分维生素和固醇，是一种经济、有效的脂肪酸源。鳞翅目蛾类昆虫羽化时如果缺乏亚油酸、亚麻酸，则羽化出的成虫畸形或翅表面无鳞片。直翅目昆虫（如东亚飞蝗）与鳞翅目昆虫一样，在缺乏十八碳烯酸的饲料上饲养其成虫不能正常羽化。大多数昆虫缺乏合成亚油酸和亚麻酸的能力，因此必须从食物中获得，人工饲料中常添加螺旋藻粉。值得注意的是，过量的脂肪酸具有毒性。

4.6.1.3　固醇和甾醇

固醇是昆虫生长、发育、生殖所必需的营养成分，有人推测可能是胆固醇提供了昆虫激素代谢的前体。除少数昆虫可由其共生物提供外，一般昆虫体内不能合成，需从饲料中获得。在人工饲料中，我们利用胆固醇来满足昆虫对脂类的需要。但某些昆虫对一些植物性、动物性固醇同样可以很好利用。对植食性昆虫的研究表明，在人工饲料中可以用胆固醇替代植物性固醇，但昆虫食用混有植物性固醇饲料时发育更好，似乎植物性固醇比胆固醇更适合于植食性昆虫。因此，对那些很难适应人工饲养的植食性昆虫，研究发现它们寄主的固醇类型可能是研制人工饲料的关键。昆虫的幼虫期（若虫期）对固醇的需求量较大，因此固醇缺乏症多出现在幼虫期，但成虫期仍然需要适量的固醇以繁殖出正常的子代。例如，油橄榄实蝇的成虫用无胆固醇的饲料饲养后，雌成虫的产卵量正常，但卵的孵化率显著降低。胆固醇用量因虫种而异，德国姬蠊（*Blattella germanica*）饲料中的胆固醇以 0.05%为最适宜，二化螟（*Chilo suppressalis*）幼虫在 0.1%～1.3%含量的饲料中发育很好。

多数昆虫不能自身合成甾醇物质，必须从外源获取胆甾醇，各种植物甾醇是甾醇的重要来源。祁云台和林浩（2000）报道如果食料中缺少甾醇，亚洲玉米螟不能正常生长发育，重新加入胆甾醇或谷甾醇后则生长发育正常。

4.6.1.4　蛋白质和氨基酸

构成虫体结构的主要物质和所有调节活细胞生化反应的酶都属于蛋白质。除少数种类外，昆虫需要通过酶的作用将大分子的蛋白质降解为可直接被肠壁吸收的小分子氨基酸。因此，可以说昆虫对蛋白质的需要就是对氨基酸的需要。蛋白质中的氨基酸有 20 多种。根据昆虫对氨基酸的利用情况分为非必需氨基酸和必需氨基酸。非必需氨基酸是指昆虫利用某些物质可以自身合成或转化的氨基酸类；而必需氨基酸则是那些昆虫不能自身合成，只能由食物中获取的必需营养氨基酸。昆虫的必需氨基酸有 10 种，即精氨酸、组氨酸、赖氨酸、亮氨酸、异亮氨酸、甲硫氨酸、苏氨酸、苯丙氨酸、缬氨酸和色氨酸。氨基酸来源于蛋白质，在人工饲料中常用的蛋白质来源有小麦胚、酪蛋白、酵母、大豆及大豆制品和藻类。

在已知的昆虫人工饲料中，麦胚是应用最普遍的主要成分之一。小麦含有昆虫正常生长发育所必需的蛋白质和 18 种常见氨基酸。但麦胚中各种氨基酸的含量并不平衡，特别是昆虫所必需的赖氨酸、色氨酸、甲硫氨酸及脂的含量均偏低。大豆粉能够提供主要的氨基酸。常用的大豆制品有大豆蛋白、大豆粉、脱脂豆粉等。它的主要缺点是不能充分溶解于水，需加碱使其溶解。另外，大豆蛋白质的氨基酸含量变化很大，而且不纯。但作为提供基本氨基酸的材料，对于植食性昆虫的生长发育是很有利的。大豆制品常与其他天然蛋白源混用，能有效地维持食物中的氨基酸平衡。

大多数人工饲料中常以酪蛋白作为氨基酸或蛋白质源，酪蛋白是从牛奶中获得的一种磷蛋白，约占蛋白质总量的 80%，它还可以制成一种不含脂肪和维生素的纯蛋白质源。李广宏等（1998）报道在基础饲料中添加适当干酪素后，甜菜夜蛾产卵数量明显增加，幼虫期缩短，幼虫、蛹、成虫的存活率提高，畸形蛹无或少。但干酪素添加过多时，甜菜夜蛾蛹重和成虫产卵量反而降低，成虫寿命缩短。李腾武（2001）等报道酪蛋白对提高甜菜夜蛾幼虫成活率、降低蛹畸形率起着十分重要的作用。

吕飞等（2007）认为，饲料中蛋白质含量的高低对不同昆虫饲养效果是不同的。李广宏等（1998）在对甜菜夜蛾的人工饲料研究中发现，饲料中蛋白质含量过高，会增加甜菜夜蛾的代谢负担，但甜菜夜蛾正常发育与繁殖要求的蛋白质含量远比碳水化合物高。胡增娟等（2002）以线性规划法为主要手段，以豆粕粉为主要蛋白源，测定了饲料中粗蛋白含量与家蚕消化吸收、饲料效率、肠液蛋白酶活性、茧质、蚕体生长及丝腺生长等生理性状的关系，结果发现随着饲料中蛋白含量的增加，蚕的饲料效率提高，但超过一定限度，蚕的摄食性和消化吸收机能被抑制，生长发育不良。曹玲等（2007）研究了不同蛋白质含量饲料对于甜菜夜蛾幼虫能源物质的影响，结果表明，食料蛋白质含量的增高对甜菜夜蛾的能源物质增长有促进作用。

4.6.1.5 矿质营养

矿质营养是指生物体中除了以有机物形式存在的碳、氮、氧、氢以外的无机营养元素的总称。矿质营养素可分为：①大量元素，昆虫营养生理不可缺少而需要量又相对较多的元素，如钙、镁、钾、钠、硫、氯等；②微量元素，昆虫营养所必需但需要量却很少的元素，如铁、碘、铜、锌、锰、钴等。矿质营养素是构成昆虫虫体组织的主要组分，并能起到调节和维持昆虫生理活动的功能。人工饲料中的微量元素可用乙二胺四乙酸或其他整合剂处理，使其易溶于人工饲料中，但由于碱性条件会使整合的金属沉淀出来。因此，实际操作中用氯化盐比用整合金属盐更稳定有效。维持矿质营养的平衡是虫体进行正常生理活动的关键。若食物中严重缺乏某种矿质元素，就会引起虫体对其他矿质元素的误用，最终破坏矿质营养的平衡，其症状表现各异，如蟋蟀严重缺钠时有痉挛、腹泻等症状。

4.6.1.6 维生素

维生素分为脂溶性和水溶性两大类。脂溶性维生素包括维生素 A、维生素 D、维生素 E（生育酚）和维生素 K。水溶性维生素包括 B 族维生素、维生素 C（抗坏血酸）、维生素 P（柠檬素）、肌醇和胆碱等。维生素的缺乏会影响很多代谢过程，使昆虫的生长发育受阻，组织和细胞发生病变。昆虫对维生素的需求量很少，但不能自身合成，除少数昆虫由其共生物供给外，多数昆虫需要从食物中摄取，而且多数昆虫需要水溶性维生素，它们多是昆虫体内辅酶的组分，参与代谢过程，对昆虫的生长发育有重大影响。胆碱是昆虫人工饲料中常见的添加剂，主要用在全纯饲料中，实用饲料由于混有天然营养物质（内含丰富的胆碱）而极少使用。昆虫不能合成类胡萝卜素，只能从食物中摄取或由共生物提供。此外，维生素 A 对昆虫的视觉、行为（与视觉有关）和生存能力也有直接影响。昆虫需要的 B 族维生素有 7 种，包括硫胺、核黄素、烟酰胺、吡哆醇、泛酸、叶酸和生物素等。多数昆虫特别是大部分植食性昆虫需要维生素 C。维生素 C 在人工饲料中降解很快，高压消毒就可以破坏它，而且在室温下不同饲料有不同的降解速率。缺乏维生素 C，会阻碍昆虫的生长发育，严重缺乏导致畸形（不能正常蜕皮），甚至死亡。昆虫需要大量的胆碱，以促进幼虫的发育或提高成虫的生殖力。缺乏胆碱，昆虫也能发育，但饲养效果不理想。肌醇对少数昆虫，如蟋蟀，有促进生长发育的作用。缺乏肌醇，昆虫生殖力下降或不能正常发育。维生素 E 的缺乏对某些昆虫（如蟋蟀）的生殖会产生显著影响（使雄蟋蟀的精子停止形成）。缺乏维生素 K 对某些植食性昆虫的生长发育有较大影响。

4.6.1.7　水

水是一切生命形式的必需营养，昆虫也不例外。水具有维持昆虫体内正常的生理代谢活动、保持昆虫的外部形态等功能。维持人工饲养中适当的水分是人工饲料的一大难题，但又是必须解决的。饲料中的水可因蒸发而散失，使饲料中各部分的含水量各异，对饲料质地及可食性造成不利影响。

4.6.2　人工饲料的赋形物

4.6.2.1　饲料胶凝剂

为了使人工饲料的物理性状达到饲养对象的要求，常需要调节人工饲料的湿度和硬度，这就是加入饲料胶凝剂的目的。饲料的物理性状对饲养对象主要有两个影响：一是影响昆虫的取食；二是影响昆虫的产卵，尤其对那些用口器在寄主表面掘动产卵的种类影响更大。目前国际上使用最普遍的饲料胶凝剂是琼脂，它是从石花菜属的多种藻类及其他藻类中提炼出的一种多糖、半乳糖的硫酸酯复合物。琼脂通常与一些金属离子结合，如钠离子、钾离子、钙离子和镁离子。这些离子与琼脂分子中硫酸基的结合是胶凝作用的前提，琼脂、多糖与水能结合成营养惰性物质，使饲料变硬，琼脂浓度在 1.5% 以上时，饲料就形成坚固的凝胶。琼脂的溶解温度为 85℃。琼脂是昆虫人工饲料中比较昂贵的配料，因此促使了琼脂代用品的发展。叉角菜即是其中之一，叉角菜是一种从海藻中提取的廉价胶凝剂。从冷水中提取叉角菜得到的是黏稠的溶液，而从热水中提取叉角菜则形成胶凝剂。还有一种是褐藻酸，一种从各种海藻中提取出的甘露糖醛酸、古洛糖醛酸聚合物，使用时配制成各种褐藻酸盐（如钠、钙、钾褐藻酸酪）。与琼脂和叉角菜不同，褐藻酸在室温和有酸释放剂存在的条件下，不需加热就可与钙盐进行可控反应，形成胶凝剂。

4.6.2.2　饲料填充剂

调节人工饲料的物理性状除了饲料胶凝剂以外，还会用到饲料填充剂。许多饲料需要用饲料填充剂，如锯末或甘蔗渣来稀释饲料中营养物质的浓度。

4.6.3　人工饲料的助食剂

虽然饲料的营养水平、质地及水分含量均满足饲养对象的需要，昆虫仍然需要物理或化学的取食刺激物来诱导取食。取食刺激物虽然不是人工饲料中昆虫可以取食的组分，但它对提高饲养对象的生存能力，达到规模饲养的目的有着与其他营养元素同样重要的影响，它包括以下两类物质。

4.6.3.1　化学刺激物

化学刺激物是一些规定行为的物质，如引诱剂、制动剂、咬食诱导物和吞食刺激物等。这些刺激物中既有广泛存在的营养物质又有存在于各种植物中的特征次生化学物质。在某些情况下，一种昆虫可能同时对一类或数类化学物质中的几种化合物敏感。取食刺激物的复合使用比单独使用效果明显，复合物中某些刺激物单独使用时无效，可能这些物质是其他刺激物的增效剂。此外，一种刺激物可因浓度的变化而对取食对象产生取食或拒食的影响。碳水化合物类（如蔗糖）、蛋白质类（如氨基酸）、脂类物质（如麦胚油）等化学物质常有取食刺激物作用。

化学刺激物大致可分为下列三类：①兼具营养功能的取食刺激物质，如糖类中的蔗糖、β-谷固醇对家蚕的刺激取食；油酸与亚油酸的混合物对牧场金针虫的刺激取食，磷脂对蝗虫的刺激取食；麦胚油及豆油能促进螟虫及家蚕的取食活动等。②天然取食刺激物质。这类物质虽无明显的营养价值，有的甚至有毒，但有刺激取食的作用。这类物质主要作为昆虫取食的"信号"。例如，黑芥子硫甘酸钾及其分解物烯丙异硫氢酸对大菜粉蝶（*Pieris brassicae*）幼虫、甘蓝种蝇（*Hylemya brassicae*）、甘蓝蚜（*Breoricoryne brassicae*）有吸引力。芥子油糖对小菜蛾（*Plutella xylostera*）幼虫和其他鳞翅目昆虫及几种蚜虫也有刺激取食的功能。③工业生产的有机化合物。鸟嘌呤单磷酸酯对家蝇（*Musca domestica*），萜烯对一种甲虫（*Leperesinus fraxini*），乙醇对乡色小蠹（*Xyleborus fraxini*）均有取食刺激作用。没食子酸等多元酚酸有促进蚕摄食和生长发育的作用。焦性没食子酸、柠檬酸也同样具有刺激取食的显著效果。

4.6.3.2　物理刺激物

饲养对象对饲料物理性状的要求也是昆虫取食的刺激因素。虽然这类物理刺激物并非饲料的营养成分，但它对昆虫取食的影响丝毫不亚于化学刺激物。对一些取食专一的饲养对象，我们现在仍然使用它们的寄主植物作为这些挑剔昆虫的取食刺激物。寄主植物可以整株植物、部分组织或以抽提物的形式添入饲料中，可鲜食也可研磨至粉末状。一个种群可以在天然取食刺激物不足的饲料上生存，但满足取食刺激的饲养会使田间释放的昆虫更有活力，保持更强的寄主选择行为。

4.6.4　人工饲料的防腐与防腐剂

饲料的防腐：微生物污染问题是人工饲料中最棘手的问题之一，若控制不好，微生物群落就会在短时间内大量增殖，使饲料腐败、变质。为此，常使用物理的和化学的方法对微生物加以控制。

4.6.4.1　物理消毒法

加热法对附着在非热变性物质（遇热后，不会因高温而改变自身性状的物质）上的微生物，通过加热使酶失去活性从而达到消毒的目的。此法又可分为湿热法、干热法和煮沸法：①湿热法。用高压锅进行消毒，根据消毒物品的种类及容量决定时间。②干热法。干热消毒热量渗入缓慢，蛋白质变性过程较长。例如，用 95%乙醇火焰对蛹壳和卵囊进行表面消毒。③煮沸法。水煮沸 5min 可杀灭细菌和营养体，但对孢子体无效，需加入 2%～5%的碳酸，15min 后可杀死细菌孢子。

饲料的消毒灭菌可用加热法，但在加热的过程中部分营养元素如维生素 C 会被分解，对这类热变性物质（遇热后，该物质的某些性状因遇高温而发生改变）常采用以下方法灭菌：①高压灭菌法。煮沸法可以很快杀死植物微生物，但另一些微生物在沸水中仍可存活，这就需要用高压灭菌法来消毒：在120～125℃的温度条件下高压灭菌15min，处理6～8kg物品，可杀死全部微生物及其孢子。②辐射灭菌法。X射线、γ射线、紫外线等均可杀灭微生物。

4.6.4.2　化学消毒法

①对饲料中某些易氧化物质加入抗氧化剂。②加防腐剂。污染饲料的微生物主要有真菌、细菌、霉菌、酵母菌和病毒等。常用的抗菌剂有氯四环素、卡那霉素、链霉素。其他防腐剂有山梨酸、苯甲酸、苯甲酸钠、尼泊金、对羟基苯甲酸乙酯、对羟基苯甲酸丁酯、甲醛溶液、乙醇、青霉素、亮霉素、新霉素、羟基甲酸甲酯、丙酸钠等。防腐剂的副作用：当防腐剂的使用浓度达到对微生物有效抑制浓度时会对昆虫的生长、发育产生阻碍作用。③调节饲料的酸碱度，使之不适于微生物的生长，此法对液体饲料作用尤其明显。人工饲料的酸碱度通常为中性，但也有少数例外，尤其与脂类营养有关的饲料。④熏蒸法。用某些化学物质（如环氧乙烷）对饲料进行熏蒸消毒。

4.6.5　人工饲料的类别

王延年等（1984）认为，昆虫人工饲料是与天然食料或天然饲料相对的一种统称，包括广义上的所有经过加工配制的饲料；并且将昆虫人工饲料分为全纯饲料、半纯饲料和实用饲料三大类。

4.6.5.1　全纯饲料

全纯饲料又称化学规定饲料或规定饲料，由已知化学结构的纯物质组成的饲料，称为化学规定饲料；由大多数纯化学物质加上一种或数种未知结构，但已知纯度的精制产品组成的饲料，称为规定饲料。全纯饲料成本很高，饲养效果也难达到自然水平。

4.6.5.2　半纯饲料

半纯饲料的成分多数是纯化学物质或者是经过提纯的物质，但是还含有一种或多种来源于动物、植物或微生物的尚未纯化的物质（如动物肝脏、叶粉、酵母及它们的粗提物等）。半纯饲料性状便于控制，能较好满足昆虫取食和生长需要，常应用于实验室中；同时，半纯饲料也是人工饲料配方研制的主要方向，且大多数人工饲料深入的研究都基于半人工饲料。吕飞等（2007）总结了前人对昆虫半纯饲料的研究进展。例如，卢文华等（1986）利用正交试验设计，考察了半合成人工饲料中木薯叶粉与黄豆粉的比例（A）、干酵母（B）、抗坏血酸（C）、蔗糖（D）、含水量（E）和琼脂量（F）等 6 个因素 5 个不同水平的组合对斜纹夜蛾（*Prodenia litura*）幼虫发育速率、存活率和雌蛹重的影响，筛选出一个简易经济的、能够大量饲养斜纹夜蛾的配方。林进添等（1996）用 8 个因素 4 个水平正交试验设计配方，筛选出一个简易、经济、实用，能大量饲养甘蔗条螟（*Chilo sacchariphagus*）的半纯人工饲料配方。莫美华等（1999）也曾在前人的基础上对小菜蛾（*Plutella xylostella*）的半人工饲料配方进行了改进，提高了小菜蛾的化蛹率。应霞玲等（1999）应用正交试验设计配方，筛选出一个可用于大量繁殖红纹凤蝶（*Pachliopta aristolochiae interposita*）的半合成人工饲料配方。宋彦英等（1999）在周大荣等新 7 号有琼脂半人工饲料的基础上，以一种代号为 JSMD 的物质完全取代琼脂成功获得无琼脂玉米螟（*Ostrinia furnacalis*）半人工饲料，简化了步骤，降低了成本，提高了产卵量及蛹重。杨兆芬等（2001）比较了以半人工饲料和天然饲料的 2 组细纹豆芫菁（*Epicauta waterhousei*）成虫在体重、生殖腺发育和芫菁素含量上的差异，确定了所用半人工饲料在人工饲育细纹豆芫菁中的应用。蒋素蓉等（2004）比较了改良的家蚕人工饲料与其他几种半人工饲料饲养黏虫（*Mythimna separata*）的效果，结果显示，改良家蚕人工饲料的饲养效果与进口 F9219B 饲料相当，并且成本较低，可以作为黏虫的半人工饲料。

4.6.5.3　实用饲料

实用饲料主要由未经提纯天然营养物质组成，能够提供昆虫所需的全部或大部分营养，但是也含有一些昆虫不能利用的或者对昆虫取食和生长有害的物质。实用饲料成本低，操作简单，适用于大量饲养，但大多数植食性昆虫，如鳞翅目昆虫，尚不能用这类饲料大量饲养。

4.6.6　研制人工饲料的原则

4.6.6.1　具备良好的物理性状

对很多种类的初孵幼虫来说，人工饲料既是陌生的食物，又是它们栖息的场所，饲料物理性状的好坏对它们的取食和存活影响很大。饲料的物理性状由形状、硬度、含水量和均匀度等因素组成。人工饲料的形状很难完全模仿昆虫的天然寄主，但要尽可能地使其形体和表面结构适应昆虫的口器和取食习性。例如，仓储害虫一般以含水量较低的粉状和粒状饲料为宜，但麦蛾的粉状饲料还需用机械装入胶囊中，并压成有四痕的小丸才能获得最好的取食效果。具咀嚼式口器的植食性昆虫需要含水量很高的固体饲料，这类饲料多半使用琼脂作凝固剂，再辅以纤维素或植物的茎、叶粉来调节饲料的硬度和质地，饲料冷却之后，可以切割和加工成所需的形状。琼脂在饲料中含量以 3%为宜，如饲料中含有较多的植物材料或其他有利保持水分的物质，其含量可以降至 1.5%～2.0%。琼脂价格较贵，在减少用量或用其他物质代替时，要注意饲料的保水性。饲料析出过多的水分不仅影响饲料的营养效应，而且会造成幼虫的死亡。纯纤维素的价格也较贵，可以用植物叶粉或药用辅料纤维素代替。

　　一般来说，初孵幼虫较弱小的昆虫，其饲料成分的颗粒以细为宜。初孵幼虫活力较强的昆虫其饲料成分的颗粒可以稍粗。对玉米螟之类具趋触性的幼虫，粗糙的饲料可能促进其取食。

4.6.6.2　具有适宜的营养组成

　　适宜的营养组成有两层含义：第一，要包含昆虫生长发育所需的所有营养成分；第二，各营养成分不但要有足够的量，而且要有适当的比例（适当的量的比例称为营养平衡）。前者是满足昆虫营养质方面的需要，后者是满足昆虫营养在量方面的需要。可见，单纯在饲料中普遍增加各种营养成分的含量，并不能获得良好的结果。

　　研制一种对昆虫具有良好平衡的饲料，要有一定的依据。通常有两种方法：一是参考寄主的营养组成；二是参考相近种类的饲料配方。一般来说，昆虫营养的定量需要都可以在其最适宜的寄主中得到满足。参照寄主的营养组成，设计营养配方虽然受分析手段的限制，但用这种方法能减少因盲目组合营养成分而造成的各种浪费。随着植物化学和微量分析技术的发展和普及，这种方法不仅能广泛地用于全纯和半纯饲料的研制，还能指导实用饲料中天然营养物质的合理搭配。参照相近的成功饲料配方，配制新种类的饲料能节省很多精力与时间。不过，完全照搬的饲料不能使新的昆虫种类的发育水平达到理想的程度。因此，还需在实践中不断调整。

4.6.6.3　具有助食功能

　　昆虫的取食——从试咬到连续取食，除本身的需要外，还受食物的物理和化学特性的支配。在化学因素中，作用于昆虫味觉的助食因子和抗食因子对昆虫的取食行为影响最明显。在食物中，凡能刺激和促进昆虫取食的化学物统称助食物。饲料中的助食物主要有两大类：一类是营养物；另一类是不具营养的植物次生代谢物或其他有机物。

国外研究和报道的助食物很多，但目前国内市场却很少供应。由于这些物质多数是从昆虫寄主植物中提取和分离出来的，在考虑饲料的助食功效时，除了添加已知效果的助食物外，另一个简便的方法是在饲料中加少量的新鲜寄主材料，或者加寄主材料的有效提取物。

4.6.6.4　排除抗食因素

抗食素的不良影响往往比助食物更大。因此，在饲料的研制中要尽可能地消除这种因素。抗食素又称阻食素也有人称为拒食素。它们在饲料中达到一定浓度时能阻止昆虫取食或使取食中断。饲料中的抗食素主要来自粗制的植物材料。此外，防腐剂和化学污染也能阻碍昆虫的取食。半纯或实用饲料中的粗制营养物（如种子粉）和植物茎、叶干粉中常含有具抗食作用的植物次生物（如各种生物碱、多酚类等）。这些粗制物在饲料中的含量越高，所显示的抗食作用可能也越大，这也是实用饲料不能普遍应用的原因之一。通常在使用这些粗制物之前，都采用短时间的高压消毒或高温（100℃左右）烘烤处理，破坏其中的一些有害物质。

4.6.6.5　具备良好的防腐功能

通常的饲养环境中和各种饲料成分中都有很多微生物。人工饲料中最常见的是细菌、酵母菌，以及属于青霉、根霉和曲霉属的一些霉菌。饲料中丰富的营养及饲养中适宜的温湿度（尤其是高湿）为微生物的增殖提供了良好的条件，未经防腐处理或防腐不佳的饲料，很快就会变质，从而危及昆虫使饲养失败。因此，含水量较高的饲料一定要加防腐剂或进行防腐处理（高压灭菌或过滤消毒）。饲料中的防腐剂达到一定浓度时都会对昆虫产生毒性。不同防腐剂的防腐效果及对昆虫的毒性也不同。饲料防腐的原则是不能伤害昆虫。因此，在达到控制微生物污染的基础上，要尽可能减少防腐剂的用量。防腐剂对昆虫的毒性主要表现在幼虫和蛹的发育期延长、化蛹率和羽化率降低等方面。毒害严重时会引起拒食和大量死亡。其中，最敏感的表现是幼虫生长期的延长。如果一种防腐剂在某一浓度下使幼虫的发育时间比对照组高出 25%，则被认为是不安全浓度。在常见的防腐剂中，山梨酸和尼泊金（对羟基苯甲酸甲酯）使用最广泛，通常的浓度为 0.1%～

0.3%；10%甲醛的使用也很广泛，一般 100mL 饲料中加 0.5～0.8mL。多数饲料的防腐是用几种防腐剂联合防腐的方法，这样既可以互相弥补抑菌范围不足的缺点，又可以降低各自的浓度，避免出现毒害。当甲醛和尼泊金在安全浓度下不能抑制某些细菌时，可增补金霉素或卡那霉素等抗生素。

4.7　饲养评价

4.7.1　饲养效果评价指标

　　饲养方法的正确与否及饲料的适宜程度如何，最终都表现在所饲养的昆虫上。饲养良好的昆虫应有很高的存活率，生长发育指标应接近甚至超过在自然界中的情况。存活率有两种表达法，一是计算幼虫存活率，即自初孵化到化蛹前（或饲养试验终止）的存活率；二是计算从卵到成虫的存活率，即成虫的获得率。前者主要在一般饲养评价中使用，指标达 85% 以上为佳；后者常在评价较大批量饲养或大规模饲养时使用，指标达 75% 为佳。表示生长发育的项目很多，如化蛹率、平均蛹重、羽化率、平均产卵量和孵化率等。饲养目的不同，考察的项目和指标有时也不同。试养新的虫种或进行配方筛选时，主要考察幼虫存活率、化蛹率、产卵量和孵化率。如这些项目的指标达到自然界正常生长的 70% 时，可认为饲养是基本成功的。评价饲料营养成分的作用或试验不同温、湿度对昆虫生长发育的影响时，除上述项目外，还要考察昆虫的生长速率、发育速率、成虫寿命和生活周期等。大量饲养捕食性、寄生性或用于不育防治的昆虫时，"活力"的要求往往放在首位。如果饲养的昆虫在野外无良好的适应性、攻击力和竞争能力的话，则认为是失败的。用于生物测定的昆虫，除了要求很高的存活率之外，还着重发育进度的一致和对药物反应的一致性，对饲养中产生的一些变异（如幼虫龄数的增加和食性的变化等）往往忽略不计；而用于生态研究和分类研究的昆虫，则要求其生活史和习性方面的反应与自然界的种类相同。特殊品系又有特殊的要求，如抗药性品系的培育，强调抗性纯合子的增加，防蛀标准试虫要求保持稳定的蛀蚀力等。

4.7.2　异常情况的分析与处理

　　为了获得可靠的评价依据，饲养中要进行必要的观察和记录。饲养研究时，观察更要细致。这样不仅能获得所需要的数据，而且利于找出失败或成功的原因。

例如，饲养中幼虫存活率低（或死亡率高）可能有多种原因，通过观察、记录、确定了幼虫死亡的时间、场所和症状，就容易进行分析和判断。如果初孵幼虫很活跃，饲料也不过湿，但饲养数天即出现大部死亡，可能是饲料中的抗食因子或其他有毒物所致。由于拒食而死亡的小幼虫多爬饲料高处，死在管塞或容器盖口处；中毒的幼虫有时可见到痉挛现象。如果初孵幼虫活动能力差，取食也不踊跃，在饲养第二天就出现较多死亡，则多半是虫卵方面的问题，可能是消毒剂或农药污染的影响，也可能是母体营养不良的结果。如幼虫在发育过程中陆续死亡，多半是饲料营养组成不佳造成。由饲料物理性状不佳引起的死亡容易观察和区别：淹死在析出水分中的幼虫体膨胀；取食失水过多的饲料时，幼虫体色加深，虫体逐渐萎缩。

幼虫达到老龄不化蛹或化蛹率低于 50%，多半是饲料的营养不适宜，但也要注意化蛹场所或化蛹条件不良所造成的影响。如果羽化时保持了适宜的湿度，成虫展翅畸形增多，主要是营养缺乏症。通常，在饲料中增补麦胚油或亚麻油等不饱和脂肪酸可以缓解。饲料营养组成不合适所引起的发育问题还有产卵量低和孵化率低等。一般来说，饲料营养组成不佳造成的发育问题多在饲养当代或第二代就表现出来，至第四、第五代会严重影响传代饲养。连续饲养多代以后出现成虫活力减退，孵化率明显下降等现象则可能是种群衰退的表现。种群过早衰退往往与繁殖方法不当有关。实验室饲养的个体数总是有限的，在种群呈封闭的状态下，近亲繁殖的概率增加。为了缓解这种现象的产生，饲养中要避免使用同一容器或同一批成虫产的卵来繁殖后代。每隔一定时间从野外或不同实验室引进虫源杂交也是一种有效措施，但必须注意勿带进疾病或天敌。

4.8　常见昆虫的饲养方法

4.8.1　几种实验室常见昆虫的饲养方法

4.8.1.1　果蝇

培养果蝇用的容器可以采用较粗的指管或广口瓶，这些容器均需在实验前进行高温灭菌才能使用。果蝇是以酵母菌作为主要食料的，因此实验室内凡能发酵基质，都可用作果蝇饲料。常用的饲料有玉米饲料、米粉饲料、香蕉饲料等，配方见表 4-1。

表 4-1 果蝇饲料的几种配方

配方	玉米饲料	米粉饲料	香蕉饲料
水/mL	200	100	50
琼脂/g	1.5	2	1.6
蔗糖/g	13	10	—
香蕉浆/g	—	—	50
玉米粉/g	17	—	—
米粉/g	—	8	—
麸皮/g	—	8	—
酵母粉/g	1.4	1.4	1.4
丙酸/mL	1	1	0.5～1

玉米饲料：①应取加水量的一半，加入琼脂，煮沸，使充分溶解，加糖，煮沸溶解。②取另一半水混合玉米粉，加热，调成糊状。③将上述两者混合，煮沸。以上操作都要搅拌，以免沉积物烧焦。④待稍冷后加入酵母粉及丙酸，充分调匀，分装。按附表用量配制，可得饲料 200mL 左右。

米粉饲料：方法与玉米饲料相同，用米粉代替玉米粉。

香蕉饲料：①将熟透的香蕉捣碎，制成香蕉浆。②将琼脂加到水中煮沸，使充分溶解。③将琼脂溶液加入香蕉浆，煮沸。④待稍冷后加入酵母粉及丙酸，充分调匀，分装。

培养基的配方及配制：

配方：琼脂 1.5g，白糖（或红糖）13.5g，玉米粉（或米粉、面粉）10g，另需蒸馏水、体积分数为 95%的乙醇溶液和苯甲酸若干。

配制方法：将 1.5g 琼脂放在 50mL 蒸馏水中，煮沸，直到琼脂完全溶解，再加入 13.5g 红糖或白糖，调匀，继续加热。另把 10g 玉米粉加入 25mL 蒸馏水混合后，倒入正在加热的琼脂糖溶液中，并加入溶解在少量体积分数为 95%乙醇溶液中的 0.2g 苯甲酸，均匀搅拌，煮沸 2～3 min 成糊状，并趁热注入洁净、干燥、消毒过的培养瓶中，使培养基在瓶底的厚度约 3cm（注意瓶口和瓶壁上不要被培养基沾污）。可把一洁净纸片的一端插到糊状的培养基里，以扩大果蝇的活动场所。待培养基稍冷却后，在瓶口加棉塞，以免积水。棉塞一定不要塞得太紧，以便空气流通。培养基冷却成固体后，即可用来饲养果蝇。

如果没有苯甲酸，则可在使用前向培养瓶中注入一薄层体积分数为 70%～75%的乙醇溶液，等一会儿倒出乙醇，把瓶倒置，待乙醇完全蒸发，再加棉塞。如果用大试管代替培养瓶，一定要制成斜面培养基。

4.8.1.2　家蝇

成虫一般笼养比较卫生。饲料见表4-2。

表4-2　家蝇人工饲料配方

配方1		配方2	
全脂奶粉	49%	干蛆粉	45%～55%
干酵母	49%	干酵母	1%～3%
蔗糖	2%	糖	42%～54%

幼虫饲料单纯基质：麦麸、豆渣、酱渣、酒渣、畜禽粪。混合基质：豚鼠饲料：麦麸（1∶1）、麦麸：红糖（19∶1）、麦麸：奶粉（19∶1）、豆渣：麦麸（1∶1）、豚鼠饲料：锯末（1∶1）等。

用塑料盒养即可，不同培养料其育蛆效果有所不同，一般含水量65%，厚度5～8cm，每平方米放料40～50kg。饲料中拌入锯屑或谷糠等有利于培养料疏松透气，提高利用效果。

4.8.1.3　吸血蚊虫

成虫饲养在细纱笼内，喂食蜂蜜水。将一头荷兰鼠（荷兰鼠固定在木架内）放入1.5h供雌成虫吸血，每周三次。笼中放置一碗水，碗内放上小布条供成虫产卵用。待成虫产卵后将产有卵的小布条取出，等布条自然干后，暂时贮存在玻璃瓶内1～2个月（25℃），需要时，可将卵放在温水内浸泡0.5～1h即可孵化。孑孓饲养在盛有水的盆或玻璃缸内（温度25～28℃，相对湿度80%，光线昏暗），并喂饲少量鱼粉、肉粉。

4.8.1.4　蟋蟀

麦麸、豆饼渣和蔬菜可作为蟋蟀的食物，也有人工配制的饲料，配方为：干酵母5g，肝粉5g，大豆粉20g，玉米粉20g，脱脂乳粉15g和粗麦粉35g，充分搅拌均匀并研细后即可使用。产卵用土的准备：将砂和土晒干后去掉土块和石子，按7∶1的比例混合并灭菌消毒，转入用合成树脂制成的水槽，为防止土壤结块，可加入适量的蛭石，表面铺平，喷水至十分湿润，在其上放树叶或稻草，以此作为蟋蟀的隐蔽场所，水槽的上端开口处加一透气的盖。饲养密度为每平方米 50

只左右，温度（25±3）℃，湿度（50±10）%。

4.8.2 其他常见昆虫的饲养方法

4.8.2.1 胡蜂

据郑国权和谭垦（2008）报道，主要饲养设备有蜂笼（40cm×40cm×40cm），使其有充分活动的余地，一面有铁纱，便于饲养蜂王。可利用大型玻璃温室作蜂棚，大小视蜂巢的多少而定，棚内可种植一些作物，一侧留有纱门供饲养员进出。蜂箱用木料作成，边长15～20cm，一面有可随意抽拉的活门，盖上有挂钩。饲料可用水分较多的水果和动物的无脂肪肉类，如桃、梨、糖蜜、鼠肉、兔肉等。

春季气温稳定在12℃左右时，在蜂棚内悬挂几十至上百个拉开巢门的空蜂箱和腐朽木等纤维物质，供胡蜂筑巢用。将越冬蜂放入蜂棚，同时投入糖蜜、活虫、水等进行人工饲养。蜂王会自动飞入蜂箱，边筑巢边产卵，卵粒依次孵化，蜂王同时负担外出觅食和抚育幼虫的任务。第1代成蜂即承担建巢哺育幼虫工作，原来的蜂王只负担产卵任务。夜间可将蜂箱移到野外树上，让胡蜂自己捕食各种食物，不需专人管理，不需投喂饲料。7月后可采收蜂蛹。9月底至11月初气温降至8℃左右时，受精蜂王就要脱离旧巢，夜间将蜂巢迁移到蜂棚内群集越冬。每个蜂笼放入300～500头，并用黑布遮光，放在通风干燥、不受干扰的室内。越冬后，成活率的高低主要与抱团好坏有关。每10～15天进行1次抱团情况检查。如果发现散团，放在阳光下晒3～4h，使其活动并以蜜水饲养，增强其体力。饲养后，应及时降温，加厚遮光外套。在温室蜂棚的越冬蜂，要经常补充饲料。

4.8.2.2 壁蜂

据赵雪晴（2007）认为，壁蜂的饲养蜂箱尺寸为25cm×30cm×30cm，可用砖砌制而成，或用水泥空心砖，也可用木箱或纸箱制作，巢箱五面用塑料薄膜包严，一面敞开。箱体距地面30cm，可用石头或木棍等支撑，但一定要固定，不能随风摆动。峰管用芦苇管制作，也可用旧报纸和牛皮纸卷成内径不小于0.5cm的纸管，蜂管长15cm，直径0.6～0.8cm。制成后分别染成红、绿、白色，以便壁蜂识别，有利于归巢。每个蜂箱放置蜂管5捆250支，管口对外。巢箱前方lm处，在地面挖一个长40cm、宽30cm、深60cm的坑，坑底用薄膜垫上，膜上放泥土，加入30kg清水拌和（注意保湿），以便壁蜂产卵时采湿泥筑巢。

4.8.2.3　熊蜂

将捕捉回的野生蜂王或人工饲养经交配、打破滞育期的蜂王放进 I 型的巢箱内，巢箱内放一个饲养器，饲养器上有两个槽，一个槽喂稀淡的糖浆，另一个槽喂新鲜的花粉团，诱导蜂王产卵筑巢。3～4 天后，当发现干净的巢室里有蜂王的粪便时，说明这样的蜂王一般是可以产卵、筑巢的；若出现蜂王将花粉团咬碎后洒满整个巢室，这样的蜂王，一般是不会产卵的。蜂王产卵筑巢后，应每 2 天喂 1 次，且每次喂的量不宜过多，以免发霉。当第一代工蜂孵化出房后，应把蜂王、工蜂和巢团移到空间更大的 II 型巢箱中，这样蜂群才能很快发展起来，并产生新蜂王和雄蜂，不是所有的蜂王都能产卵，而产卵的蜂王并不是都能成群。

4.8.2.4　黄粉虫

以麦麸与米糠按 1∶1 比例混配饲料为食，并辅以瓜皮、果皮、蔬菜等，于 25℃恒温通风黑暗条件下饲养，2 万头/m² 为最佳饲养密度，在饲养时定期定量地补充成虫可使产虫量增加（张伟和史树森，2002）。吴书侠等（2009）用 DPS 统计软件对影响黄粉虫生长的各因子（如饲料、温度、饲料湿度、密度及光照条件）进行具体分析，结果表明，小麦粉+玉米粉混合饲料对黄粉虫幼虫体重增长影响较大，是比较适宜的饲料配方；黄粉虫对温度的适度范围较宽，最佳生长发育温度为 25～30℃；饲料含水量为 18%时，黄粉虫幼虫生长较快；适宜的饲养密度为 0.24～0.47 条/cm²。阴暗处饲养黄粉虫生长更快，黄粉虫幼虫喜欢在浅层饲料中活动，饲料厚度以保持在 4.0～5.5cm 为宜。

4.8.2.5　洋虫

黄山春等（2007）报道洋虫成虫饲料可用花生∶玉米粉（1∶1）混合，玉米粉∶豆粉∶麦麸（2∶2∶6）混合。幼虫饲料可用玉米粉∶豆粉∶麦麸（3∶3∶4）混合。成虫饲养：先在塑料盆底铺一张报纸（供成虫产卵用），再铺上纸巾（带有缝隙），然后再铺上纱网，在纱网上放入饲料及虫源，用盖盖紧。成虫把大部分的卵产在报纸上，每 2 天收集 1 次卵块，把产卵纸取出，放入幼虫饲养箱，并撒一层细细的幼虫饲料。卵全部孵化后，将粘有卵的纸取出，把初孵幼虫轻轻抖落在饲养箱中，7000～14 000 头/m² 为宜，低龄幼虫应喂细的粉末饲料，高龄幼虫可适当用粗饲料。

4.8.2.6 蝗虫

收集卵块于盛有湿润砂土的塑料杯中，置于 30℃下待其孵化，初龄蝗蝻个体小，可以较大的密度饲养于小养虫笼内，用麦苗饲养，每天投饲一次，全天给予光照。进入 3 龄时，个体渐大，需适当分散到大养虫笼，每笼 400～500 头。成虫羽化后并不换笼，开始交配产卵时，在笼内加添 1 个比笼略小的盛有湿润砂土的塑料盒，砂土的消毒方法是将砂放在烘箱内 70～80℃烘 24h 即可。砂土滴加少量水（15%左右），成虫即能在砂土内产卵。

5　昆虫产品的功能评价

各种健康食品并没有明显的界限，如自然食品、治疗食品、保健食品、健美食品、纯净食品等，甚至部分名词是适应销售而提出的。虽然，世界上各个国家对健康食品的定义、称谓和划分范围略有不同，但基本含义有一点是一致的，即这类食品是"医学上或营养学上具有特殊要求的特定功能的食品"。多年来，我国一直沿用营养保健食品这一名词，虽名称上有所不同，但是均强调了它具有调节人体生理功能的特点。昆虫虫体营养价值极高，体内富含蛋白质，纤维素含量少，微量元素丰富，易被人体吸收，特别是人体所必需的氨基酸含量较高，所含脂肪也多为软脂肪和不饱和脂肪酸。昆虫资源产品具有增强免疫、增智、降脂、护肝等功能。功能食品的评价及管理是亟待解决的问题，在此对常见功能评价进行叙述。

5.1　增强免疫功能评价的原理及方法

5.1.1　巨噬细胞的吞噬功能

5.1.1.1　实验原理

巨噬细胞的溶酶体中含有酸性磷酸酶、过氧化物酶、组织蛋白酶和溶菌酶等。因而，巨噬细胞对颗粒物质，如鸡红细胞（CRBC），具有很强的吞噬能力。当异体物质侵入机体后，巨噬细胞可通过聚集、识别和吞入消灭三个步骤完成吞噬过程。通常在吞噬高峰期进行测定，可以根据吞噬百分率和吞噬指数来反映巨噬细胞的吞噬功能。此处介绍涂片法。

5.1.1.2　器材

无菌注射器，无菌三角瓶，硅化离心管，吸管，毛细滴管，试管，载玻片，玻璃染色缸，剪刀，镊子，pH 试纸或 pH 计，滤纸片，纱布，胶布，拱形塑料小盒盖，水浴箱，离心机，混匀器，显微镜等。

5.1.1.3 试剂

无菌生理盐水：0.9%生理盐水，383Pa 灭菌 10min。

磷酸缓冲液（PB）：pH6.4，参考量配制方法为取 KH_2PO_4 0.664g、Na_2HPO_4 0.257g，加蒸馏水定容至 100mL。

瑞氏染色液：称取瑞氏染料 0.1g，置于乳钵内，研溶于 60mL 甲醇中，保存于棕色瓶内，用前过滤。染液储存时间越久染色效果越好。

甲醇、消毒用碘酒、75%乙醇、肝素、5%无菌可溶性淀粉溶液。

5%鸡红细胞悬液：鸡翅静脉取血，肝素抗凝，用生理盐水配成 5%浓度备用，4℃冰箱保存。

5.1.1.4 操作步骤

试验前 3 天，小鼠腹腔注射 5%无菌可溶性淀粉溶液 1mL。试验当天，小鼠腹腔注射 5%鸡红细胞 1mL。注射后 30min，断颈处死小鼠，仰位固定，正中剪开腹部皮肤，吸出腹腔液制成涂片，干燥后瑞氏染色，油镜下观察。

5.1.1.5 数据记录及处理

油镜下观察巨噬细胞吞噬鸡红细胞的情况，随机计数 100 个巨噬细胞，分别计数吞有鸡红细胞的巨噬细胞数和所吞噬的鸡红细胞总数，按下式分别计算吞噬百分率和吞噬指数：

$$巨噬细胞吞噬率（\%）=\frac{吞有CRBC的巨噬细胞数}{100}\times100$$

$$巨噬细胞吞噬指数=\frac{100个巨噬细胞所吞噬的CRBC总数}{100}$$

5.1.2 细胞免疫功能的测定

细胞免疫功能可在体内或体外检测，方法很多，可以根据需要和实验条件进行选择。特异性细胞免疫主要参与细胞是 T 细胞和 B 细胞，由 T 细胞介导细胞免疫，B 细胞介导体液免疫。有关细胞免疫功能的检测多是检测 T 细胞数量、功能及其产生的淋巴因子的活性等。下面就 E 花环实验、迟发型过敏反应、淋巴细胞转化实验展开叙述。

5.1.2.1　T细胞总数的测定——E花环实验

1）实验原理

T细胞表面具有能与绵羊红细胞（SRBC）表面糖肽结合的受体，称为E受体（即CD2）。已证实E受体是人类T细胞所特有的表面标志。当T细胞与SRBC混合后，SRBC便黏附于T细胞表面，呈现花环状。通过花环形成检查T细胞的方法，称为E花环实验。根据花环形成的多少，可测知T细胞的数目，从而间接了解机体细胞免疫功能状态、判断疾病的预后、考核药物疗效等。以下以总E花环试验为例说明。

2）器材

吸管，毛细滴管，载玻片，试管，水平离心机，显微镜等。

3）试剂

肝素抗凝静脉血：肝素20 IU/mL血液。

Hanks液、pH7.4的10%小牛血清、淋巴细胞分离液、1%绵羊红细胞悬液、0.8%戊二醛、瑞氏染色液。

4）操作步骤

单个核细胞分离，要求淋巴细胞活力在95%以上，浓度为1×10^6个/mL。

取单个核细胞悬液0.1mL加入等量1%绵羊红细胞悬液、等量小牛血清，混匀。37℃水浴5min，500 r/min，离心5min，放入4℃冰箱20min。

弃去适量上清，轻轻摇匀，加0.8%戊二醛1滴，混匀后置4℃冰箱15min。取出后轻轻混匀，推片，自然干燥。

瑞氏染色先将瑞氏染色液加于玻片上染1min，再滴以等量的蒸馏水，轻轻晃动混匀，继续染5min，水洗，干后镜检。

5）数据处理

油镜检查：淋巴细胞呈蓝色，SRBC呈红色围绕淋巴细胞形成花环，凡表面黏附有3个或3个以上SRBC者为花环形成细胞（即E阳性细胞）。

计数200个淋巴细胞，算出花环形成百分率，并推测其T淋巴细胞百分率。正常值为50%~80%。

$$E花环形成百分率（\%）= \frac{E花环形成细胞数}{E花环形成细胞数 + 不形成E花环淋巴细胞数} \times 100$$

5.1.2.2　迟发型过敏反应（delayed type hypersensitivity, DTH）实验

1）实验原理

二硝基氟苯（DNFB）是一种半抗原（hapten），将其稀释液涂抹小鼠腹壁皮

肤后，与皮肤蛋白结合成完全抗原，刺激 T 淋巴细胞增殖成致敏淋巴细胞。4~7天后再将其涂抹于小鼠耳部或足爪皮肤，使局部产生 DTH,于抗原攻击后 24~48h（此时反应达到高峰）测定局部肿胀度，可以反映迟发型皮肤变态反应的强度。

2）器材

1mL 注射器，电子天平，剪刀，胶布，青霉素小瓶，打孔器等。

3）试剂

DNFB 溶液的配制：DNFB 应新鲜配制。如欲配制 1% DNFB 5mL,可称取 DNFB 50mg,置清洁干燥的青霉素小瓶中，将预先配制好的 5mL 丙酮麻油溶液倒入小瓶，盖好并用胶布密封，混匀后，用 25μL 注射器通过瓶盖取用。

丙酮麻油溶液：丙酮：麻油=1：1：1 配制。

4）操作步骤

致敏：选用 615 或 ICR 小鼠，随机分为正常对照组（只攻击不致敏）、药物溶媒组、受试药物组（至少包括低、中、高 3 个剂量组），除正常对照组外，每鼠腹部去毛，范围约为 3cm×3cm,并将 1% DNFB 丙酮麻油溶液 50μL 均匀涂抹致敏，必要时于第二天再强化 1 次。

DTH 反应的产生与测定 5 天后，将 1% DNFB 溶液 10μL 均匀涂抹于小鼠右耳（两面）进行攻击。攻击后 24h,颈椎脱臼处死小鼠，剪下左右耳壳，用打孔器取下直径 8mm 的耳片，称重。同时取小鼠胸腺及脾脏称重，分别以每 10g 小鼠的脾重（mg）和胸腺重（mg）作为脾指数和胸腺指数。

5）数据处理与分析

首先比较药物溶媒组与正常对照组的右耳肿胀率是否有显著性差异，如 $P <$ 0.05,说明致敏模型构建成功，在此前提下比较各受试药物组与药物溶媒组右耳肿胀率的差异，如果受试药物组的右耳肿胀率小于药物溶媒组，并且 $P < 0.05$,说明受试药物可以抑制 DNFB 诱导的 DTH 反应，如果受试药物组的右耳肿胀率大于药物溶媒组，且 $P < 0.05$,说明受试药物可以促进 DNFB 诱导的 DTH 反应。脾指数和胸腺指数为辅助指标，不作为主要依据。

$$右耳肿胀率（\%）= \frac{右耳重量 - 左耳重量}{左耳重量} \times 100$$

5.1.2.3 淋巴细胞转化实验——MTT 法

T 淋巴细胞受到非特异性有丝分裂原（如 PHA、ConA）或特异性抗原刺激后，可出现代谢旺盛、蛋白质和核酸合成增加、细胞体积增大并能进行分裂的淋巴母细胞，此称为淋巴细胞转化现象。淋巴细胞转化率的高低，可以反映机体的细胞免疫水平。因此，可作为测定机体免疫功能的指标之一。淋巴细胞转化实验主要有形态学方法、^{3}H-胸腺嘧啶核苷（^{3}H-TdR）掺入法（ConA 诱发、LPS 诱发、全血）及 MTT 比色法等方法。这里介绍 MTT 比色法。

1）实验原理

噻唑蓝（MTT）是黄色可溶性物质，细胞活化增殖时通过线粒体能量代谢过程，将 MTT 代谢形成蓝紫色的甲䐀（formazan），沉积于细胞内或细胞周围，形成甲䐀的量与细胞活化增殖的程度呈正比。甲䐀经异丙醇溶解后呈紫蓝色，根据显色程度即可知甲䐀量并反映细胞活化增殖情况。

2）实验材料

RPMI 1640 培养液、Hank's 液。

PHA：用 RPMI 1640 基础培养液配成 500～1000μg/mL。

2.5mg/mL MTT：用 0.01mol/mL pH7.4 的 PBS 缓冲液配制，溶解后用针头滤器经 0.22μL 滤膜过滤除菌，4℃避光保存。

0.04mol/L HCl-异丙醇。

酶联免疫检测仪、96 孔板细胞培养板等。

3）操作步骤

用密度梯度离心法分离单个核细胞并用 Hank's 液洗涤 2 次，用含 10% 牛血清的 RPMI 1640 培养液悬浮细胞，调节浓度至 2×10^6/mL。

取上述悬液加入 96 孔板中，每孔加 100μL，每个样品三个复孔，并设置相应对照孔，对照孔加不含 PHA 的 1640 培养液 100μL，试验孔每孔加含 PHA（10μg/mL）的培养液 100μL，混匀后，置 37℃，5%二氧化碳孵育 68h。

每孔弃上清液 100μL，加 MTT 10μL/孔，混匀后继续培养 4h，培养结束时，每孔加 10μL 盐酸异丙醇，充分溶解，静置 10min，置酶联免疫检测仪分别在波长 570nm 和 630nm 下测定 A 值。

4）结果分析

以刺激指数（SI）判断淋巴细胞转化程度：SI=加 PHA 刺激管 A 值/不加 PHA 对照管 A 值。

5.1.3　体液免疫功能的测定

体液免疫即抗原抗体反应。体液免疫功能的测定方法很多，经典的抗原抗体反应有：凝集反应、沉淀反应、补体结合试验和中和试验 4 类。各类反应或试验又可派生多种测定方法，下面介绍抗体生成细胞检测和溶血素的测定。

5.1.3.1 溶血值 HC50 的测定

1）实验原理

溶血素的测定是以 SB-BC 为细胞性抗原对小鼠进行免疫，B 细胞在抗原的刺激下增殖、分化成浆细胞，它可在淋巴细胞或淋巴组织中经 3～4 天的成熟而分泌与 SRBC 相对应的补体结合性抗体-溶血素，并释放到体液中。在含溶血素的血清中加入 SRBC 使二者结合，再加入补体使与溶血素结合 SRBC 破裂溶血并释放出红细胞，红细胞与都氏剂反应可生成稳定的棕红色氰化高铁血红蛋白，在分光光度计 540nm 进行比色可测得血红蛋白的含量，从而可知溶血素的含量。

2）仪器和材料

绵羊红细胞，补体，恒温水浴，离心机，分光光度计（721 或 722）。

3）试剂

SA 缓冲液。

都氏剂：碳酸氢钠 1.0g，高铁氰化钾 0.2g，氰化钾 0.05g，加蒸馏水至 1000mL。

4）操作步骤

分离血清：小鼠经 2% SRBC 0.2mL/只免疫后 4～5 天，用摘除眼球法取血于离心管内，室温放置约 1h，用眼科玻棒将凝固血沿管壁轻轻剥离，使血清充分析出，2000r/min 离心 10min，取血清用 SA 液稀释（一般 100～200 倍）供测定用。

溶血反应：取稀释后血清 1mL 置试管内，依次加入 10% SRBC 0.5mL，补体 1mL（用 SA 液 1：10 稀释）。另设不加血清的对照管，置 37℃恒温水浴中终止反应，2000r/min 离心 10min，取上清做血红蛋白比色测定。

比色测定：取上清液 1mL 加都氏剂 3mL，摇匀放置 10min，于分光光度计 413nm 波长下比色，记录各样品的吸光度值。

SRBC 半数溶血值：取 10% SRBC 0.25mL 加都氏剂至 4mL，比色记录吸光度值。

5）数据处理

样品中的溶血素以半数溶血值（HC50）表示，按下列公式计算：

$$样品\ HC50 = \frac{样品吸光度值}{SRBC半数溶血时吸光度值} \times 稀释倍数$$

5.1.3.2 抗体生成细胞检测

1）实验原理

用绵羊红细胞（SRBC）免疫的小鼠脾细胞悬液与一定量的 SRBC 混合。在补体参与下，使抗体分泌细胞周围的 SRBC 溶解，形成肉眼可见的溶血空斑，溶血空斑数可以大体上反映抗体分泌细胞数。本法将体内体外实验相结合，但操作复杂，且受补体等多种因素的影响。

2）实验仪器和材料

二氧化碳培养箱、镊子、纱布等。动物：昆明种小鼠，雌性，体重 18～22g。

3）供试药品

10% SRBC（SA 缓冲液配制）、Hank's 液、RPMI 1640 培养液。表层培养基（1g 琼脂糖加双蒸水至 100mL）、台盼蓝。

4）操作步骤

（1）动物致敏。取小鼠按体重随机均分为 4 组。即空白对照组。供试药物高、中、低剂量组。将药物掺入饲料给药。每日 1 次。连续饲喂 30 天。末次饲喂给药后。每鼠腹腔注射体积比为 2% 的 SRBC 0.2mL。致敏后 5 天，处死小鼠。

（2）无菌取脾。将脾置于盛有适量无菌 Hank's 液的平皿中，用镊子轻轻将脾磨碎。制成单个脾细胞悬液。经 200 目筛网过滤（或用 4 层纱布将脾磨碎）。用 Hank's 液洗 2 次。每次按 1000r/min 离心 10min。然后将细胞悬浮 1mL 的 RPMI1640 完全培养液中。用台盼蓝染色计数活细胞数（应在 95% 以上）。调整细胞浓度为 3×10^6 个/mL。制成脾细胞悬液。

（3）溶血空斑的测定。将表层培养基加热溶解后，于 45℃ 水浴保温，与等量双倍 Hank's 液混合，分装小试管，每管 0.5mL。再向管内加入体积比为 10%的 SRBC 50μL，脾细胞悬液 20μL。迅速混匀后。倾倒于已刷有琼脂糖薄层的玻片上。做平行片。待琼脂凝固后。将玻片水平扣放在玻片架上。放入二氧化碳培养箱温育 1.5h。然后将用 SA 液按 1∶10 稀释的补体加入到玻片架凹槽内。继续温育 1.5h 后。计数溶血空斑数。

5）结果分析

与空白对照组比较。供试药物各剂量组动物的溶血空斑数均显著升高，则表明供试药物能提高小鼠抗体生成细胞，具有增强小鼠体液免疫功能作用。

5.2　增智作用评价

学习和记忆能力是脑的高级机能之一。从生物学的角度看，没有一种动物是不能接受经验教训而改变其行为的。在物种之间，学习能力的差别只是在学习的速度、范围、性质和实现学习的生物学基础方面。动物能够改变行为以适应环境的变化。没有一种动物对环境是绝对不变的，这就是为什么没有一种动物的行为是不能改变的原因。没有学习、没有记忆和回忆，既不能有目的地重复过去的成就，也不可能有针对性地避免失败。如果这样的话，动物个体和种族的生产就成为不可能。近年来，学习记忆被人们看作是衰老研究的一项重要指标，也有学者利用衰老引起的学习记忆变化来研究学习记忆的机理和遗忘的规律。

学习记忆功能评价的实验原理和方法：在非临床有效性研究过程中，主要采用行为学实验研究药物对动物学习、记忆功能的影响。人和动物的内部心理过程是无法直接观察到的，只能根据可观察到的刺激反应来推测脑内发生的过程。对脑内记忆过程的研究只能从人类或动物学习或执行某项任务后间隔一定时间，测量它们的操作成绩或反应时间来衡量这些过程的编码形式、贮存量、保持时间和它们所依赖的条件等。学习、记忆实验方法的基础是条件反射，各种各样的方法均由此衍化出来。目前已经建立了大量的学习、记忆研究的行为学方法，各有优缺点。现将常用的动物学习、记忆实验方法简述如下。

5.2.1　抑制性（被动）回避

在记忆研究中，一个最重要的动物模型就是抑制模仿活动或学习习惯。被动回避实验反映出动物学会去掉某种特定的行为而逃避某种讨厌的事情。

5.2.1.1　跳台实验

1）实验原理

在一个开阔的空间，动物大部分时间都在边缘与角落里活动。在方形空间中心设置一个高的平台，底部铺以铜栅，铜栅通电。当把动物放在平台上时，它几乎立即跳下平台，并向四周进行探索。如果动物跳下平台时受到电击，其正常反应是跳回平台以躲避伤害性刺激。多数动物可能再次或多次跳至铜栅上，受到电击后又迅速跳回平台。

2）实验评价

观察指标：首次跳下平台的潜伏期、一定时间内受电击的次数（错误次数）、24h后受电击的动物数、第一次跳下平台的潜伏期和一定时间内的错误总数。

优点是简便易行，根据实验设备的不同，一次可同时实验多只动物，可以实现不同组间平行操作。既可观察药物对记忆过程的影响，也可观察对学习的影响。有较高的敏感性，尤适合于药物初筛。缺点是动物的回避性反应差异较大，因此需要检测大量的动物。如需减少差异或少用动物，可对动物进行预选或按学习成绩好坏分档次进行实验。

5.2.1.2　避暗实验

1）实验原理

利用小鼠或大鼠具有趋暗避明的习性设计装置，一半是暗室，一半是明室，中间有一个小洞相连，暗室底部铺有通电的铜栅，动物进入暗室即受到电击。

2）实验评价

观察指标：首次受电击的潜伏期、24h 后进入暗室的动物数、潜伏期、一定时间内受电击的次数。

此实验简便易行。根据需要设计反应箱的多少，同时训练多个动物，可实现不同组间平行操作。以潜伏期作为指标，动物间的差异小于跳台法。对记忆过程特别是对记忆再现有较高的敏感性。缺点是动物的回避性反应差异较大，因此需要检测大量的动物。如需减少差异或少用动物，可对动物进行预选或按学习成绩好坏分档次进行实验。

5.1.2.3　两室实验

1）实验原理

啮齿类动物在一个开阔的领域，喜欢进入墙壁内的任一凹陷处并藏在那里。将它们放在一个大盒子里，盒子通过一个小口与一个小暗室相连，动物可以迅速发现暗室的入口并进入到暗室中，然后它大部分时间都留在暗室中。记录动物处于明室和暗室中的时间、第一次进入到暗室所需的时间（潜伏期），并将动物从一个室进入到另一个室的次数作为一个辅助指标。

2）实验评价

观察指标：动物在大室与小室内的时间。

此实验简便易行，适用于初筛药物。缺点是动物的回避性反应差异较大，因此需要检测大量的动物。

5.2.1.4　向上回避实验

1）实验原理

许多种动物都具有向上性，即将动物放在倾斜的表面时，动物有向高处定向移动的趋势。当把大鼠或小鼠头朝下放在斜板上，它们一定会转过头，迅速地向上爬。

2）实验评价

观察指标：潜伏期。

向上回避实验为现有的抑制性（被动）回避方法提供了一个有用的补充形式。它最大的优点是可以用于药物或手术导致的感觉-运动协调能力减弱的动物，而其他的抑制性（被动）回避方法对这些动物可能都不适合。

5.2.2　主动回避实验

主动回避学习是一种基本的行为现象。在行为学仪器的作用下，动物通过对厌恶刺激前的条件刺激做出适当的反应，从而学会控制非条件刺激的应用。回避学习的第一步通常是逃避，由此成为终止非条件刺激的一个反应。主动回避实验反映了动物的非陈述性记忆的能力。

5.2.2.1　跑道回避

1）实验原理

在简单的回避环境条件中，加有特征性的使动物逃避危害的难度。直接的回避环境为一个固定的可以穿过的斜坡。动物在规定的时间内到达安全区以后，就可以避免受到电刺激。

2）实验评价

观察指标：动物在第一天训练和第二天测试的两天中到达安全区域所需要的时间及错误次数（未能到达安全区）。

此实验简单易行，但动物的反应差异性较大，只能用于初筛实验。

5.2.2.2　穿梭箱回避实验（双路穿梭箱）

1）实验原理

与跑道回避相比，穿梭箱回避（双路穿梭箱）更加困难。由于在实验期间实验者不必触摸动物，因此穿梭箱更容易自动控制。

2）实验评价

观察指标：动物在第一天训练和第二天测试的两天中到达安全区域所需要的时间及错误次数（未能到达安全区）。

优点是在实验期间实验者不必触摸动物，因此穿梭箱更容易自动控制，从动物的反应次数也能了解动物处于兴奋或抑制状态。缺点是由于缺乏永久的安全区、单一的仪器反应，因而逃避程度具有变化性并有过多的情绪因素。

5.2.2.3　爬杆法

1）实验原理

该装置由一根竖着的木杆和电栅底板组成。电击为非条件刺激，某种信号为条件刺激，动物在电栅底受到电击一定时间内爬杆为逃避反应，给以条件刺激未受到电击前即行爬杆为主动回避反应。

2）实验评价

此法适用于大鼠或小鼠。

5.2.3　辨识学习

在以上所述的实验方法中，动物对于刺激条件无法选择，它们只能有一种条件刺激。以下介绍的方法描述了用于辨识不同刺激形式的特殊技术。这些实验既可以称为同时辨识模式，也可以称为连续辨识模式。

5.2.3.1　T 型迷宫实验

1）实验原理

最简单的辨识学习是动物对两个对称刺激的区别，刺激强度不同可以引起对称刺激结果的不同。T 型迷宫实验的方式很多。

2）实验评价

观察指标：动物完成实验所需的时间、每次探索和前一次不同臂的比例。

优点是 T 型迷宫未提供奖惩条件，完全是利用动物探索的天性，因此能最大程度地减少影响实验结果的混杂因素。缺点是啮齿动物有天生的偏侧优势，即动物在 T 型迷宫中更偏向于一侧走（左边或右边），而且这种现象存在种系差异及性别差异。由于动物每次转换探索方向时都需要记住前一次探索过的方向，因此 T 型迷宫实验能很好地测验动物的工作记忆，从而测定动物的空间记忆能力。和 T 型迷宫类似的还有 Y 型迷宫，其实验的设计原理及实验方案和 T 型迷宫都十分相似，只是把迷宫的形状由 T 型换成 Y 型。

5.2.3.2　Barnes 迷宫实验

1）实验原理

动物利用提供的视觉参考物，有效确定躲避场所的部位。Barnes 迷宫由一个圆形平台构成，在平台的周边，布满了很多穿透平台的小洞。平台的直径、厚度及洞口宽度根据实验动物不同而不同。洞口数目由实验者习惯而定，一般为10～30个。在其中一个洞的底部放置有一个盒子，作为实验动物的躲避场所；其他洞的底部是空的，实验动物无法进入其中。实验场所和其他迷宫实验场所类似，要求能给实验动物提供视觉参考物。实验方案根据实验者的习惯及实验要求而定，每次训练后都用70%乙醇进行清洗，并变换正确的洞口，但洞口的空间位置不变，以防止动物通过嗅觉而找到洞口。Barnes迷宫一般采用强光、噪声及风吹等刺激作为实验动物进入躲避洞口的动机。

2）实验评价

观察指标：测定动物对于目标的空间记忆能力。实验时把实验动物放置在高台的中央，记录实验动物找到正确洞口的时间及进入错误洞口的次数，以反映动物的空间参考记忆能力。也可以通过记录动物重复进入错误洞口的次数来测量动物的工作记忆。

不需要食物剥夺和足底电击，因此对动物的应激较小。对于动物的体力要求很小，能最大限度地减少体力因素对实验结果的影响。实验所需时间较短，整个实验可在7～17天内完成。能防止动物凭借气味来完成实验。

5.2.3.3　放射状迷宫实验

1）实验原理

大鼠利用房间内的远侧线索所提供的信息，可以有效地确定放置食物的部位。放射状臂形迷宫可用于大鼠空间参照记忆和工作记忆的研究。参照记忆过程中，信息在许多期间（天）内都是有用的，并且通常在整个实验期间都是需要的。而工作记忆过程与参照记忆过程不同，它只有一个主要但暂时的信息，由于迷宫内所提供的信息（臂内诱饵）仅对一个实验期间有用，而对后续实验无用，大鼠必须记住在延迟间隔期内（分钟到小时）的信息。在臂形迷宫中作出正确选择以食物作为奖赏。

2）实验评价

适合于测量动物的工作记忆和空间参考记忆，并且其重复测量的稳定性较好。但有些药物（苯丙胺），可以影响下丘脑功能或造成食欲缺乏，影响迷宫中所采用的食欲动机，因此动物就不能很好地完成迷宫实验。

5.2.3.4　Morris水迷宫实验

1）实验原理

一种小鼠、大鼠能够学会在水箱内游泳并找到藏在水下逃避平台的实验方法。

由于没有任何可接近的线索以标志平台的位置，所以动物的有效定位能力需应用水箱外的结构作为线索。迷宫由圆形水池、自动摄像及分析系统两部分组成，图像自动采集和处理系统主要由摄像机、计算机、图像监视器组成，动物入水后启动监测装置，记录动物运动轨迹，实验完毕自动分析相关参数。

2）实验评价

检测指标。实验程序包括：①定位航行实验（place navigation test），用于测量小鼠对水迷宫学习和记忆的获取能力。实验历时 4 天，上、下午各训练 1 次，共计 8 次。实验观察并记录小鼠寻找并爬上平台的路线图及所需时间，即记录其潜伏期和游泳速度。②空间搜索实验（spatial probe test），用于测量学会寻找平台后，对平台空间位置记忆的保持能力。定位航行实验结束后，撤去平台，从同一个入水点放入水中，测其第一次到达原平台位置的时间、穿越原平台的次数。

Morris 水迷宫是目前世界公认的较为客观的学习、记忆功能评价方法。利用 Morris 水迷宫检测空间记忆、学习能力。水迷宫与放射臂状迷宫相比较的主要优越性在于：①在水迷宫中，动物训练所需的时间较短（1 周），而臂形迷宫则需要几周的训练时间；②迷宫内的线索，如气味可以被消除掉；③大的剂量-效应研究可以在 1 周内进行；④可以利用计算机建立图像自动采集和分析系统，这就能根据所采集的数据，制成相应的直方图和运行轨迹图，便于研究者对实验结果作进一步分析和讨论，用来研究有关大鼠运动或动机问题；⑤动物在实验中可以不禁食。从理论上讲，水迷宫实验是一个厌恶驱动的实验，而臂形迷宫实验是食欲驱动的实验。

5.3　降血脂作用评价

5.3.1　血清总甘油三酯

血清总甘油三酯（triglyceride，TG）是血浆脂类之一，其测定方法也由过去的化学试剂法发展到化学试剂和酶分析结合法直至目前的酶试剂测定法。无论化学试剂法，还是目前的酶试剂法，都是通过测定甘油三酯中甘油的浓度，然后将其转化为同等质量的甘油三酯的浓度。化学试剂法是先用溶剂抽提和纯化脂质，使抽提液不含磷脂，然后经过皂化或转酯化作用分离甘油，后者被过碘酸氧化而生成甲醛，然后用测定甲醛法而间接测定甘油的量。酶试剂测定法测定血清甘油三酯的方法是用碱水解甘油并且使蛋白质沉淀，然后用酶分析法测定甘油。这里介绍乙酰丙酮测定法。

5.3.1.1 实验原理

血清中甘油三酯经正庚烷-异丙醇、稀硫酸分溶抽提,抽提液下层异丙醇水相中含磷脂、游离甘油及葡萄糖,上层正庚烷相中含中性甘油酯。正庚烷甘油三酯提取液与氢氧化钾发生皂化反应,生成甲醛等化合物。甲醛与乙酰丙酮在铵离子存在下,反应生成带有荧光的黄色物质即 3,5-二乙酰-2,6-二甲基吡啶(Hantgsch 反应),颜色深浅与甘油三酯浓度呈正比。以同样方法处理标准溶液,同时以波长 420nm 分别进行比色测定吸光度,进而可求出样品中甘油三酯的含量。

5.3.1.2 实验试剂

抽提液:取正庚烷、异丙醇按照 4:7 的比例混合均匀使用。

40mmol/L 硫酸:取浓硫酸 2.24mL,加蒸馏水稀释至 1000mL。

皂化剂:0.89mol/L 氢氧化钾溶液,含 400mL 异丙醇。取 60g 氢氧化钾,溶于 600mL 蒸馏水中,加入异丙醇 400mL,混匀置于棕色试剂瓶中,室温保存。

氧化剂:取过碘酸钠 650mg,溶于 500mL 蒸馏水中,然后加入 77g 无水醋酸铵,使之溶解,再加入 60mL 冰醋酸,最后用蒸馏水稀释至 1000mL,置于棕色试剂瓶中,室温保存。

显色剂:乙酰丙酮 0.75mL,用异丙醇稀释至 100mL,混匀后置于棕色试剂瓶中,室温保存。

甘油三酯标准溶液:2.26mmol/L(2g/L)准确称取甘油三酯 200mg,溶于抽提液,以 100mL 容量瓶定容,分装后于 4℃冰箱保存。

5.3.1.3 操作步骤

取洁净试管 3 支,按下表进行操作:

试剂/mL	测定管	标准管	空白管
血清	0.2	—	—
标准液	—	0.2	—
蒸馏水	—	—	0.2
抽提液	2.5	2.5	2.5
40mmol/L 硫酸	0.5	0.5	0.5

加抽提液后,在混匀器上混匀,或者充分摇匀20s,使蛋白质沉淀分散成细颗粒

状。加入硫酸后，剧烈振荡 15s，静置分层后，另取 3 支试管按下表加入试剂：

试剂/mL	测定管	标准管	空白管
各管上层提取液	0.3	0.3	0.3
皂化剂	1.0	1.0	1.0
充分混匀，至于 56℃水浴 5min			
氧化剂	1.0	1.0	1.0
显色剂	1.0	1.0	1.0

充分混匀，再次置于 56℃水浴 25min，取出冷却后比色测量，选用波长 420nm，以空白管调零，分别读取测定管和标准管吸光度值。

5.3.1.4　数据计算

$$血清甘油三酯（mmol/L）=\frac{测定管吸光度}{标准管吸光度}×测准管浓度（mmol/L）$$

正常值：0.55～1.70mmol/L。

5.3.2　血清总胆固醇含量的测定

5.3.2.1　实验原理

胆固醇及其酯在硫酸存在下与邻苯二甲醛作用。产生紫红色物质，此物质对 550nm 波长的光有最大吸收，可用比色法定量测定。100mL 样品中胆固醇含量在 400mg 之内与吸光度呈良好线性关系。本法优点是操作简便（无需将样品中的胆固醇抽提出来或去除样品中的蛋白质）、灵敏、稳定。

5.3.2.2　实验器材

试管 1.5cm×15cm（×7）。
吸管 0.10mL（×3）、0.50mL（×4）、5.0mL（×1）、10.0mL（×1）。
容量瓶 50mL（×1）、100mL（×1）。
烧杯 100mL（×2）。
电子分析天平、722 型（或 7220 型）分光光度计。

5.3.2.3　实验试剂

邻苯二甲醛试剂：称取邻苯二甲醛（分析纯）50mg，以无水乙醇（分析纯）

溶解并稀释至 50mL，冷藏，有效期 1 个半月。

90%乙酸：取冰醋酸 90mL 加入 10mL 蒸馏水中混匀即成。

混合酸：取 90%乙酸加等体积浓硫酸混匀即成。

标准胆固醇贮液（1mg/mL）：准确称取胆固醇 100mg 以乙酸定容至 100mL。

标准胆固醇应用液（0.1mg/mL）：将上述标准胆固醇贮液准确稀释 10 倍。

人血清。

5.3.2.4 操作步骤

标准曲线的绘制取清洁干燥试管 5 支，编号，按表 5-1 加入试剂。加毕，混匀，静置 10min，以 550nm 波长比色测定，以吸光度值为纵坐标，胆固醇含量为横坐标，作标准曲线。

表5-1 邻苯二甲醛法测定血清总胆固醇——标准曲线的绘制

试剂	管号				
	0	1	2	3	4
标准胆固醇应用液/mL	0	0.1	0.2	0.3	0.4
乙酸/mL	0.4	0.3	0.2	0.1	0
邻苯二甲醛试剂/mL	0.2	0.2	0.2	0.2	0.2
蒸馏水/mL	0.01	0.01	0.01	0.01	0.01
混合酸/mL	4.0	4.0	4.0	4.0	4.0
100mL 样品中总胆固醇含量/mg	0	100	200	300	400
A_{550nm}					

样品的测定。取 2 支清洁干燥试管，编号后，按表 5-2 加入试剂。

表5-2 邻苯二甲醛法测定血清总胆固醇——样品的测定

试剂	对照	样品
乙酸/mL	0.4	0.4
血清/mL	0.01	0.01
邻苯二甲醛试剂/mL	0	0
无水乙醇/mL	0.2	0
混合酸/mL*	4.0	4.0

*硫酸含量的高低对显色有影响，故混合酸的配制和测定过程中的加量都应准确

显色时要避免高温，采用混合酸液反应时温度不会升得太高，一般在 4～32℃时，颜色能稳定 2h。加毕，混匀，静置 10min，于 550nm 波长下比色，以对照管

校零点，对照标准曲线即知 100mL 样品中总胆固醇含量（mg）。

5.3.3　血清高密度脂蛋白胆固醇含量的测定（酶法）

5.3.3.1　实验原理

高密度脂蛋白（HDL）是血浆脂蛋白的一种。HDL 不仅能与其他脂蛋白相互作用，而且还能将组织细胞的胆固醇运回肝脏进行转化并排泄。大量的流行病学研究表明，血浆 HDL 的水平与冠心病的发病率呈负相关，高水平的 HDL 有利于预防冠心病的发生。

多价阴离子化合物（如磷钨酸钠）-Mg^{2+} 混合液在一定条件下，可选择性地使血清中的极低密度脂蛋白（VLDL）及低密度脂蛋白（LDL）沉淀，而 HDL 仍留于上清液中，从而使 HDL 与 VLDL 及 LDL 分开。HDL 中的胆固醇酯经胆固醇酯酶水解后生成脂肪酸和游离胆固醇；在胆固醇氧化酶的作用下，游离胆固醇可转化为 Δ^4-胆甾烯酮和 H_2O_2 在 4-氨基安替比林和酚存在的情况下，H_2O_2 经过氧化物酶催化生成红色的醌类化合物，该反应液的颜色深浅与样品中胆固醇的含量成正比。用此法测得正常成人血清 HDL-胆固醇含量为 0.64~1.90mmol/L。

5.3.3.2　实验器材

离心管，离心机，恒温水浴箱，722S 型可见分光光度计。

5.3.3.3　实验试剂

标准胆固醇应用液(0.0517mmol/L):准确称取标准胆固醇 200mg,溶于 100mL 异丙醇中。4℃保存，临用前稀释 10 倍后使用。

沉淀剂：0.44g 磷钨酸钠和 1.10g 氯化镁（$MgCl_2 \cdot 6H_2O$）溶于 80mL 蒸馏水中，并用 1mmol/L NaOH 溶液调 pH 至 6.15，最后用蒸馏水定容至 100mL。

酶制剂：1.21g Tris、56.6g 苯酚、20.3mg 4-氨基安替比林、65mg 3,4-二氯苯酚和 0.3g 乙二醚溶于 80mL 蒸馏水中，并用 1.0mol/L 的 HCl 溶液调节 pH 至 7.7，再加入 1.02g $MgCl_2 \cdot 6H_2O$、胆固醇酯酶 80IU、胆固醇氧化酶 50IU、辣根过氧化物酶 40IU，混匀。用 0.1mol/L 的 HCl 溶液或者 0.1mol/L NaOH 调节 pH 至 7.7。最后用蒸馏水定容至 100mL。

5.3.3.4　操作步骤

HDL 的分离：取干燥的离心管 1 支，加血清（分离血清时要避免溶血）和沉淀剂各 200μL，混匀后置室温 10min，3000r/min 离心 20min。沉淀为 VLDL 和 LDL，而 HDL 存在上清液中。吸取上清液备用。注意不可吸入沉淀物。

HDL-胆固醇的测定，取 3 支试管，标号后按照下表操作：

	空白管（B）	测定管（S）	空白管（U）
上清液/mL	—	—	0.05
胆固醇标准应用液/mL	—	0.05	—
蒸馏水/mL	0.05	—	—
酶试剂/mL	2.0	2.0	2.0
充分混匀，37℃水浴 5 min，空白管调零，500 nm 处测定各管吸光度值			
血清 HDL-胆固醇含量/（mmol/L）		A_{500}	

5.3.3.5　数据计算

$$血清\ HDL\text{-}胆固醇含量（mmol/L）= \frac{测定管 A 值}{标准管 A 值} \times 0.517$$

主要参考文献

白惠卿，陈育民，高兴政. 2007. 免疫学基础与病原生物学. 北京：北京大学医学出版社.

曹付春，韩雅莉，陈冰，等. 2011. 地鳖纤溶性蛋白对荷瘤小鼠肿瘤微血管密度及血管内皮细胞生长因子表达的影响. 中药材，34（5）：676-679.

胡萃. 1996. 资源昆虫及利用. 北京：中国农业出版社.

雷朝亮，钟昌珍，宗良炳. 1995. 关于昆虫资源研究利用之设想. 昆虫知识，32（5）：291-293.

雷朝亮. 1998. 试论昆虫资源学的理论基础. 昆虫天敌，20（1）：35-37.

雷朝亮. 1999a. 试论昆虫资源研究与利用的原则、途径和方法. 华中农业大学学报增刊，（29）：1-9.

雷朝亮. 1999b. 家蝇的利用研究. 武汉：武汉大学出版社.

李巧，涂璟，熊忠平，等. 2011. 节肢动物生物指示研究综述. 西北林学院学报，26（4）：155-161.

李位三. 2010. 我国野生授粉昆虫资源及其保护. 蜜蜂杂志，30（7）：29-31.

林泽飞，韩雅莉，陈冰. 2013. 地鳖纤溶性蛋白含药血清对人肺癌 A549 细胞凋亡及凋亡相关表达的影响. 时珍国医国药，24（4）：807-810.

孙龙，冯颖，何钊，等. 2012. 诱导和非诱导条件下喙尾琵甲幼虫抗菌肽分离及抑菌活性比较. 林业科学研究，
　　25（3）：373-377.

王奎，冯颖，孙龙，等. 2013. 美洲大蠊乙酸乙酯提取物的分离和抑菌活性分析. 林业科学研究，26（2）：163-166.

严善春. 2011. 资源昆虫学. 哈尔滨：东北林业大学出版社.

杨冠煌. 1998 .中国昆虫资源利用和产业化. 北京：中国农业出版社.

尹卫平，姜亚玲，李鹏飞，等. 2012. 昆虫美洲大蠊天然产物的研究及其化学分类学意义. 河南科技大学学报：自
　　然科学版，33（5）：101-104.

张传溪，许文华. 1990. 资源昆虫. 上海：上海科学技术出版社.

Balmand S, Vallier A, Vincent-Monégat C, et al. 2011. Antimicrobial peptides keep insect endosymbionts under control.
　　Science, 334（6054）：362-365.

Bao XQ, Bontemps A, Grondel S, et al. 2011. Design and fabrication of insect-inspired composite wings for MAV
　　application using MEMS technology. Journal of Micromechanics and Microengineering, 21：16.

Bao XQ, Cattan E. 2011. Golden ratio-based and tapered diptera inspired wings：their design and fabrication using
　　standard MEMS technology. Journal of Bionic Engineering, 8：174-180.

Bommarco R, Marini L, Vaissière BE. 2012. Insect pollination enhances seed yield, quality, and market value in oilseed
　　rape. Oecologia, 169（4）：1025-1032.

Brittain C, Kremen C, Garber A, et al. 2014. Pollination and plant resources change the nutritional quality of almonds for
　　human health. PloS one, 9（2）：e90082.

Celik Y, Drori R, Pertaya-Braun N, et al. 2013. Microfluidic experiments reveal that antifreeze proteins bound to ice
　　crystals suffice to prevent their growth. Proceedings of the National Academy of Sciences of the United States of
　　America, 110（4）：1309-1314.

Chen HP, Shen XJ, Li XF, et al. 2011. Bionic mosaic method of panoramic image based on compound eye of fly. Journal
　　of Bionic Engineering, 8：440-448.

Chernysh S, Irina K. 2013. Anti-tumor activity of a peptide combining patterns of insect alloferons and mammalian
　　immunoglobulins in naive and tumor antigen vaccinated mice. International Immunopharmacology, 17(4)：1090-1093.

Choi WH, Yun JH, Chu JP, et al. 2012. Antibacterial effect of extracts of *Hermetia illucens*（Diptera：Stratiomyidae）
　　larvae against Gram-negative bacteria. Entomological Research,（5）：219-226.

Gajski G, Garaj-Vrhovac V. 2013. Melittin：a lytic peptide with anticancer properties. Environmental Toxicology and
　　Pharmacology, 36（2）：697-705.

Garibaldi LA, Steffan-Dewenter I, Winfree R, et al. 2013. Wild pollinators enhance fruit set of crops regardless of honey
　　bee abundance. Science, 339（6127）：1608-1611.

Graether SP, Kuiper MJ, Gagne SM, et al. 2000. β-Helix structure and ice-binding properties of a hyperactive antifreeze
　　protein from an insect. Nature, 406（6793）：325-328.

Habermann E, Jentsch J. 1967. Sequence analysis of melittin from tryptic and peptic degradation products.

Hoppe-Seyler's Zeitschrift fur physiologische Chemie, 348（1）: 37-50.

Hakim A, Nguyen JB, Basu K, et al. 2013. Crystal structure of an insect antifreeze protein and its implications for ice binding. Journal of Biological Chemistry, 288（17）: 12295-12304.

Hall CL, Wadsworth NK, Howard DR, et al. 2011. Inhibition of microorganisms on a carrion breeding resource: the antimicrobial peptide activity of *burying beetle*（Coleoptera: Silphidae）oral and anal secretions. Environmental Entomology, 40（3）: 669-678.

Hawes TC, Marshall CJ, Wharton DA. 2011. Antifreeze proteins in the Antarctic springtail, *Gressittacantha terranova*. Journal of Comparative Physiology B, 181（6）: 713-719.

Hwang I, Hwang JS, Hwang JH, et al. 2013. Synergistic effect and antibiofilm activity between the antimicrobial peptide coprisin and conventional antibiotics against opportunistic bacteria. Current Microbiology, 66（1）: 56-60.

Jiang S, Sun P, Tang J, et al. 2012. Structural design and gait analysis of hexapod bionic robot. Journal of Nanjing Forestry University. Natural Sciences Edition, 36: 115-120.

Keitel U, Schilling E, Knappe D, et al. 2013. Effect of antimicrobial peptides from *Apis mellifera* hemolymph and its optimized version Api88 on biological activities of human monocytes and mast cells. Innate Immunity, 19（4）:355-367.

Kim IW, Lee JH, Kwon YN, et al. 2013. Anticancer activity of a synthetic peptide derived from harmoniasin, an antibacterial peptide from the ladybug *Harmonia axyridis*. International Journal of Oncology, 43（2）: 622-628.

Klatt BK, Holzschuh A, Westphal C, et al. 2014. Bee pollination improves crop quality, shelf life and commercial value. Proceedings of the Royal Society B: Biological Sciences, 281（1775）: 2013-2440.

Lazreg AH, Gaaliche B, Fekih A, et al. 2011. *In vitro* cytotoxic and antiviral activities of *Ficus carica* latex extracts. Natural product research, 25（3）: 310-319.

Lee Y, Yoo Y, Kim J, et al. 2009. Mimicking a superhydrophobic insect wing by argon and oxygen ion beam treatment on polytetrafluoroethylene film. Journal of Bionic Engineering, 6: 365-370.

Li F, Chen SH, Luo H, et al. 2013. Curved micro lens array for bionic compound eye. Optik, 124: 1346-1349.

Majer JD. 1983. Ants: bio-indicators of minesite rehabilitation, land-use, and land conservation. Environmental management, 7（4）: 375-383.

McGeoch MA. 2007. Insects and Bioindication: Theory and Progress. Insect Conservation Biology. London: CABI Publishing: 144-174.

Nguyen QV, Park HC, Goo NS, et al. 2010. Characteristics of a beetle's free flight and a flapping-wing system that mimics beetle flight. Journal of Bionic Engineering, 7: 77-86.

Park JH, Nam YY, Park SY, et al. 2011. Silk fibroin has a protective effect against high glucose induced apoptosis in HIT-T15 cells. Journal of Biochemical and Molecular Toxicology, 25（4）: 238-243.

Ponnuvel KM, Nakazawa H, Furukawa S, et al. 2003. A lipase isolated from the silkworm *Bombyx mori* shows antiviral activity against nucleopolyhedrovirus. Journal of Virology, 77（19）: 10725-10729.

Ponnuvel KM, Nithya K, Sirigineedi S, et al. 2012. *In vitro* antiviral activity of an alkaline trypsin from the digestive juice of *Bombyx mori* larvae against nucleopolyhedrovirus. Archives of Insect Biochemistry and Physiology, 81（2）:90-104.

Power EF, Stout JC. 2011. Organic dairy farming: impacts on insect–flower interaction networks and pollination. Journal of Applied Ecology, 48（3）: 561-569.

Song ZW, Liu P, Yin WP, et al. 2012. Isolation and identification of antibacterial neo-compounds from the red ants of ChangBai Mountain, *Tetramorium* sp. Bioorganic & medicinal chemistry letters, 22（6）: 2175-2181.

Sun HB, Zhao HM, Mooney P, et al. 2011. A novel system for moving object detection using bionic compound eyes. Journal of Bionic Engineering, 8: 313-322.

Vatandoost J, Zomorodipour A, Sadeghizadeh M, et al. 2012. Expression of biologically active human clotting factor IX in *Drosophila* S2 cells: γ-carboxylation of a human vitamin K-dependent protein by the insect enzyme. Biotechnology Progress, 28（1）: 45-51.

Wang HY, Wang YJ, Zhou LX, et al. 2012. Isolation and bioactivities of a non-sericin component from cocoon shell silk sericin of the silkworm *Bombyx mori*. Food & function, 3（2）: 150-158.

Wang K, Yan J, Liu X, et al. 2011. Novel cytotoxity exhibition mode of polybia-CP, a novel antimicrobial peptide from the venom of the social wasp *Polybia paulista*. Toxicology, 288（1）: 27-33.

Wang Y, Fan QY, Zhao YD, et al. 2011. Four legs walking machine based on bionics. Electronic Design Engineering, 199: 27-30.

Wharton DA. 2011. Cold tolerance of New Zealand alpine insects. Journal of Insect Physiology, 57（8）: 1090-1095.

Zhang JH, Shi AY, Wang X, et al. 2012. Self-adaptive image reconstruction inspired by insect compound eye mechanism. Computational and mathematical methods in medicine, 2012: 125321.

实　践　篇

　　以家蝇为材料，作者历时 30 余年，研究了家蝇生物学、地理种群分化、人工大量饲养技术、营养价值及功能评价、几丁糖、幼虫活性蛋白及抗菌物质、产卵聚集信息素、信息素结合蛋白及综合利用等，从家蝇本体利用、行为利用及产物利用全方位实践了昆虫资源学理论，其研究成果对其他昆虫资源的研究利用具有重要参考价值。

6 家蝇不同地理种群生物学特性的比较

家蝇属于完全变态昆虫，其生活史包括卵、幼虫、蛹和成虫四个阶段。本研究在前期试验中发现家蝇不同地理种群的形态特征存在一定差异，这对家蝇种质资源评价、筛选及应用具有重要意义。

本研究从全国 14 个省市的垃圾堆、菜市场诱捕野生家蝇品种（采集地信息见表 6-1）。

表6-1 家蝇不同地理种群样品的采集信息

采集地	经度（E）	纬度（N）	年平均温度/℃	时间（年.月）
广东珠海	113°31′	22°18′	22.3	2007.7
云南昆明	102°41′	25°00′	14.9	2007.7
湖南长沙	112°55′	28°13′	17.1	2007.10
江西万年	117°03′	28°42′	17.8	2007.5
浙江杭州	120°10′	30°14′	16.5	2007.6
湖北武汉	114°30′	30°35′	16.6	2007.6
安徽合肥	117°16′	31°52′	15.5	2007.10
江苏徐州	117°09′	34°17′	14.5	2007.10
陕西西安	108°56′	34°18′	13.7	2007.8
河南郑州	113°39′	34°43′	14.3	2007.8
山东济南	117°03′	36°36′	14.7	2007.10
北京	116°28′	39°48′	12.3	2007.7
新疆石河子	85°56′	44°16′	6.0	2007.5
黑龙江大庆	125°01′	46°35′	4.7	2007.9

经鉴定确认后带回室内饲养，种蝇笼规格为 50cm × 30cm × 40cm 的纱网笼，笼内放入成虫饲料盘（白糖：奶粉=4：1）、水盘（吸满水的海绵）和产卵盘（麦麸湿度控制在 65% 左右）。卵产后，与麦麸一同倒入盛有适量育蛆料（麦麸湿度控制在 60 %左右）的塑料碗中饲养。饲养条件为：温度 28℃左右，相对湿度 50%～80%，每日光照时间大于 12h。

6.1 试验方法

向种蝇笼中放入产卵盘，2～3h 后取出，挑取 100 粒左右的卵于蓝色小布块上，将小布块置于 80g 育蛆料上，保持布块湿润。将其置于（28±0.5）℃的恒温箱中饲养，每个种群处理重复 3 次。24h 后统计卵的孵化情况。卵全部孵化后，初孵幼虫自行爬入育蛆料内，取出布块，2 天后统计幼虫的存活数；再过 3 天后统计幼虫化蛹数；将健康蛹装入指型管内，塞上棉花，待其羽化，鉴别雌雄。分别计算卵的孵化率、幼虫的存活率、幼虫的化蛹率、蛹的羽化率及雌雄成虫性比。将鉴别后的雌雄成虫转入到自制的小蝇笼中饲养，每笼放入 10 对健康的雌雄成虫，放入足量的成虫饲养料，每天更换水盘，每个种群处理重复 3 次。每天上午 9：00 放入产卵盘，下午 15：00 取出，统计每天的产卵量，直至笼内成蝇全部死亡为止，计算成虫寿命、单雌总产卵量和前 20 天的单雌平均日产卵量。

$$孵化率(\%)=\frac{孵化卵壳数}{待测卵总数}\times100$$

$$存活率(\%)=\frac{幼虫存活数}{孵化卵壳数}\times100$$

$$化蛹率(\%)=\frac{健康蛹数}{幼虫存活数}\times100$$

$$羽化率(\%)=\frac{羽化成虫数}{健康蛹数}\times100$$

6.2　计算方法

实验数据用 SPSS 软件进行方差分析（ANOVA），平均数进行 Duncans 多重比较，显示水平 P=0.05。

6.3　结果分析

6.3.1　家蝇不同地理适合度指标比较

对家蝇不同地理种群适合度指标进行测定，包括卵的孵化率、幼虫存活率、幼虫化蛹率、蛹的羽化率，其结果见表 6-2。

表6-2　家蝇不同地理种群适合度指标的比较

采集地	孵化率/%	存活率/%	化蛹率/%	羽化率/%
广东珠海	92.1±1.3[ab]	94.8±3.6[ab]	96.6±3.9[a]	96.5±0.3[a]
云南昆明	97.7±2.4[a]	96.4±1.1[ab]	99.4±0.5[a]	96.4±0.3[a]

续表

采集地	孵化率/%	存活率/%	化蛹率/%	羽化率/%
湖南长沙	95.1 ± 2.7^{ab}	93.6 ± 2.6^{ab}	98.7 ± 1.5^{a}	95.5 ± 0.5^{a}
江西万年	92.9 ± 3.3^{ab}	94.4 ± 1.7^{ab}	95.9 ± 3.1^{a}	92.7 ± 1.5^{b}
浙江杭州	87.1 ± 8.6^{b}	97.7 ± 1.1^{a}	99.6 ± 0.6^{a}	92.6 ± 0.6^{b}
湖北武汉	90.5 ± 1.2^{ab}	95.6 ± 1.5^{a}	98.6 ± 1.2^{a}	81.0 ± 2.1^{c}
安徽合肥	89.1 ± 8.5^{ab}	96.4 ± 0.7^{ab}	99.0 ± 1.7^{a}	95.3 ± 0.8^{a}
江苏徐州	89.5 ± 9.5^{ab}	92.1 ± 1.4^{b}	97.8 ± 2.9^{a}	95.8 ± 1.2^{a}
陕西西安	94.1 ± 7.1^{ab}	94.4 ± 3.7^{ab}	97.6 ± 2.6^{a}	96.5 ± 1.6^{a}
河南郑州	93.3 ± 2.7^{ab}	94.3 ± 2.6^{ab}	95.6 ± 6.1^{a}	95.5 ± 1.5^{a}
山东济南	86.8 ± 7.1^{b}	94.3 ± 2.6^{ab}	96.4 ± 3.4^{a}	96.0 ± 1.1^{a}
北京	93.0 ± 4.8^{ab}	96.4 ± 1.5^{ab}	96.6 ± 2.0^{a}	92.3 ± 0.6^{b}
新疆石河子	97.9 ± 3.6^{a}	96.5 ± 2.4^{ab}	98.5 ± 0.6^{a}	96.6 ± 1.3^{a}
黑龙江大庆	99.0 ± 1.0^{a}	95.9 ± 1.1^{ab}	96.3 ± 2.4^{a}	95.8 ± 1.4^{a}

从表 6-2 中可以看出，家蝇不同地理种群卵的孵化率、幼虫存活率及蛹的羽化率在 $P<0.05$ 的水平上有着显著差异。从卵的孵化率数据中可看出，黑龙江种群、新疆种群、云南种群与山东种群和浙江种群有着显著差异，其中孵化率最大的是黑龙江大庆种群，其孵化率高达 99.0%，而最小的是浙江种群，但也达到 87.1%。幼虫存活率的数据显示，各地理种群家蝇幼虫的存活率都较高，都在 90.0% 以上，浙江种群与江苏种群在 $P<0.05$ 水平上有显著差异，其中幼虫存活率达到最高的是浙江种群，为 97.7%。幼虫化蛹率的数据显示，家蝇不同地理种群幼虫的化蛹率在 $P<0.05$ 水平上差异不显著，幼虫化蛹率都在 95% 以上，浙江种群幼虫化蛹率最高，高达 99.6%，从这些指标数据可以看出，家蝇幼虫只要能存活，一般情况下都能够正常化蛹。家蝇不同地理种群蛹的羽化率 $P<0.05$ 的水平上也有着显著的差异性，其中湖北种群蛹的羽化率最低，仅有 81.0%，其他种群蛹的羽化率都在 90% 以上。因此，在选育时，只要给予适宜的生长条件，对各地理种群卵的孵化率、幼虫存活率、化蛹率及蛹的羽化率上没有太大影响。

6.3.2 家蝇不同地理种群繁殖力的比较

对家蝇不同地理种群的繁殖力指标进行测定，包括产卵量（单雌总产卵量和单雌日产卵量）、成虫寿命及雌雄性比，其结果见表 6-3。

表6-3　家蝇不同地理种群繁殖力的比较

采集地	单雌总产卵量/粒	单雌日产卵量/粒	成虫寿命/天	雌雄性比(♀:♂)
广东珠海	551.6 ± 84.6^{abcd}	17.5 ± 3.6^{cd}	40.7 ± 1.2^{defg}	1.12 ± 0.04^{e}
云南昆明	570.2 ± 204.4^{abcd}	19.8 ± 5.4^{bcd}	49.0 ± 5.2^{ab}	0.99 ± 0.02^{h}
湖南长沙	525.3 ± 31.1^{abcd}	19.9 ± 1.5^{bcd}	48.0 ± 1.0^{abc}	1.21 ± 0.02^{c}
江西万年	371.3 ± 27.4^{de}	17.0 ± 1.6^{cd}	35.0 ± 0.0^{g}	1.11 ± 0.03^{ef}
浙江杭州	703.5 ± 96.4^{a}	24.4 ± 1.6^{ab}	51.0 ± 6.9^{a}	1.38 ± 0.04^{b}
湖北武汉	420.8 ± 67.5^{cde}	18.0 ± 0.8^{cd}	37.0 ± 1.0^{fg}	1.08 ± 0.02^{efg}
安徽合肥	527.1 ± 87.7^{abcd}	17.8 ± 3.3^{cd}	44.7 ± 2.5^{abcde}	1.09 ± 0.01^{efg}
江苏徐州	476.4 ± 109.6^{bcd}	15.0 ± 2.3^{de}	46.3 ± 4.6^{abcd}	1.06 ± 0.01^{fg}
陕西西安	605.1 ± 214.6^{abc}	21.8 ± 4.6^{bc}	43.3 ± 6.4^{bcdef}	1.07 ± 0.01^{fg}
河南郑州	546.1 ± 49.2^{abcd}	19.9 ± 2.4^{bcd}	42.0 ± 4.4^{cdef}	0.96 ± 0.03^{h}
山东济南	473.3 ± 64.3^{bcd}	18.1 ± 2.4^{cd}	41.3 ± 2.1^{cdefg}	0.98 ± 0.01^{h}
北京	541.9 ± 77.5^{abcd}	18.9 ± 2.7^{cd}	41.0 ± 1.7^{defg}	1.75 ± 0.05^{a}
新疆石河子	668.5 ± 33.7^{ab}	28.4 ± 2.2^{a}	38.7 ± 1.5^{efg}	1.05 ± 0.05^{g}
黑龙江大庆	281.7 ± 47.3^{e}	11.2 ± 1.4^{e}	39.0 ± 2.0^{efg}	1.17 ± 0.03^{d}

从表 6-3 中可以看出,家蝇不同地理种群的产卵量(单雌总产卵量和单雌日产卵量),成虫寿命及雌雄性比都有较明显的差异。单雌总产卵量是指单头雌蝇一生中的平均总产卵量;单雌日产卵量是指单头雌蝇在产卵盛期平均每天的产卵量。家蝇不同地理种群的单雌总产卵量和单雌日产卵量有着显著的差异,浙江杭州种群总产卵量最高,达到了单雌 703.5 粒;黑龙江种群最小,单雌总产卵量仅有 281.7 粒。单雌日产卵量是蝇蛆产业备受人们关注的一个指标。在产卵盛期,每头雌蝇每天产卵量的多少直接影响着每天蝇蛆的产量。日产卵量上,新疆石河子种群和浙江杭州种群在 $P<0.05$ 水平上极显著大于其他种群,单雌每日可产卵分别为 28.4 粒和 24.4 粒;最小的是黑龙江大庆种群,单雌每天仅产卵 11.2 粒。成虫的寿命与成虫的产卵量有着很密切的关系。寿命越长,产卵历期越长,理论上产卵量也越大。因此,在选育家蝇品种时,成虫寿命也是一个非常重要的指标。试验得出,家蝇不同地理种群的成虫寿命也有较大的差别,其中寿命较长的有浙江种群和云南种群,寿命最短的是江西种群。雌雄成虫的性比可反映某个种群雌性个体所占比例。生物界中,一个物种雌性个体产的卵细胞数量毕竟有限,雄性个体产生精子的数量非常巨大,因此雌性个体数量是决定着物种繁殖力的一个重要参数。从表 6-3 可看出,大部分地理种群雌雄个体性比都满足 1∶1 的比例,也符合自然界的基本规律。试验得出,北京种群的雌性个体比雄性个体要多,雌雄性达到了 1.75∶1。因此,在选育品种时,可选取产卵量多,寿命长,雌雄性比大的种群。但从实验结果看,三者不可能兼顾。家蝇寿命的长短和雌雄性比的大小

最终还是与产卵量相关，选取优良的家蝇品种，关键还是取决于产卵量的大小。实验结果显示，新疆石河子种群和浙江杭州种群的单雌总产卵量和日产卵量要高于其他种群，因此可选取新疆石河子种群和浙江杭州种群进行大规模人工饲养。

6.4   讨论

家蝇是一种世界性分布的昆虫，繁殖力强，生活周期短，便于大规模人工饲养，不受季节和气候的影响，被国际上列为新型蛋白质资源昆虫之首。近年来，不同昆虫地理种群的研究成为国内外的研究热点。不同昆虫地理种群是研究地理区域适应性（Johnet et al.，2001；Schmidtetal，2005）和进化适应（Martel et al.，2003；Jane et al.，2006）的优良材料。研究发现，家蝇不同地理种群在生物学上有着较显著的差异。卵的孵化率、幼虫存活率、幼虫化蛹率、蛹的羽化率、产卵量等是衡量物种能否对其大规模人工饲养的几个重要的参数。尤其是产卵量被认为是家蝇能否进行大规模人工饲养最重要的生物学指标。而成虫的寿命和雌雄性比都会影响家蝇产卵量的大小。试验得出，14个不同地理种群中，新疆石河子种群和浙江杭州种群在单雌总产卵量和日产卵量要高于其他种群，因此可选取新疆石河子种群和浙江杭州种群进行大规模人工饲养。

7　人工饲养技术研究

7.1　饲养与生态环境

家蝇的生长发育与其周围的环境条件有着极其密切的关系，影响家蝇种群增长的环境因素主要包括温度、食物含水量、光照、食物的颗粒度、种群密度等。

7.1.1　温度的影响

在恒温 20℃、25℃、30℃、35℃、40℃梯度温度下，分别测试了不同温度对家蝇卵、幼虫、蛹的生长发育影响。结果表明，温度是影响家蝇幼虫期发育最重要的生态因子。卵期、幼虫期和蛹期发育的最低生存温度分别为 10～12℃、12～14 和 11～13℃，最高生存温度分别为 42℃、46℃和 39℃，幼虫期各阶段的发育时间随温度升高而缩短。

但温度高于 35℃时，发育历期不再缩短。

家蝇未成熟期各虫态发育历期与温度的关系见表 7-1。

表7-1　家蝇未成熟期发育历期与温度的关系

虫态	温度/℃					
	18	22	25	30	33	36
卵/h	28～32	22～24	10～14	6～10	6～8	8～10
幼虫/天	10～13	7～8	6～7	5	4	3～4
蛹/天	12～13	6～8	7	5	4	4

家蝇成虫寿命也与温度的关系密切，随温度升高，成蝇寿命缩短，但温度低于 16℃时，成蝇寿命也有缩短的趋势（表 7-2）。

表7-2　家蝇成虫历期与温度的关系

温度/℃	观察蝇数/头	存活天数/天	P 值
6～14	108	56.8±33.7	<0.01
16～22	73	72.1±28.2	<0.01

温度/℃	观察蝇数/头	存活天数/天	P 值
21～27	85	58.2±20.2	<0.01
24～30	98	42.9±13.9	<0.01
28～33	67	29.9±14.0	<0.01

7.1.2 食物含水量的影响

雷朝亮等（1993）以麦麸作为家蝇幼虫培养基质，在温度（24±2）℃，光照 10h 条件下，按预定的要求共设置食物含水量 40%、50%、60%、70%、80% 5 个处理，每 30g 麦麸，接蝇卵 200 粒。每天定时观察统计各处理的发育速度、成活率等（食物含水量的控制采取恒温箱烘烤称重测定法），试验期间根据蒸发的水分量，每天按要求补加水量，以保持食物的含水量相对稳定。

7.1.2.1 食物不同含水量对家蝇发育进度的影响

接卵 1 天后，检查 5 种含水量处理的蝇卵在 1 天内均孵化完毕，卵历期差异不甚明显。进入幼虫期后，食物含水量对幼虫发育历期的影响较为明显，表现为高含水量食物和低含水量食物均使幼虫发育历期延长。在食物含水量 40%、50%、60%、70%、80%条件下，其幼虫历期分别为 132h、132h、108h、108h、156h，其中以在食物含水量 60%、70%幼虫发育历期最短。在蛹期，5 种食物不同含水量处理的蛹历期分别为 144h、132h、132h、156h、156h，以食物含水量 50%、60%条件下蛹的发育速度最快，而取食高水量食物，蛹的历期明显延长。

7.1.2.2 食物含水量与家蝇生存力的关系

在食物不同含水量中，蝇卵的孵化率、幼虫存活率和蛹的羽化率均表现出明显差异（表 7-3）。食物含水量高低与蝇卵孵化率高低的关系为 70%＞60%＞50%＞40%＞80%；食物含水量高低与蝇蛆（幼虫）存活率高低关系为 70%＞60%＞50%＞80%＞40%；蝇蛹羽化率高低与含水量的关系为 50%＞40%＞60%＞80%＞70%。食物含水量对家蝇整个未成熟期的影响表现为：幼虫期所要求的食物含水量较高，而蛹期所要求的食物含水量较低。

表7-3　食物不同含水量对家蝇幼虫期存活率的影响

食物含水量/%	孵化率			幼虫存活率			蛹羽化率		
	供试卵/粒	孵化卵/粒	孵化率/%	供试幼虫/头	活幼虫/头	存活率/%	供试蛹/头	羽化量/头	羽化率/%
40	273	228	83.52	228	121	53.28	121	75	61.86
50	275	241	87.64	241	216	89.79	216	192	88.92
60	264	237	89.77	237	216	91.10	216	125	57.64
70	191	174	91.10	174	168	96.75	168	77	45.61
80	300	240	82.00	246	180	73.31	180	83	46.11

分析表明，食物含水量为 50%～70% 时各处理卵孵化率均无差异，但含水量 70%与含水量 80%或 40%处理间有显著差异；以食物含水量 50%～70% 对幼虫存活比较有利，与其他处理均有极显著差异；含水量 50%对蛹羽化最为有利，与其他 4 种处理间均有极显著差异。

7.1.2.3　食物不同含水量对家蝇幼虫体重及蛹重的影响

在上述 5 个处理中，随机抽取 100 头 4 日龄幼虫和 100 头 2 日龄蛹称重，考察在食物不同含水量幼虫及蛹的体重差异（表 7-4）。结果表明，幼虫体重以食物含水量 60% 最大，而蛹重以食物含水量 50%最大，方差分析结果：幼虫体重在食物含水量 50%、60%及 70%三个处理间差异不显著；但均与含水量 40%、80%处理有显著差异（$P<0.05$），蛹重在食物含水量 50%、60% 两个处理间差异不明显，而与食物含水量 40%、70%、80%三个处理间有明显差异（$P<0.05$），有利于蝇蛆发育的食物含水量应为 50%～60%。

表7-4　食物含水量与蝇蛆体重及蛹重的关系

食物含水量/%	百头幼虫体重/g	百头蛹重/g
40	1.73	1.46
50	2.18	1.88
60	2.35	1.62
70	2.12	1.46
80	2.06	1.41

7.1.2.4　食物不同含水量对家蝇成蝇繁殖力的影响

将 5 个处理中的蝇蛹全部收集起来分别接入 5 个尼龙纱笼中，使其自然羽化，以奶粉作成蝇饲料，并用海绵吸足水分后供水，每天更换成蝇产卵垫。蝇蛹全部羽化完毕后第 5 天开始记录各处理的产卵量，连续观察 5 天以后绝食断水，让其死亡，辨别雌雄，其结果见表 7-5。

表7-5 食物含水量与家蝇繁殖力的关系

观察项目	食物含水量/%				
	40	50	60	70	80
成蝇总数/头	132	369	232	218	102
最终成活率/%	22.00	61.50	38.67	36.33	17.00
雌蝇数/头	56	182	96	73	41
雄蝇数/头	76	187	136	145	61
雌虫百分比	0.4242	0.4932	0.4138	0.3349	0.4020
15 日产卵总粒数/粒	9 263	34 730	23 740	18 550	9 175
单雌平均产卵数/粒	165.4	190.8	247.3	254.1	223.8

从表 7-5 可看出，不同处理的雌虫百分率有很大差异，除食物含水量 50% 处理的雌性比接近 1:1 外，其余处理雄性比例远大于雌性比例，各个处理的雌蝇产卵总量也有极显著的差异，食物含水量 50% 的 15 日产卵量比食物含水量 40%、80% 两个处理分别高出 2.75 倍和 2.78 倍；比食物含水量 60%、70% 两个处理分别高出 46.29% 和 87.22%，各处理繁殖系数的大小顺序为：食物含水量 50%＞60%＞70%＞40%＞80%，从饲养昆虫或昆虫蛋白质提取进行人工大量繁殖家蝇的角度考虑，控制饲料含水量为 50%～60% 时，能获得最大的繁殖效应和最高的产量。

上述研究结果表明，家蝇卵的孵化和幼虫生存要求较高的基质含水量，最佳基质含水量为 60%～70%。在此范围内，卵孵化率和幼虫成活率高；而蛹发育则要求相对低的基质含水量，最适宜的基质含水量为 40%～50%，在此范围内蛹的羽化率高。食物含水量对家蝇成蝇繁殖力的影响，主要表现在幼虫成蛹阶段食物含水量的不同，雌、雄蝇的存活率有较大的差异，也就是说，雌蝇比雄蝇对水分的敏感度更大一些，一般在高含水量的基质上生长的家蝇雄蝇比例远大于雌蝇，故繁殖系数较低。

7.1.3 食物的颗粒细度

家蝇幼虫的生长发育除受饲养环境、食物水含量等的影响外，饲料的物理性状对家蝇生长发育也有较大影响，这里的饲料物理性状主要是指饲料的颗粒细度。彭宇等（1994）以麦麸作为培养基质，用粉碎法得到 5 种不同细度的颗粒，其直径分别为 2.30mm、0.67mm、0.33mm、0.17mm、0.12mm。考虑到含水量对试验结果的影响，本实验设立的因子及水平见表 7-6，选用 L_{10}（5^2）正交表。

表7-6 试验的因子及水平表

因子与水平	麦麸颗粒直径（A）/mm	含水量（B）/%
1	2.30	50
2	0.67	55
3	0.33	60
4	0.17	65
5	0.12	70

用罐头瓶来饲养家蝇幼虫。每处理 30g 麦麸，配好饲料后接入 50 粒家蝇卵，盖上纱网盖。每处理重复 3 次，置于（27.5±1）℃的恒温室内培养。待家蝇幼虫化蛹后，统计蛹数，并测定平均蛹重。通过综合评分评价饲料对幼虫的适合度，筛选适合家蝇幼虫生长发育的处理组合。

7.1.3.1 麦麸的颗粒细度对幼虫存活率的影响

$$幼虫存活率(\%) = \frac{化蛹数}{50} \times 100$$

从表 7-7 可以看出，麦麸颗粒直径（A）的极差最大，其次是含水量（B），麦麸颗粒直径（A）与含水量（B）的交互作用（C）的极差最小，麦麸颗粒直径是影响幼虫存活率的主要因子。由图 7-1 可以得出，A 因素的变化幅度最大，幼虫的存活率随着 A 值的变化呈快速下降的趋势。即随着麦麸颗粒直径的逐渐变小，幼虫的存活率大幅度下降。

表7-7 幼虫存活率的极差分析结果

水平	A	B	C（A×B）
K_1	1106.0	792.0	600.0
K_2	856.0	958.0	698.0
K_3	756.0	736.0	642.0
K_4	620.0	514.0	634.0

水平	A	B	C（A×B）
K_5	34.0	372.0	798.0
K_1	221.2	158.4	120.0
K_2	171.2	191.6	139.6
K_3	151.2	147.2	128.4
K_4	124.0	102.8	126.8
K_5	6.8.0	74.4	159.6
R（极差）	214.4	117.2	39.6

麦麸的颗粒粉碎变小后，麦麸之间的孔隙度变小，使得饲料的透气性下降，因而造成幼虫的死亡率加大，不利于幼虫的生存和发育。

7.1.3.2 麦麸的颗粒细度对平均蛹重的影响

$$平均蛹重 = \frac{蛹总重}{化蛹数}$$

由表 7-8 可知，A 因素的极差最大，B 因素次之，C 因素最小。可见麦麸的颗粒直径是影响平均蛹重的主要因子。由图 7-2 可以看出，随着麦麸颗粒直径的变小，平均蛹重先呈缓慢上升的趋势，当麦麸颗粒直径为 0.33mm 时上升到最高点。以后，随着麦麸颗粒直径的逐渐变小，平均蛹重急剧下降。

表7-8 平均蛹重的极差分析结果

水平	A	B	C（A×B）
K_1	296.25	198.15	228.50
K_2	299.55	273.85	255.95
K_3	301.97	294.16	241.03
K_4	348.98	262.75	262.75
K_5	72.55	202.04	231.07
K_1	59.25	39.63	45.70
K_2	59.91	54.77	51.19
K_3	60.39	58.82	48.21
K_4	49.80	52.55	42.55
K_5	14.51	40.41	46.21
R（极差）	45.88	19.20	6.85

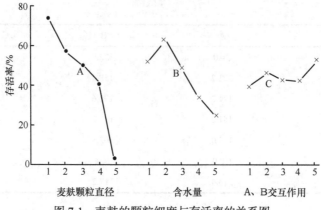

图 7-1　麦麸的颗粒细度与存活率的关系图

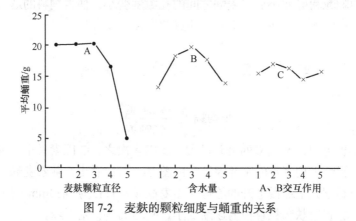

图 7-2　麦麸的颗粒细度与蛹重的关系

　　饲料的颗粒直径适当减小，增大了饲料与幼虫消化液的接触面，有利于个体消化吸收饲料的营养物质，因而有助于幼虫的个体发育和蛹重的提高。但饲料的颗粒直径太小，反而对幼虫个体发育不利。由于饲料透气性极差，幼虫只能聚集在饲料的表面，因而不能很好地利用饲料的营养物质，只能提早成熟化蛹，造成蛹重降低。

7.1.3.3　麦麸的颗粒细度对综合评分的影响

$$综合评分=化蛹数+2\times平均蛹数重$$

　　综合评分既考虑幼虫的存活率又兼顾了平均蛹重，因而能较好地说明家蝇幼虫的生长发育情况。

　　由表 7-9 知，在所有 25 个处理组合中，以处理 A_3B_3 的平均数最高，与以下其他各处理组合之间的差异显著。因此 A_3B_3 是适合家蝇幼虫生长发育的最优化处理组合。其实施方案为：麦麸直径为 0.33mm，饲料含水量为 60%。按优化方案实施时指标估计值 $\mu_{优}$＝83.9192。

表7-9 综合评分各处理组合的平均数比较（SSR检验）

处理组合	A_3B_3	A_4B_2	A_1B_5	A_1B_4	A_1B_3	A_2B_2	A_2B_3	A_4B_3	A_1B_2	A_2B_1	A_2B_4	A_3B_1
平均数	83.9192	82.0713	81.0010	79.4385	78.7201	77.5133	76.8314	76.6265	74.5472	70.9436	70.5444	68.4062
差异0.05	a	b	b	b	b	b	b	b	b	b	bc	c
显著性0.01	A	A	A	A	A	A	A	A	A	A	A	A

处理组合	A_3B_4	A_1B_1	A_3B_2	A_4B_1	A_2B_5	A_4B_4	A_3B_5	A_5B_3	A_4B_5	A_5B_1	A_5B_5	A_5B_2	A_5B_4
平均数	67.8467	67.7953	67.2684	64.6011	54.6052	47.0255	35.6152	19.9993	10.6491	5.0202	0	0	0
差异0.05	c	c	c	cd	d	e	e	f	fg	g	g	g	g
显著性0.01	A	A	A	AB	B	BC	C	CD	D	D	D	D	D

7.1.4 幼虫种群密度的影响

在温度、湿度一致的条件下，以麦麸作为培养基，定量接种不同数量的家蝇一龄幼虫，即每 100g 麦麸分别接种一龄幼虫 1000 头、2000 头、3000 头、4000 头。

结果表明，化蛹率和蛹重随幼虫密度增大而降低，呈双曲线关系（$y=b/x+a$，图 7-3）。

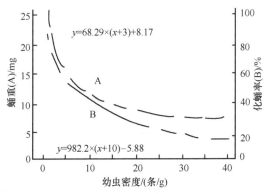

图 7-3 麦麸培养基内家蝇幼虫密度与发育的关系（仿胡广业等，1988）

7.1.5　影响成蝇卵量的因子及其综合作用

采用划分正交区组的二次正交旋转组合设计的试验方案。试验的因子水平及编码值见表 7-10。设计原理及统计分析参考肖兵等（1985）和余家林（1993）。试验用蛹由华中农业大学昆虫资源研究室提供。选用化蛹 3 天左右（化蛹前一致饲养，♀：♂=1：1），色泽一致，体重 16.8~18.8mg 的蛹，按方案（表 7-9）中的成蝇数，随机接等量的蛹到蝇笼（20cm×20cm×20cm）中，先置于空调室（温度 27℃左右，相对湿度 70%左右），待始见羽化时，移入对应温度的恒温箱中，用 8W 日光灯控制光照，湿度控制在 65%~70%。羽化结束后取出蛹壳，并检查笼中未羽化的蛹数，从同期羽化的备用笼中随机取出相等数量的成蝇补充未羽化的蛹，使各笼中的密度达到设计要求。饵料盘、饮水盘、产卵盘均用直径 90mm 的培养皿。奶粉作种蝇饵料。每天更换饵料、饮水和产卵基质。每天 8 时和 20 时观察并记录各处理的产卵量、死亡数直到该处理 95%成蝇死亡为止。

表7-10　试验因子水平及其编码值

因素 （编码）	单位	$-r$ -1.633	下水平 -1	0 水平 0	上水平 $+1$	$+r$ 1.633	变化 区间
温度（x_1）	℃	18.8	22.0	27.0	32.0	35.2	5
密度（x_2）	cm³/头 （头/笼）	5.73 （1395）	7 （1143）	9 （889）	11 （727）	12.27 （650）	2
光照（x_3）	h	6.7	8	10	12	13.3	2

（1）多指标二次回归数学模型的组建与检验。将上述试验观察数据，按下述指标整理：y_1 为处理种群平均产卵历期（种群各个体产卵历期的平均），y_2 为卵峰日，y_3 为卵期持续时间，y_4 为处理种群终生总卵量，y_5 为卵峰期总卵量，y_6 为前 20 天总卵量，y_7 为每头蝇平均产卵量。各指标的数学模型及检验结果见表 7-11 和表 7-12。

从表 7-12 可以看出，各目标的二次模型的区组效应（F_3）均不显著，即表明"时间飘移"不显著，可以归并入误差项；失拟项（F_1）不显著，可以进一步用 F_2 检验二次模型。除 y_7 指标外，其余各指标的模型均在显著水平 $\alpha=0.10$ 显著，表明二次模型与实际情况拟合得较好，可以用此模型进行因子分析、试验模拟及指标预测等内容的模型解析。这里主要分析产卵历期模型（y_1）和前 20 天产卵量（y_6）模型。

（2）种群产卵历期模型解析。从表 7-11 得产卵历期模型为

$$y_1=15.1126-5.9175x_1-0.9191x_2-1.1641x_3-0.2013x_1x_2+2.6963x_1x_3+0.1588x_2x_3$$
$$+2.2680x_2^2-0.3701x_2^2-1.2756x_3^2\cdots\cdots$$

表7-11 多目标二次回归模型参数

回归系数	产卵历期（y_1）	卵峰日（y_2）	卵峰持续时间（y_3）	处理终生总卵量（y_4/10 000）	卵峰期卵量（y_5/10 000）	前20天总卵量（y_6/10 000）	每头蝇平均产卵量（y_7/10 000）
b_0	15.1126	7.6957	8.5682	21.2196	12.5771	19.1935	232.9826
b_1	−5.9175	−1.5674	1.8550	−0.8938	3.2142	1.7049	−10.9909
b_2	−0.9191	−0.7775	−1.6900	−3.8632	−3.5863	−3.1164	8.8513
b_3	−1.1641	1.1999	−0.4899	−0.7708	−0.8075	−0.3487	−0.6934
b_{12}	−0.2013	2.0000	−1.5000	−0.5399	−2.9636	−1.1474	−2.3500
b_{13}	2.6963	−1.0000	0	2.4966	0.9838	1.7305	24.3250
b_{23}	0.1588	0	2.0000	4.0795	2.9606	4.5443	57.7250
b_{11}	2.2680	−1.2871	−2.3633	−2.1004	−3.7357	−3.3772	−25.1204
b_{22}	−0.3704	0.5528	0.2125	−0.3274	0.1731	−0.3880	−10.6958
b_{33}	−1.2756	0.0008	−0.8914	−1.8302	−1.3516	−1.4413	−22.8390

表7-12 回归系数、回归方程和区组效应的显著性检验

检验项目	产卵历期（y_1）	卵峰日（y_2）	卵峰持续时间（y_3）	处理终生总卵量（y_4）	卵峰期卵量（y_5）	前20天总卵量（y_6）	每头蝇平均产卵量（y_7）
b_1	81.49**	5.57*	4.28△	—	4.15△	1.57	—
b_2	1.97	1.37	3.55△	6.77*	5.16*	5.23*	—
b_3	3.15△	3.27△	—	—	—	—	—
b_{12}	—	5.44*	1.68	—	2.12	—	—
b_{13}	10.15**	1.36	—	1.69	—	—	1.27
b_{23}	—	—	2.99	6.75*	2.11	6.68*	7.14
b_{11}	13.01**	4.09△	7.55*	2.18	6.09*	6.68*	2.45
b_{22}							
b_{33}	4.12△	—	1.07	1.65	—	1.22	2.02
F_1	1.61	1.39	1.59	2.46	1.45	3.00	2.42
F_2	12.70**	2.42△	2.39△	2.20△	2.33△	2.55△	1.56
F_3	3.58	3.63	0.24	0.89	0.79	0.12	0.53

—表示 F 值很小，略去；△ 表示 $\alpha = 0.10$；*表示 $\alpha = 0.05$；**表示 $\alpha = 0.01$

a. 主因子效应分析。

从种群卵历期可以看出，无论是线性项，还是二次项，温度对产卵历期的影响最大，因此，可以认为种蝇饲养温度是种蝇卵生产中需要重点控制的因子。

采用"降维分析法"，令 $x_2 = x_3 = 0$，得温度对产卵历期的作用模型为

$$y_1 = 15.1126 - 5.9175x_1 + 2.2680x_1^2$$

令 $\mathrm{d}y_1/\mathrm{d}x_1 = 0$ 得 $x_1 = 1.3046$，$y_1 = 11.25$，即在密度为 9cm³/头，光照 10h 的条件下在所研究的范围内（18.8～35.2℃），随着温度的升高，种群产卵历期急剧缩

短，在 33.5℃（$x_1 = 1.3046$）时，种群产卵历期最短为 11.25 天。

　　b. 交互效应分析。

　　从表 7-13 交互效应检验结果可以看出，温度（x_1）和光照（x_3）间存在显著的交互效应。令 $x_2 = 0$，由卵历期可得

$$y_1 = 15.1126 - 5.9175x_1 - 1.1641x_3 + 2.6963x_1x_3 + 2.2680x_1^2 - 1.2756x_3^2$$

将 x_1x_3 不同水平值代入上述模型，即得到其交互效应表（表 7-13）。

表7-13　温度（x_1）和光照（x_3）种群产卵历期（y_1）的交互效应（单位：天）

x_3	x_1					y	SD	CV/%
	−1.633	−1	0	1	1.633			
−1.633	36.51	26.20	13.61	5.56	2.81	16.94	14.22	83.94
−1	35.12	25.88	15.00	8.66	6.98	18.33	11.96	65.25
0	30.12	23.30	15.11	11.46	11.50	18.30	3.18	44.70
1	23.98	18.16	12.67	11.72	13.46	16.00	5.10	31.88
1.633	17.85	13.20	9.55	10.43	13.34	12.87	3.24	25.17
$\bar{y}$	28.72	21.35	13.19	9.57	9.62			
SD	7.81	5.58	2.27	2.54	4.62			
CV/%	27.19	26.13	17.21	26.54	48.02			

　　从表 7-13 可以看出，随着温度的升高，产卵历期的变化趋势为：在短光照（$x_3 < 0$ 区域）情况下，历期急剧缩短；在长光照（$x_3 \geqslant 0$ 区域）情况下，历期呈缓慢延长趋势。随着光照时数的增加，在低温（$x_1 \leqslant 0$ 区域）情况下历期缩短；在高温（$x_1 > 0$）情况下，历期呈延长趋势。

　　（3）前 20 天总卵量模型解析。在蝇蛆生产中，由于对卵量有着严格的要求：希望卵量大，且比较稳定。而种蝇产卵的前段时间（10～15 天）比较多，占总产卵量的 80% 左右，为此生产者更关心影响因子对前 20 天总卵量的作用。

　　从表 7-11 可以得到前 20 天总卵量模型为（缩小 10 000 倍）

$$y_6 = 19.1935 + 1.7049x_1 - 3.1164x_2 - 0.3487x_3 - 1.1474x_1x_2 + 1.73051x_1x_3$$
$$+ 4.5443x_2x_3 - 3.3772x_1^2 - 0.3881x_2^2 - 1.4413x_3^2$$

　　a. 主因子效应分析。

　　分别令总卵量模型的 $x_1x_2x_3$ 中的两个因子取 0 水平，即得到另外因子作用的模型：

$$y_{6.1} = 19.1935 + 1.7049x_1 - 3.3772x_1^2$$
$$y_{6.2} = 19.1935 - 3.1164x_2 - 0.3881x_2^2$$
$$y_{6.3} = 19.1935 - 0.3487x_2 - 1.4413x_3^2$$

其因子效应分析如图 7-4 所示。

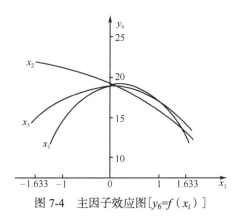

图 7-4　主因子效应图[$y_6=f(x_i)$]

从总卵量模型和图 7-4 可以看出，温度和光照对 20 天总卵量的作用，呈抛物线关系，而密度的作用近似直线性关系。其中温度和密度为作用的主因子。

b. 交互效应分析。

从交互效应显著性检验（表 7-14）结果可以看出，密度和光照之间的互作效应显著（$\alpha=0.05$）。

表7-14　密度（x_2）和光照（x_3）对总卵量（y_6）的交互效应（单位：万粒）

x_3	x_2					$\bar{y}$	SD	CV/%
	−1.633	−1	0	1	1.633			
−1.633	32.09	26.07	15.92	4.99	−2.32	15.35	14.27	92.96
−1	29.58	25.37	18.10	10.05	4.56	17.53	10.38	59.21
0	23.25	21.92	19.19	15.69	13.07	18.62	4.24	22.77
1	14.04	15.59	17.40	18.44	18.70	16.83	1.98	11.76
1.633	6.10	9.61	14.53	18.67	20.89	13.96	6.15	44.05
$\bar{y}$	21.01	19.71	17.03	13.57	10.98			
SD	10.86	7.01	1.83	5.92	9.75			
CV/%	51.68	35.57	10.75	43.62	88.80			

令 $x_1=0$ 得

$$y_6 = 19.1935 - 3.1164x_2 - 0.3487x_3 + 4.5443x_2x_3 - 0.3380x_2^2 - 1.4413x_3^2$$

而 x_2、x_3 不同水平值代入上述模型，即得到其交互效应表（表 7-14）。

从表 7-14 可以看出：①随着种蝇密度（x_2）的增加，在短光照（$x_3 \leq 0$）情况下，前 20 天总卵量增加，在长光照（$x_3 > 0$）情况下，前 20 天总卵量下降。②随着光照时数的增加，在低密度（$x_2 > 0$）情况下，前 20 天总卵量增加，在高密度（$x_2 \leq 0$）情况下，前 20 天总卵量下降。

综上所述，在试验设计范围内，种蝇饲养室温度是影响种群产卵历期的主因子，饲养温度和饲养密度是影响处理种群前 20 天总卵量的主因子。所以在蝇蛆生产中应特别注意种蝇饲养室温度和饲养密度。

7.1.6　影响幼虫生长的因子及其综合作用

家蝇幼虫生长受饲养室温度、基质含水量、养殖密度及培养基质类型等因子的影响。鲁汉平等（1994）研究了幼虫饲养室温度（x_4）、基质含水量（x_5）、接卵量（x_6）等因子对幼虫生长的综合作用。

（1）影响因子及水平的确定。采用二次正交旋转组合设计的方案进行试验。其因子水平及编码值见表 7-15，试验方案见表 7-16。

表7-15　因子水平及其编码值

因素（z_j）	单位	$-r$	下水平	零水平	上水平	r	变化区间
编码（x_j）		−1.682	−1	0	1	1.682	（Δj）
温度（x_4）	℃	−21.6	25	30	35	38.4	5
含水量（x_5）	%	39.5	45	53	61	66.5	8
接卵量（x_6）	粒	665	750	875	1000	1085	125

表7-16　三因子二次正交旋转组合设计试验方案

	试验号	x_4	温度/℃	x_5	含水量/%	x_6	接卵量/粒
m_c	1	1	35	1	61	1	1000
	2	1	35	1	61	−1	750
	3	1	35	−1	45	1	1000
	4	1	35	−1	45	−1	750
	5	−1	25	1	61	1	1000
	6	−1	25	1	61	−1	750
	7	−1	25	−1	45	1	1000
	8	−1	25	−1	45	−1	750
m_r	9	1.682	38.4	0	53	0	875
	10	−1.682	21.6	0	53	0	875
	11	0	30	1.682	66.5	0	875
	12	0	30	−1.682	39.5	0	875
	13	0	30	0	53	1.682	1085
	14	0	30	0	53	−1.682	665

试验号	x_4	温度/℃	x_5	含水量/%	x_6	接卵量/粒
15	0	30	0	53	0	875
16	0	30	0	53	0	875
17	0	30	0	53	0	875
18	0	30	0	53	0	875
19	0	30	0	53	0	875
20	0	30	0	53	0	875
21	0	30	0	53	0	875
22	0	30	0	53	0	875
18	0	30	0	53	0	875

左侧 m_0

注：$m_c=8$，$m_r=6$，$m_0=9$

　　试验方法：准确称取 700g 麦麸加水配成 50% 的含水量（不包括麦麸本身所含有的极少量的水分）的培养料，称初重，放在 27℃ 恒温箱中发酵 24h 后取出再称重，计算出含水量（另取 50g 实测含水量校正）。计算并称取 25g 干料所对应的发酵料 23 份，分别装入普通罐头瓶中（规格直径 8.5cm，高 9cm），对应试验方案的接卵量和含水量，分别接卵和补充所需的水分。贴上标签，盖上自制的铜网眼塑料盖，放入对应温度的恒温箱中。湿度控制在 70%，每天晚上 8 时取出称重，补充散失的水分，72h 后检查存活数和 30 头幼虫重。

　　（2）生物量二次模型的组建与解析。将上述试验结果，按下述指标进行整理，y_8 为三日龄幼虫重量（30 头重），y_9 为存活率（存活幼虫数/接卵数），y_{10} 为生物量（幼虫数×幼虫重/30）。数据经微机处理，各指标的数学模型及显著性检验结果见表 7-17。

表7-17　回归模型参数及显著性检验结果

回归系数	幼虫重（y_8）	存活率（y_9）	生物量（y_{10}）
b_0	0.458 3	0.579 6	7.276 9
b_4	0.026 36	0.025 25	0.501 2
b_5	0.070 76	−0.044 4	0.094 04
b_6	−0.047 3	0.012 08	0.444 4
b_{45}	−0.069 9	0.087 5	0.076 25
b_{46}	0.002 5	0.000 25	0.028 75
b_{56}	−0.012 5	0.022 5	−0.081 25
b_{44}	−0.000 76	−0.074 08	−1.205 3
b_{55}	0.002 8	−0.018 9	−0.240 5
b_{66}	0.047 3	−0.049 17	0.042 5 6

回归系数	幼虫重 (y_8)	存活率 (y_9)	生物量 (y_{10})
F_1	8.938	2.458	1.477
F_α (5,8)	$F_{0.01}=6.63$	$F_{0.05}=3.69$	
F_2	1.584	0.605 5	1.358
F_α (9,13)	$F_{0.25}=1.49$	$F_{0.10}=2.16$	$F_{0.05}=2.71$
R	0.723 2	0.543 5	0.696 1

从表 7-17 可以看出，生物量模型失拟项检验不显著（F_1=1.477），而回归方程检验也不显著（F_2=1.358）。因此，依据参考文献方法，建立分析的二次模型：

$$y_{10} = 7.2769 + 0.5012x_4 + 0.4444x_6 - 1.2053x_4^2 - 0.2405x_5^2$$

此时 F=0.7504，不显著[$F_{0.05}$（10，8）=3.35]。F_2=4.1616，显著[$F_{0.05}$（4，18）=2.93]，R=0.6932，所以可以作生物量的模拟和预测，由上述模型可以看出：影响生物量的主因子为幼虫饲养室温度（x_4）和饲养密度（x_6），各因子之间的交互作用比较小。

（3）一次回归模型的组建与检验。将试验方案中前 8 个处理结果经微机处理组建一次回归模型，结果见表 7-18。

表7-18　一次回归模型的系数矩阵

指标	幼虫重/（g/30 头）	存活率/%
b_0	0.4700	0.5775
b_4	−0.0475	0.1125
b_5	0.0325	0.0125
b_6	−0.0450	−0.0025
b_{45}	−0.0700	0.0875
b_{46}	0.0025	0.0025
b_{56}	−0.0125	0.0225
b_{456}	−0.0300	0.0875

将回归系数的绝对值较小的项剔除，得到两个一次回归方程：

$$y_8=0.47-0.0475x_4+0.0325x_6-0.07x_4x_5-0.03x_4x_5x_6$$

其中，F=27.42，$F_{0.05}$（5，2）=19.2；t=1.668，$t_{0.01}$（10）=3.169。

存活率模型：

$$y_9=0.5775+0.1125x_4+0.0875x_4x_5+0.0875x_4x_5x_6$$

其中，F=55.24，$F_{0.01}$（3，4）=16.7；t=1.655，$t_{0.01}$（12）=3.055。

模型的显著性及中心点拟合检验均达到显著水平。

a. 幼虫模型分析。

主因子效应如图 7-5 所示，从图 7-5 可以看出，在设计范围内（$-1 \leqslant x_i \leqslant 1$），幼虫重与各个因子均呈线性关系。另外，通过比较偏回归系数的大小，可以列出三个因子对幼虫体重的作用大小顺序为：温度＞接种量（即密度）＞含水量。

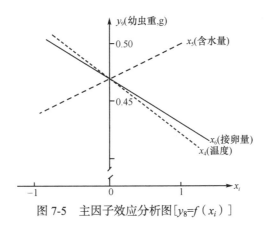

图 7-5　主因子效应分析图 $[y_8 = f(x_i)]$

温度（x_4）和含水量（x_5）的交互效应分析

令 $x_6 = 0$，即得

$$y_8 = 0.47 - 0.0475x_4 + 0.0325x_5 - 0.07x_4x_5$$

取 x_4、x_5 不同水平值代入上述模型，即得到 x_4、x_5 效应。

由图 7-6 可知：在设计范围内（$-1 \leqslant x_i \leqslant 1$），随着温度的上升，在低含水量（$x_5 < 0$）情况下，幼虫体重增加；在高含水量（$x_5 \geqslant 0$）情况下，幼虫体重降低。

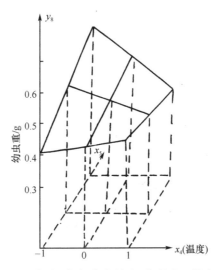

图 7-6　温度（x_4）与含水量（x_5）的交互效应分析图

随着含水量的增加，在低温（$x_4 \leq 0$）情况下，幼虫体重增加；而在高温情况下（$x_4 > 0$），幼虫体重下降。

b. 幼虫存活率模型分析。

从模型可以看出：影响幼虫存活率的主因子为温度。另外，温度（x_4）和含水量（x_5）存在显著的互作（$\alpha = 0.05$）。

取 $x_6 = 0$ 即得

$$y_9 = 0.5775 + 0.1125x_4 + 0.0875x_4x_5$$

选取 x_4x_5 两个不同水平代入上述方程，即得到交互效应图（图 7-7）。

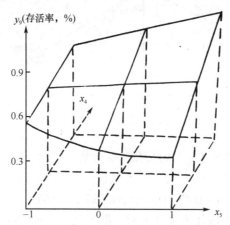

图 7-7　温度（x_4）和含水量（x_5）的交互效应图

在低温情况下，随着含水量的增加，幼虫存活率下降，在高温情况下，随着含水量的增加，幼虫存活率上升。

随着温度的上升，在基质的含水量范围内幼虫存活率始终是增加；只是低含水量（$x_5 < 53\%$）情况下增加幅度较小，而在高含水量（$x_5 > 53\%$）情况下增加幅度较大。

7.2　饲养技术

7.2.1　不同培养基质的饲养效果

家蝇幼虫的生长、成蝇的繁殖均与幼虫的培养基质种类、营养状况、水分含量、饲养条件与方法等有着密切关系（表 7-19）。

表7-19　不同培养基质的饲养效果

处理	幼虫重/g			$\overline{X}$/g	幼虫数	成活率/%	生物量/g
	I	II	III				
麦麸为主体配合饲料	0.0170	0.0165	0.0160	0.0165	163.3	97.63	2.63
豆渣为主体配合饲料	0.0220	0.0167	0.0187	0.0191	117.3	86.47	1.94
酒渣为主体配合饲料	0.0137	0.0140	0.0187	0.0152	149.7	85.47	1.94
鸡粪为主体配合饲料	0.0117	0.0110	0.0120	0.0115	149.3	69.62	1.20
纯鸡粪	0.0133	0.0143	0.0123	0.0133	174.0	56.34	1.30
鸡粪+猪粪	0.0090	0.0107	0.0097	0.0091	169.3	50.79	0.78
麦麸	0.0147	—		0.0147	150.0	92.42	2.02

注：生物量＝$\overline{X}$×幼虫数×成活率；$\overline{X}$ 为幼虫平均重

（1）不同饲养基质的影响。雷朝亮等以麦麸为主体的配合饲料、豆渣为主体的配合饲料、酒糟为主体的配合饲料、鸡粪为主体的配合饲料，以及纯鸡粪、鸡粪+猪粪（1∶1）、纯麦麸等 7 种培养基质饲养家蝇幼虫，试验结果表明，幼虫生物量差异较大（表7-19）。以农副产品下脚料进行复配的混合饲料，饲养效果较好，幼虫存活率高，单位面积上的幼虫生物量大，动物粪便及其混合配方饲养效果均较差。

（2）以鸡粪饲养家蝇幼虫的条件。国内外利用鸡粪饲养家蝇的研究报道较多，Teotia 等（1973）在用鸡粪饲养蝇蛆的条件方面作过较为详尽的研究。

饲养方法：

a. 笼养。

成蝇采取笼养方法，蝇笼长 232cm、宽 61cm、高 245cm。每个笼有 4 个进入孔，直径 20cm，从孔中喂料，喂水，收集卵。

b. 成蝇饲养。

喂给家蝇一种干饲料，这种干饲料由 454g 奶粉、100g 干酵母、20g 砂糖组成。充分混合，在圆形浅塑料容器（12.5cm×4cm）的底部铺成约 3mm 的薄层。

c. 供水。

水由一个塑料烧杯（高 11cm、直径 8.5cm）提供。杯内盛满 400mL 水，烧杯倒放在 12.5cm×4cm 的塑料盘子里。在颠倒之前，将软纸放在浅塑料盘和杯子之间。软纸为成蝇提供一个很好的供水表面。

d. 产卵器和卵的收集。

两个浅的塑料容器作为产卵器。一个容器装大约 80g 鲜鸡粪。第二个容器扣在第一个上，为了使成蝇进去产卵，要留出一个小缝。用小刷子和钝针，把卵从鸡粪里分离出来。

e. 接种方法。

每天从产蛋鸡舍收集鲜鸡粪，鸡粪放在塑料桶里，在鸡粪表面做成一浅沟，然后放入蝇卵。接种后，为了防止卵脱水降低成活率，轻轻将浅沟封闭。

f. 湿度和温度。

每天从鸡粪中分离蝇卵、称重，接入塑料盘内（65cm×45cm×17cm），在鲜鸡粪中接种。每 4kg 鸡粪接卵 2～5g。在改装的孵卵箱内，这些盘子以不同的温度（22～35℃）和相对湿度（19%～80%）存放。用干湿球湿度表测定相对湿度。每天一个个地称这些盘子，记录重量损失。接种后的 6 天，从每盘中选 100 个蝇蛆。把这些蝇蛆放进培养器，并且在 65℃的通风干燥箱内过夜，称重。采收幼虫时以相同方法，获得蛹重量。

（3）以发酵处理饲料养家蝇幼虫。方差分析结果表明，用不同的蛋白酶发酵处理饲料，幼虫生物量的差异显著（$P<0.05$）。以酵母发酵处理饲料时，幼虫生物量最高（5.24g），极显著地高于米曲霉固体（幼虫生物量 4.46g）和米曲霉浸出液（幼虫生物量 4.27g）。考虑幼虫生物量和实施难易程度确定优化方案。实施措施为：在饲料中添加 2%的酵母，发酵 6h。按优化方案实施时的指标估计值 $\mu=5.24g$，指标值的变化区间为（4.89，5.58）。

a. 牛瘤胃液对幼虫生物量的影响。

饲料经牛瘤胃液发酵处理后，幼虫生物量之间差异显著（$P<0.05$），而以牛瘤胃液处理对试验结果影响最大（表 7-20）。从表 7-20 可知，随着牛瘤胃液添加量的加大，幼虫生物量也逐渐提高。添加 20%的牛瘤胃液时，幼虫生物量极显著地高于其他各水平。考虑幼虫生物量，同时从降低成本出发，确定优化方案。实施措施为：在饲料中添加 20%新鲜牛瘤胃液，发酵温度为 30℃，饲料含水量 70%，发酵时间 24h。按优化方案实施的指标估计值 $\mu_{优}=6.30g$，指标值的变化区间为（5.76，6.84）。

表7-20　牛瘤胃液发酵处理饲料幼虫生物量的比较

瘤胃液用量/%	平均数/g	差异显著性	
		0.05	0.01
20	6.30	a	A
10	5.57	b	AB
5	5.30	b	B
0	4.48	c	C

b. 幼虫对饲料的消耗及饲料效率。

对于 3 种处理的优化方案，测定了幼虫对饲料的消耗及饲料利用效率（表 7-21）。从表 7-21 可知，饲料经酶处理后，幼虫生物量和饲料效率都高于对照。饲料效率既考虑到了幼虫生物量，同时又兼顾了饲料的消耗，它能够较好地反映幼虫对饲料消化及吸收情况。饲料效率的值越大，幼虫对饲料消化吸收越完全，饲料的利用率越高。可见，3 种优化方案都能提高家蝇幼虫对饲料的利用率。

表7-21 饲料的消耗及饲料效率

项目	糖化酶处理	酵母发酵	瘤胃液发酵	对照*
麦麸的消耗/g	25.18	21.63	19.67	21.98
消化率/%	57.20	49.07	44.73	43.96
幼虫产量/g	5.94	5.24	6.30	3.67
饲料效率/%	23.60	24.23	32.03	16.70

*对照为每 50g 麦麸接入 0.10g 蝇卵，含水量 60%（表 7-22、表 7-23 同）

c. 幼虫对饲料粗脂肪、粗蛋白的转化利用。

3 类酶处理的优化方案中家蝇幼虫对饲料的粗脂肪、粗蛋白的转化与利用情况见表 7-22。从表 7-22 可知，饲料经酶处理后，可提高粗脂肪的转化率。除酵母发酵处理外，糖化酶处理和牛胃液发酵处理都能提高粗蛋白的转化率。

表7-22 幼虫对饲料粗脂肪及粗蛋白的转化与利用

项目	糖化酶处理	酵母发酵	瘤胃液发酵	对照
消耗粗脂肪/g	1.64	1.44	1.62	1.64
消耗粗蛋白/g	4.46	4.19	3.77	2.77
合成粗脂肪/g	1.33	1.11	1.33	0.94
合成粗蛋白/g	3.65	2.79	3.11	2.06
粗脂肪的转化率/%	81.11	77.08	82.10	57.22
粗蛋白的转化率/%	74.28	66.58	82.49	74.28

d. 酶处理最优方案的选择。

综合考虑幼虫生物量、饲料效率、粗脂肪及粗蛋白的转化率，并给予一定的权重，最后计算出 3 种优化方案下各自的综合得分（表 7-23）。从表 7-23 可知，3 种优化方案的综合得分都高于对照，其中以牛瘤胃液发酵处理的综合得分最高。因此在 3 种处理中，以牛胃液发酵处理为最优方案。

表7-23 综合评估得分

项目	权重	糖化酶处理	酵母发酵	瘤胃液发酵	对照
幼虫产量/g	0.3	5.94	5.24	6.30	3.67
饲料效率/%	0.3	23.60	24.23	32.03	16.70
粗脂肪的转化率/%	0.2	81.11	77.08	82.10	57.22
粗蛋白的转化率/%	0.2	81.33	66.58	82.49	74.28
综合得分	1.0	41.35	37.57	44.42	32.41

e. 饲养效果的初步分析。

用牛瘤胃液作发酵菌源处理饲料时，在 50g 麦麸中加入 20% 的牛瘤胃液，在 30℃时发酵 24h 后接卵 0.10g，可产鲜幼虫 25.20g，折合每千克干麦麸可产鲜幼虫 504.00g。而常规养殖方法，每千克干麦麸只产鲜幼虫 305.62g。可见，用牛瘤胃液作发酵菌源处理饲料可显著地提高幼虫生物量和经济效益。

幼虫生长所需的能量物质主要由糖类供应。麦麸经糖化处理后，提高了饲料中可溶性糖的含量，因而可减少幼虫体内蛋白质及脂肪的消耗，便于蛋白质的合成和脂肪的沉积，对幼虫的生长发育有利。这些可溶性糖类物质除具有营养功能外，很可能是家蝇幼虫的取食刺激物。

用牛瘤胃液作发酵菌源处理饲料时，幼虫生物量最高、效果最好。牛瘤胃液是一种复合酶，其中含有能分解糖类、蛋白质、脂肪及纤维素等大分子物质的各种微生物，其分解作用和促进幼虫生长发育的机制有待于深入研究。

寻找新的饲料资源和对现有饲料的经济利用是解决家蝇幼虫饲料的两条途径。如何充分利用现有饲料资源，提高饲料利用率是当务之急。用牛瘤胃液发酵处理麦麸时，可显著地提高幼虫生物量，提高对饲料营养物质的转化利用。同时，牛瘤胃液是屠宰场的废弃物，不需成本，因而值得大力提倡和推广。

（4）以混配方法提高麦麸利用率。彭宇等（1997）采用饲料混配比例的二次正交旋转组合设计寻找家蝇幼虫对麦麸高效利用途径，通过建立二次回归模型（表7-24），主效应分析，优化分析，筛选出了剩余麦麸再次利用的合理途径。

表7-24　回归系数、回归方程及区组效应的显著性检验结果

来源	幼虫生物量（y_1）	回归系数的 F 值 幼虫百头重（y_2）	幼虫存活率（y_3）	临界值
b_1	14.7363**	1.6552	1.2290	$F_{0.05}(1,21)=4.32$
b_2	51.8080**	37.0201**	11.7654**	$F_{0.01}(1,21)=8.02$
b_3	9.5208**	3.4556	0.1832	
b_4	8.1116**	62.9861**	1.8864	
b_{12}	1.2536	0.1616	0.4909	
b_{13}	1.3498	1.0213	0.9763	
b_{14}	0.0001	0.4176	0.2259	
b_{23}	0.3751	2.0956	0.5336	
b_{24}	0.0455	0.0166	0.1668	
b_{34}	0.3649	0.0270	2.1083	
b_{11}	1.8314	0.3996	0.1148	
b_{22}	23.4408**	2.2613	3.1001	
b_{33}	0.0012	0.1703	0.2027	
b_{44}	0.2801	2.6969	0.0286	
F_1	3.5067	4.8194**	3.1293*	$F_{0.05}(10,11)=2.86$ $F_{0.01}(10,21)=4.54$

来源	幼虫生物量（y_1）	回归系数的 F 值 幼虫百头重（y_2）	幼虫存活率（y_3）	临界值
F_2	8.0804**	8.1655**	2.9414*	$F_{0.05}$（14,21）=2.20 $F_{0.01}$（14,21）=3.07
F_3	2.0198	1.5341	0.1467	$F_{0.05}$（2,9）=4.26 $F_{0.01}$（2,9）=8.02

注：F_1 为失拟项检验值，F_2 为重建后回归方程的显著检验值，F_3 为区组效应显著性检验值

*表示在 α=0.05 水平下差异显著；**表示 α=0.01 水平下差异显著（表 7-24 同）

以麦麸（A）、豆渣（B）、剩余麦麸（C）为家蝇幼虫的饲料，将 A、B、C 分成两个比例：x_1=A/B，x_2=B/C，同时考虑含水量（x_3）和接卵量（x_4），采用混料比例的二次正交旋转组合设计安排试验。

a. 主效应分析。

幼虫生物量的主效应分析。将生物量模型 y_1' 降维可得到以下 4 个方程：

$$y_{11}' = 4.6617 + 0.2223x_1$$

$$y_{12}' = 4.6617 + 0.4167x_2 - 0.2428x_2^2$$

$$y_{13}' = 4.6617 + 0.1786x_3$$

$$y_{14}' = 4.6617 + 0.1649x_4$$

可见，4 个因子 x_1（A/B）、x_2（B/C）、x_3（含水量）、x_4（接卵量）都对幼虫生物量有影响，根据回归系数可知 4 个因子对幼虫生物量的影响顺序为：x_2（B/C）>x_1（A/B）>x_3>x_4。

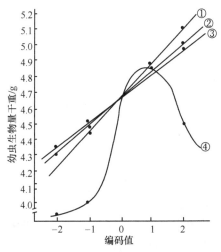

图 7-8　幼虫生物量的主效应分析

① $y_{11}' = 4.6617 + 0.2223x_1$；② $y_{13}' = 4.6617 + 0.1786x_3$；

③ $y_{14}' = 4.6617 + 0.1649x_4$；④ $y_{12}' = 4.6617 + 0.4167x_4 - 0.2428x_2^2$

图 7-8 给出了幼虫生物量与因子的关系，由图 7-8 知：在 [–2，2] 内，A/B（麦麸与豆渣的比值）、含水量和接卵量的增大，都将有利于幼虫生物量的提高。幼虫生物量随着 B/C（即豆渣与剩余麦麸的比值）增大而增加，当豆渣与剩余麦麸的比值为 2.2 时，幼虫生物量达到最大值。比值再增大，幼虫生物量开始下降。

幼虫百头重的主效应分析：

将幼虫百头重模型 y_2' 经降维可得到以下方程：

$$y_{22}' = 0.3852 + 0.0480x_2$$
$$y_{24}' = 0.3852 - 0.0614x_4$$

根据回归模型可知：x_4（接卵量）和 x_2（B/C）是影响幼虫百头重的主要因子，接卵量对幼虫百头重的影响作用大于 B/C。从图 7-9 知，在 [–2，2] 内幼虫百头重随着接卵量的增大而减小，这与北京市营养源研究所的报道相同；幼虫百头重随着豆渣与剩余麦麸比值的增大而增大。

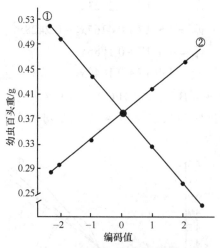

图 7-9　幼虫百头重的主效应分析

① $y_{24}' = 0.3852 - 0.0614x_4$；② $y_{22}' = 0.3852 - 0.0480x_2$

幼虫存活率的主效应分析：

$$y_{32}' = 81.2103 - 2.9379x_2$$

幼虫存活率只受到 x_2（B/C）的影响，由图 7-10 可知，在 [–2，2] 内，幼虫存活率随着豆渣与剩余麦麸的比值增大而降低，由于豆渣颗粒细度较小，豆渣用量太大，影响了幼虫的存活，这一结果与彭宇等（1994）所报道的相同。

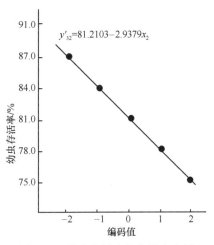

图 7-10　幼虫存活率的主效应分析

b. 幼虫饲养方案的优化分析。

4 因子 5 水平的全实施方案共有 5^4=625 个处理组合，其幼虫 3 个指标值可用建立起来的二次回归模型，并借助计算机全部模拟出来，从计算机模拟出来的 625 个处理组合中，筛选出了生物量超过 5.62g 的初级优化方案 10 个，采用陈金湘的方法进行综合评分的决策分析。

加权综合评分公式如下：

$$P_j = \sum_{i=1}^{n} \frac{Q_{ji} - \min(Q_i)}{\max(Q_i) - \min(Q_i)} \times W_i \times 100 (j=1,2,\cdots,m; i=1,2,\cdots,n)$$

式中，$0 < W_i < 1$，$\sum_{i=1}^{n} W_i = 1$，W_i 为权重。

权重 W_i 的值定为：生物量 0.35g，幼虫百头重 0.25g，幼虫存活率 0.25%，可信度 0.15（可信度为各因子水平平方和平方根）。

根据加权综合评分公式，计算出了 10 个初级优化方案的综合得分（表 7-25），根据综合得分，选出了 3 个综合优化方案：方案 2（2，1，2，2），方案 5（2，1，1，2），方案 10（1，0，2，2）。方案 10 的生物量较高，综合得分最高，而且能有效地利用剩余麦麸，最后选择方案 10（1，0，2，2）为最优方案，其实施的技术措施为：在混合饲料中麦麸含 67.74%，豆渣含 19.35%，剩余麦麸含 12.90%，含水量为 75%，接卵量为 50g，混合饲料中接卵 0.14g。

7.2.2　养殖技术的优化设计及决策分析

鲁汉平等（1995）在研究影响成蝇卵量的因子作用模型和影响幼虫生长的因

表7-25　生物量的初级优化方案及其综合得分

方案号	因子水平				生物量/g	百头重/g	存活率/%	可信度	综合得分
	x_1	x_2	x_3	x_4					
1	2	2	2	2	5.6555	0.3871	64.2869		4.0000
					7.7875	9.0401	0	15.0000	31.8279
2	2	1	2	2	5.9672	0.3727	67.3307		3.6056
					35.0000	6.9199	6.0170	10.6314	58.5883*
3	2	1	2	1	5.8023	0.3727	67.3307		3.1623
					20.6036	6.9199	6.0170	5.7211	39.2616
4	2	1	2	0	5.6734	0.3727	67.3307		3.0000
					3.2073	6.9199	6.0170	3.9234	23.0676
5	2	1	1	2	5.7886	0.4341	70.0282		3.1623
					19.4076	15.9600	11.3490	5.7211	52.4377*
6	2	1	1	1	5.6237	0.4955	71.1415		2.6458
					5.0112	25.0001	12.1130	0	32.3202
7	1	1	2	2	5.7932	0.3583	70.0280		3.0000
					19.8092	4.7998	11.3490	3.9234	42.4431
8	2	0	2	1	5.6274	0.3583	70.1415		3.0000
					5.4216	4.7998	12.1130	3.9234	26.2878
9	1	1	1	2	5.7449	0.3257	71.5678		3.1623
					4.2255	0	14.3947	5.7211	35.7082
10	1	0	2	2	5.8113	0.4341	76.9633		3.0000
					21.3894	15.9600	25.0584	3.9234	66.2712*

注：上行为指标值，下行为得分值

*为入选的优化方案

子作用模型的基础上，利用计算机模拟出特定目标下所选因子全实施试验的全部处理结果，从而筛选出特定目标的初级优化方案，经对初级优化方案进行综合分析，从中筛选出综合目标好的优化方案，以此即可制订出生产实施的技术规范。

（1）原理与方法。3 因子、5 水平的全实施试验共有 $5^3=125$ 个处理组合。正交旋转组合设计把 125 个试验简化为 23 个，那么剩余的 102 个试验就可以参考吴健（1988）的方法模拟出来。根据实际要求确定一个优化方案的指标限，就可以得到该指标下的优化方案（初级优化方案）。接着进行优化方案的决策分析，参考陈金湘（1986）和崔国贤（1989）的方法进行综合评分的决策分析。约定成蝇饲养中不同总体目标下的指标权重如表 7-26 所示。幼虫生物量目标下各指标的权重为：幼虫重 0.25g，存活率 0.25%，生物量 0.30g，可信度 0.20。

加权综合评分公式：

$$P_j = \sum_{i=1}^{n} \frac{Q_{ji} - \min(Q_i^*)}{\max(Q_i^*) - \min(Q_i^*)} \times W_i \times 100$$

表7-26　不同总体目标下各指标的权重系数

总体目标	产卵历期	前20天卵量	平均卵量	卵峰日	卵峰持续时间	总卵量	卵峰期卵量	可信度
产卵历期	0.20	0.10	0.10	0.10	0.10	0.15	0.10	0.15
前20天卵期	0.10	0.25	0.10	0.05	0.15	0.10	0.15	0.10
平均卵量	0.10	0.20	0.20	0.05	0.10	0.05	0.15	0.15

　　由得分的多少，从初级优化方案中可得到 n 个优化方案。最后结合方案产生的具体条件和生产应用问题进行比较和分析，从而得到综合优化方案。

　　（2）产卵历期的模拟优化及其决策分析。按上述模拟优化原理和方法，即得到种群历期大于 25 天的初级优化方案 10 个。其因子水平、各指标预测值和综合评分见表 7-27（篇幅所限，表中只列出前 8 个方案）。

表7-27　产卵历期初级优化方案及其综合评分

方案号	因子水平			I	II	III	IV	V	VI	VII	可信度	综合得分
	x_1	x_2	x_3									
1	-1.633	-1.633	-1.633	36.91	218 571.8	323.89	10.27	2.31	340 739.0	40 142.9	2.83	61.3*
				19.9	5.7	8.9	7.7	7.7	14.2	2.6	0	
2	-1.633	-1.633	-1	35.5	175 524.0	277.14	12.06	12.06	306 810.8	16 785.8	2.51	52.6
				17.0	2.7	5.9	10.0	10.0	11.4	1.0	3.4	
3	-1.633	-1	-1.633	36.99	170 198.4	264.22	6.80	6.80	275 851.4	14 587.8	2.51	43.5
				20	2.3	5.0	3.1	3.1	8.8	0.8	3.4	
4	-1.633	-1	-1	35.49	145 359.2	240.60	8.59	8.59	261 875.3	3 093.5	2.16	41.6
				17.3	0.6	3.5	5.5	5.5	7.6	0	7.1	
5	-1	-1.633	-1.633	26.81	279 620.2	340.62	10.40	10.40	349 862.5	14 321.60	2.51	62.9*
				1.7	10.0	10.0	7.8	7.8	15.0	10.0	3.4	
6	-1	-1.633	-1	26.33	243 507.3	303.61	11.79	11.79	325 937.9	123 800.8	2.16	63.2*
				0.8	7.5	7.6	9.6	9.6	13.0	8.6	7.1	
7	-1	-1	-1.633	26.81	226 650.5	280.94	7.71	7.71	282 811.4	105 786.0	2.16	49.3
				1.7	6.3	6.1	4.3	4.3	9.4	7.3	7.1	
8	-1	-1	-1	26.39	208 745.8	267.09	9.11	9.11	278 838.8	98 233.6	1.73	51.7
				0.9	5.0	5.2	6.2	6.2	9.0	6.8	11.6	

　　注：上行为指标值，下行为得分，可信度为因子半径之和的平方根。I.产卵历期/天；II.前20天总卵量/粒；III.平均卵量/粒/蝇；IV.卵峰日/天；V.卵峰持续时间/天；VI.处理总卵量/粒；VII.卵峰期卵量/粒

　　*为入选的优化方案（表7-28～表7-30同）

根据得分情况，从表中可以得到 3 个综合优化方案：方案 1（−1.633，−1.6333，−1.633），方案 5（−1，−1，633，−1.633），方案 6（−1，−1.633，−1）。因考虑到：①在生产中，温度和光照的−1.633 水平不如−1 水平容易实施；②预报的可信度−1.633 水平也不如−1 水平。所以温度、光照均取−1 水平。这样 3 个方案中只有方案 6 符合要求，即（−1，−1.633，−1）。其生产实施的技术规范为：种蝇饲养室温度控制在 22℃，饲养密度为 5.7cm³/蝇，光照 8h。

（3）前 20 天总卵量的模拟优化及其决策分析。同样的方法，可得到种群前 20 天总卵量大于 220 000 的方案 15 个。其因子水平，各指标预测值和综合评分见表 7-28（篇幅所限，表中只列出产卵量的前 7 个方案）。

根据得分情况，从表 7-28 可得到 3 个综合优化方案：方案 2（0，−1.633，−1.633），方案 3（0，−1.633，−1），方案 6（1，−1.633，−1.633）。很显然，3 个方案中，密度均为−1.633 水平，光照分别为−1.633，−1，−1.633。考虑到生产中，温度的 0 水平比 1 水平容易控制，且一般而言成本也低些，另外预报精度也好，故温度选择 0 水平。光照时数也选择−1 水平。这样就只有方案 3，即（0，−1.633，−1）。其生产实施的技术规范为：种蝇的饲养室温度控制在 27℃，密度控制在 5.7cm³/头蝇，光照 8h。

表7-28　前20天总卵量的初级优化方案及其综合得分

方案号	x_1	x_2	x_3	I	II	III	IV	V	VI	VII	可信度	综合得分
1	−1	−1.633	−1.633	26.81	279 622.9	340.62	10.40	8.98	349 862.5	143 216.0	2.52	54.0
				10.0	14.1	10.0	0.9	3.4	10.0	3.4	2.2	
2	0	−1.633	−1.633	14.55	320 921.3	326.01	8.48	15.65	329 976.3	245 045.0	2.31	78.1*
				4.6	2.5	9.0	2.1	72.4	8.7	12.6	3.7	
3	0	−1.633	−1	15.77	295 761.3	304.41	9.24	14.76	321 854.9	231 857.2	1.91	69.8*
				5.1	19.2	7.5	1.6	11.2	8.2	11.4	6.5	
4	0	−1	−1.633	14.42	260 687.7	266.34	7.07	12.16	259 507.2	188 855.3	1.91	47.3
				4.5	9.0	4.9	3.0	7.7	4.2	7.5	6.5	
5	0	−1	−1	15.71	253 736.3	267.87	7.83	12.07	271 338.0	187 530.3	1.41	49.8
				5.1	7.2	5.0	2.5	7.6	5.0	7.4	10	
6	1	−1.633	−1.633	6.82	294 676.6	261.17	3.99	17.59	268 082.0	272 160.4	2.52	65.4*
				1.1	18.0	4.6	4.9	15.0	4.6	15.0	2.2	
7	1	−1.633	−1	9.76	280 470.5	254.96	4.12	16.70	275 764.0	275 200.0	2.16	63.7
				2.4	14.3	4.1	4.8	13.8	5.2	14.4	4.7	

表7-29　平均卵量的初级优化方案及其综合得分

方案号	因子水平			I	II	III	IV	V	VI	VII	可信度	综合得分
	x_1	x_2	x_3									
1	-1.633	-1.633	-1.633	36.91	208 571.8	323.89	10.28	2.32	340 739.0	40 142.2	2.83	40.0
				10.0	5.9	14.7	1.6	0.7	4.7	2.4	0	
2	-1.633	-1.633	-1	35.35	175 524.0	277.14	12.07	1.42	306 810.8	16 785.8	2.52	21.2
				9.5	1.8	0	0	0	3.8	0.9	5.1	
3	-1	-1.633	-1.633	26.81	279 622.9	340.62	10.40	8.98	349 862.5	143 214.0	2.52	67.0*
				6.5	14.8	20	1.5	5.4	5	8.7	5.1	
4	-1	-1.633	-1	26.33	243 508.9	303.60	11.79	8.09	325 937.9	123 800.8	2.16	52.7
				6.4	10.3	8.3	0.3	4.7	4.3	7.5	10.9	
5	-1	-1	-1.633	26.81	226 652.2	280.95	7.72	6.44	282 811.4	10 586.0	2.16	43.8
				6.5	8.2	1.2	3.9	3.6	3.1	6.4	10.9	
6	0	-1.633	-1.633	14.55	320 921.3	326.01	8.48	15.65	329 976.3	245 045.0	2.31	78.8*
				2.3	20.0	15.4	3.2	10.0	4.4	15.0	8.5	
7	0	-1.633	-1	15.77	295 761.3	304.41	9.24	14.76	321 954.9	231 857.2	1.91	73.6*
				2.8	16.9	8.0	2.6	9.4	4.2	14.1	15.0	
8	0	1.633	1	10.44	187 005.1	304.41	9.10	8.26	195 684.4	98 578.3	1.91	42.0
				0.9	3.24	8.6	2.7	4.9	0.7	6.0	15.0	
9	0	1.633	1.633	7.74	277 510.0	326.00	9.86	8.53	203 805.8	101 543.1	2.31	44.0
				0	5.8	15.4	2.0	5.1	1.0	6.2	8.5	
10	1	1	1.633	9.33	187 033.7	280.95	6.95	5.17	187 671.2	71 970.1	2.16	28.1
				0.6	3.3	1.2	4.6	2.7	0.5	4.3	10.9	
11	1	1.633	1	9.16	168 850.6	303.61	8.51	5.30	181 890.2	54 805.3	2.16	30.3
				0.5	1.0	8.3	3.2	2.8	0.3	3.3	10.9	
12	1	1.633	1.633	8.17	200 550.3	340.62	8.64	5.57	205 814.9	63 997.4	2.52	41.1
				0.2	4.9	20	3.1	3.0	1.0	3.8	5.1	
13	1.633	1.633	1.633	10.78	161 083.1	323.89	6.54	1.26	169 394.9	1 615.7	2.82	20.7
				1.0	0	14.7	5.0	0	0	0	0	

*为入选的优化方案

（4）平均卵量的模拟优化及其决策分析。处理种蝇平均卵量大于270粒的初级优化方案13个。其因子水平，各指标预测值及其综合得分见表7-29。

表7-30　生物量的初级优化方案及其综合评分

方案号	因子水平			生物量/g	幼虫重/（g/30头）	存活率/%	可信度	综合得分
	x_4	x_2	x_3					
1	0	-1.682	1.682	7.3440	0.3396	0.5775	2.3787	27.69
				7.69	0	25	0	

续表

方案号	因子水平			生物量	幼虫重/（g/30头）	存活率/%	可信度	综合得分
	x_4	x_2	x_3					
2	0	-1	1	7.4808 8.18	0.3925 10.14	0.5775 25	1.4142 8.11	51.43
3	0	-1	1.682	7.7839 20.35	0.3618 4.26	0.5775 25	1.9568 3.55	53.16
4	0	0	0	7.2769 0	0.4700 25.00	0.5775 25	0 20.00	70.00*
5	0	0	1	7.7213 17.84	0.4250 16.37	0.5775 25	1.0000 11.59	70.80*
6	0	0	1.682	8.0244 30.00	0.3943 10.49	0.5775 25	1.6820 5.86	71.35*
7	0	0	1	7.4808 8.18	0.4575 22.60	0.5775 25	1.4142 8.11	63.89
8	0	1	1.682	7.7939 20.35	0.4628 16.72	0.5775 25	1.9568 3.55	65.62
9	0	1.682	1.682	7.3440 2.69	0.4490 20.97	0.5775 25	2.3787 0	48.66
10	1	0	1.682	7.3203 1.74	0.3468 1.38	0.6900 25	1.9568 3.55	31.67

*为入选的优化方案

　　根据入选方案的综合得分情况，即可得到 3 个综合优化方案：方案 3（-1，-1.633，-1.633），方案 6（0，-1.633，-1.633），方案 7（0，-1.633，-1）。很显然，温度水平分别为-1，0，0，密度水平均为-1.633，光照水平为-1.633，-1.633，-1。类似前面的分析，从生产中的实施情况及预报可信度等综合考虑，可得最合适的方案为（0，-1.633，-1），即方案 7。其技术规范为：种蝇饲养室温度控制在 27℃，饲养密度为 5.7cm³/头蝇，光照时间为 8h。

　　（5）生物量的模拟优化及其决策分析。全部组合中，生物量大于 7.3g 的优化方案共 10 个，其因子水平，各指标预测值和综合得分结果见表 7-30。

　　根据表 7-30 得分情况可得到 3 个综合优化方案：方案 4（0，0，0），方案 5（0，0，1），方案 6（0，0，1.682）。方案 4，虽然其预报可信度大，但生物量比方案 5、6 差得比较大，故淘汰。而后二者虽然生物量接近，但方案 5 的预报可靠性大些。经过综合分析，选择方案 5。其技术规范为：幼虫饲养室温度控制在 30℃，基质含水量 53%，接卵量控制在 1000 粒/25g 麦麸。

7.2.3　成蝇营养

　　（1）不同营养物对生殖力的影响。不同营养对家蝇成蝇生殖力影响较大（表

7-31），以蜂王浆为食，成蝇产卵前期比其他饵料可缩短 2 天以上。经方差分析，不同成蝇营养的产卵总量和单雌日均产卵量存在显著差异，蜂王浆组的影响作用最大，15 天产卵总量和单雌日均产卵量都显著高于奶粉组和蛆浆组；蛆浆组的饲养效果好于奶粉组，但二者之间差异不显著。

表7-31　不同营养源对成蝇生殖力的影响

处理	产卵前期/天	活蝇		死亡率/%	15 天产卵总量	单雌日均产卵量
		♂	♀			
蜂王浆	3.33	41	40	10.0	17 831*	29.00*
奶粉	5.33	45	43	2.2	9 082	13.46
蛆浆	5.66	39	38	14.4	10 125	17.26

*表示 $P < 0.05$

（2）添加剂的营养效应。在成蝇的基本饵料中分别添加硫胺素、氯化胆碱、氯化钾、赖氨酸、甲硫氨酸，观察成蝇的产卵及寿命，与对照进行比较。

a. 成蝇饲料添加剂对成蝇产卵量的影响。

成蝇基本饲料中添加氯化胆碱和氯化钾后，产卵前期较对照缩短了 0.7 天和 1.3 天；取食加有氯化胆碱的饲料后，雌蝇的产卵期较对照延长了 2.3 天，而加有硫胺素、氯化钾、赖氨酸、甲硫氨酸的饲料均使雌蝇产卵期缩短，较对照依次缩短了 2.5 天、3 天、1.3 天、3 天；取食添加上述 5 种添加剂的饲料后，雌蝇的总产卵量、日产卵量都有一定程度的提高，经氯化胆碱处理和甲硫氨酸处理的每头雌蝇日产卵量与对照呈极显著差异（$P < 0.01$），经氯化钾处理的每头雌蝇日产卵量与对照相比，差异显著（$P < 0.05$），而硫胺素、赖氨酸处理的单雌日产卵量与对照无显著差异（表 7-32）。

表7-32　成蝇饲料添加剂对成蝇产卵的影响

处理	羽化率/%	雌虫数	产卵前期/天	产卵天数/天	总产卵量	单雌一生产卵量	单雌日产卵量
CK	83.33	16.7	4.0	56.0	13 553	813.0	14.52
硫胺素	80.00	14.0	4.0	53.5	11 940	852.9	15.94
氯化胆碱	82.50	13.7	3.3	58.3	15 136	1 107.2	18.99**
氯化钾	76.25	13.5	2.7	53.0	12 494	825.5	17.46*
赖氨酸	73.75	12.0	4.0	54.7	10 470	872.5	15.95
甲硫氨酸	81.25	11.7	4.0	53.0	13 682	1 172.4	22.12**

*表示 $P < 0.05$；**表示 $P < 0.01$

b. 不同饲料添加剂对单雌逐日累计产卵量的影响。

对用不同饲料添加剂饲喂后的每头雌蝇逐日累计产卵量（图 7-11）进行统

计分析后，得出各处理组逐日累计产卵百分率与时间的相关关系的各参数值（表 7-33）。比较各 b 值，可知氯化钾处理组的 b 值与对照相近，而其余各处理组的 b 值绝对值均小于对照组。

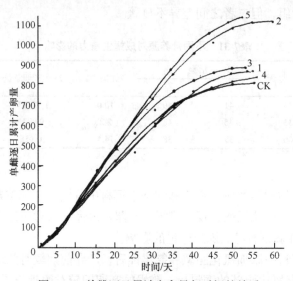

图 7-11　单雌逐日累计产卵量与时间的关系

1. 硫胺素；2. 氯化胆碱；3. 氯化钾；4. 赖氨酸；5. 甲硫氨酸

表7-33　成蝇产卵曲线的参数

处理	CK	硫胺素	氯化胆碱	氯化钾	赖氨酸	甲硫氨酸
a	0.8068	0.7070	0.7273	0.7941	0.7632	0.6957
b	−6.1125	−5.2421	−5.4035	−6.1317	−4.8833	−5.8892
r	−0.9038	−0.8736	−0.8295	−0.9047	−0.8475	−0.8775

c. 不同饲料添加剂对每头雌蝇日产卵量的影响。

在饲料中添加硫胺素、氯化胆碱、氯化钾、赖氨酸、甲硫氨酸对成蝇进行饲养后，雌蝇的日产卵量变化曲线发生了改变（图 7-12）。对照组的日产卵量变化曲线比较平缓，一生中最大产卵量出现在第 1 个高峰期，但不明显；硫胺素处理组的日产卵量变化曲线前期变化不大，在第 29 天时达到最大；取食氯化胆碱的雌蝇日产卵量变化曲线有两个明显的峰值，第 1 个出现在第 11 天，第 2 个出现在第 31 天，且后 1 个峰值大于前 1 个峰值；氯化钾处理组的产卵量在第 1 个产卵高峰期比较集中，最大产卵量出现在第 14 天；赖氨酸处理组的日产卵量变化曲线与对照相似，比较平缓，但两个峰值是明显的；甲硫氨酸处理组的第 1 个产卵高峰期的峰值出现在第 5 天，是所有处理中出现最早的，日产卵量也最大，第 2 个峰值则出现在第 29 天。

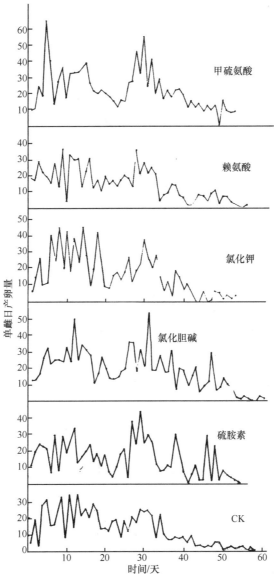

图 7-12 单雌日产卵量与时间的关系

d. 不同饲料添加剂对成蝇死亡累计百分率的影响。

各处理组的成蝇累计死亡百分率与时间之间均呈"S"形曲线相关系极显著(图 7-13),比较各组的 b 值,以氯化钾处理组的 b 值最高,是对照的 1.27 倍,其他处理组的累计死亡百分率增长速率(b 值)均比对照低,依次为对照的 94.54%、99.32%、87.42%、77.99%(表 7-34)。

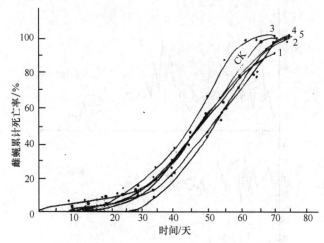

图 7-13 雌蝇累计死亡百分率与时间的关系
1. 硫胺素；2. 氯化胆碱；3. 氯化钾；4. 赖氨酸；5. 甲硫氨酸

表7-34 雌蝇累计死亡率曲线的参数

处理	k	a	b	r
CK	100.00	4.9040	0.0970	0.9324
硫胺素	100.00	4.8175	0.0917	0.9730
氯化胆碱	100.00	5.3450	0.0963	0.9791
氯化钾	100.00	5.5338	0.1232	0.9957
赖氨酸	100.00	4.7636	0.0848	0.9638
甲硫氨酸	100.00	4.1773	0.0757	0.9590

8 家蝇的营养价值及功能评价

8.1 家蝇的营养成分

8.1.1 粗蛋白含量高

蝇蛆的营养成分全面,尤以粗蛋白含量高为其特点,国内众多分析资料表明:无论是鲜蛆还是蛆粉其粗蛋白含量都与鲜鱼、鱼粉及肉骨粉相当或略高(表8-1)。鱼粉本身因产地不同,其蛋白含量差异甚大,蝇蛆粉与进口秘鲁鱼粉的粗蛋白含量相当,其脂肪、碳水化合物的含量均较高。

表8-1 家蝇粗蛋白含量   (%)

名称	粗蛋白	粗脂肪	灰分	其他
蝇蛆粉	59.39	12.61	14.10	13.90
蝇蛹粉	65.43	10.55	9.52	14.50
豆饼	45.10	4.20	5.50	45.20
秘鲁鱼粉	60.40	8.40	17.10	14.10

8.1.2 必需氨基酸含量高

自然界中最常见的氨基酸有 20 多种,人体及食物中的各种蛋白质都是由这些氨基酸组成的,不同的蛋白质中含有氨基酸的种类、数量及排列顺序是不同的,所以蛋白质的种类千变万化。在人体常见的 20 多种氨基酸中,有 10 种是人体自身不能合成或合成速度不能满足机体需要,而必须每日从膳食中获得的,这种氨基酸被称为必需氨基酸,它们是亮氨酸、异亮氨酸、赖氨酸、甲硫氨酸、苯丙氨酸、酪氨酸、胱氨酸、苏氨酸、色氨酸和缬氨酸。为了保证人体合理营养的需要,必须充分满足人体对必需氨基酸所需要的数量及它们之间的比例,否则就不能维持机体的氮平衡。

世界卫生组织(WHO)及联合国粮食及农业组织(FAO)提出的参考蛋白的模式,必需氨基酸含量应占氨基酸总量的 40% 以上。把必需氨基酸比值分析作为蛋白质营养价值的比较方法之一,是通过样品中必需氨基酸总量(E)和非必需氨基酸总量（N）的比值（E/N），或对样品中总的氨基酸含量（$E+N$）与必需氨基酸含量（E）的比值[$E/（E+N）$]来判定的。即一种优质蛋白质或氮源，其 $E/（E+N）$ 比值应在 40% 以上，E/N 的比值应在 0.6 以上，$E\%/T$[T=必需氨基酸（g）/总氮（g）]的比值应是 3。王达瑞等（1991）对几种氮源进行了氨基酸组分的分析（表 8-2）。

表8-2　几种氮源氨基酸组分分析

氨基酸种类	蝇蛆原物质	蝇蛆干粉	鱼粉	鲜鸡肉	肉骨粉	麦麸	蝇蛆粉/鱼粉
ASP 天冬氨酸	1.32	6.18	2.85	2.13	3.09	1.10	2.2
THR 苏氨酸*	0.66	2.03	1.15	0.97	1.84	0.42	1.8
SER 丝氨酸	0.67	1.58	1.34	0.96	1.61	0.71	1.2
GLU 谷氨酸	1.85	8.20	5.34	2.80	4.62	3.68	1.5
PRO 脯氨酸	0.62	4.16	2.79	0.75	2.33	1.00	1.5
GLY 甘氨酸	0.58	3.84	3.27	0.73	1.74	0.77	1.2
ALA 丙氨酸	0.79	2.49	2.28	1.01	2.15	0.72	1.1
VAL 缬氨酸*	0.64	3.23	1.58	0.90	1.77	0.58	2.0
MET 蛋氨酸*	0.30	1.25	0.46	0.51	0.99	0.11	2.7
ILE 异亮氨酸*	0.47	2.54	1.09	0.95	1.78	0.38	2.3
LEU 亮氨酸*	0.75	4.05	2.07	1.56	2.68	0.99	1.9
TYR 酪氨酸*	0.81	3.22	1.37	0.92	1.82	0.41	2.3
PHE 苯丙氨酸*	0.72	3.51	1.19	0.92	2.07	0.55	2.9
HIS 组氨酸	0.44	1.96	0.70	0.57	1.10	0.32	2.8
LYS 赖氨酸*	0.94	4.30	1.64	1.78	2.43	0.51	2.6
NH₃ 氨	0.13	0.36	0.41	0.09	0.08	1.05	
ARG 精氨酸	0.51	3.70	2.31	1.22	2.38	1.35	1.6
CYS 胱氨酸*	0.16	0.67	0.23	0.27	0.33	0.55	2.9
$E+N$	12.36	57.27	32.07	19.01	34.81	15.20	
E	5.45	24.80	10.78	8.78	15.71	4.50	2.3
$E\%$	44.09	43.30	33.61	46.11	45.13	29.61	
E/N	0.79	0.76	0.51	0.86	0.82	0.42	
$E\%/T$	2.94	2.89	2.24	3.07	3.01	1.97	

*是必需氨基酸

利用上述标准来评价蝇蛆蛋白的价值，从 $E\%$ 值看，蝇蛆原物质与蝇蛆干粉分别为 44.09%、43.83%，均超过 40%；从 E/N 比值看，分别为 0.79、0.78，也都超过了 0.6；从 $E\%/T$ 比值看，分别为 2.93、2.89，均接近于 3（色氨酸未测）。以上指标均高于鱼粉，达到或超过 FAO/WHO 所规定优质氮源的标准。

8.1.3　微量元素丰富

微量元素在营养学中的重要性已越来越受到人们的关注，蝇蛆体内除含有丰富的钾、钠、钙、镁等无机元素外，还含有多种生命活动所必需的微量元素，如铁、铜、锌、锰、磷、钴、铬、硒、硼等近 20 种微量元素，王达瑞等分析了 17 种微量元素的含量（表 8-3）。

表8-3　蝇蛆中微量元素含量　　　　　　　　（单位：mg/kg）

元素	含量	元素	含量	元素	含量
K	71.72	Zn	4.40	Cr	0.04
Na	20.00	Fe	2.33	B	0.19
Mg	26.97	Mn	1.98	Co	0.05
Ca	31.12	Cu	0.29	P	62.35
Al	0.16	Ni	0	Cd	0*
Si	0.18	Pb	0		

*属极微，仪器上无法测出

8.1.4　脂肪含量较高

蝇蛆油的主要成分是饱和脂肪酸、不饱和脂肪酸、磷酸、游离脂肪酸等，它既不同于高等动物的油脂，含有较丰富的饱和脂肪酸甘油酯，也不同于植物油脂，含有丰富的不饱和脂肪酸甘油酯。

牛长缨等测试分析蝇蛆油发现其脂肪酸有 20 余种，已鉴定出 9 种脂肪酸，其中不饱和脂肪酸占 64.5%，包括油酸、亚油酸、亚麻酸等，同时还发现十五碳酸、十七碳酸等不多见的奇数碳原子脂肪酸（表 8-4）。

表8-4　蝇蛆油的脂肪酸组成

脂肪酸		分子式	含量/%
饱和 脂肪酸	蔻酸（十四脂酸）	$C_{14}H_{28}O_2$	3.61
	棕榈酸（十六脂酸）	$C_{16}H_{32}O_2$	23.64
	硬脂酸（十八脂酸）	$C_{18}H_{36}O_2$	1.96
	十五碳酸	$C_{15}H_{30}O_2$	<1.00
	十七碳酸	$C_{17}H_{34}O_2$	<1.00
不饱和 脂肪酸	棕榈油酸（十六烯酸）	$C_{16}H_{30}O_2$	25.99
	油酸（十八烯酸）	$C_{18}H_{34}O_2$	22.98
	亚油酸（十八二烯酸）	$C_{18}H_{32}O_2$	14.85
	亚麻酸（十八三烯酸）	$C_{18}H_{30}O_2$	0.68

从表 8-4 可以看出，蝇蛆油不饱和脂肪酸与饱和脂肪酸的比值（P/S）高，达到 2.1，比大多数动物油脂的 P/S 值都高，其中人体必需的亚油酸、亚麻酸含量超过鱼脂而与花生油脂相近，可称之为"动物性植物油"，是营养价值较高的可供人类食用的优质油脂。

8.1.5　维生素 B 族含量高

维生素是维持机体正常生命过程所必需的一类低分子有机化合物。在身体中不构成细胞成分，也不供应能量，它的主要功能是调节物质代谢，有些维生素是构成辅酶的重要成分，在代谢中发挥重要作用。例如，维生素 B_1 是丙酮酸脱羧酶的辅酶组分，维生素 B_2 是黄酶的辅酶，维生素 B_6 是转氨酶的辅酶等。作为丙酮酸脱羧酶辅酶的维生素 B_1，在糖代谢中参加丙酮酸或 α-酮戊二酸的脱羧反应。若机体中缺少维生素 B_1，不仅使丙酮酸代谢受阻，而且还影响一些氨基酸的转氨作用，破坏机体氮平衡。由维生素 B_2 形成的活性辅基通常为黄素腺嘌呤二核苷酸或黄素单核苷酸，它可与多种酶蛋白结合形成各种黄素单核苷酸，它们可与多种酶蛋白结合形成各种黄素蛋白，并且作为电子转移系统的一个重要组成部分，参与机体中复杂的氧化还原过程。

雷朝亮等测定蝇蛆粉中维生素的含量时发现：蝇蛆中维生素 B_1、维生素 B_2 的含量十分丰富，其中维生素 B_1 含量为 1.95mg/100g，维生素 B_2 为 282.87mg/100g。在现代文明高度发达的今天，食物越来越精细，造成 80% 以上的人群都有不同程度的维生素 B_2 缺乏症，蝇蛆粉中维生素 B_2 含量是一般食物的 100～1000 倍，可望成为一种新的功能食品。

8.2　保健功能评价

8.2.1　蝇蛆几丁糖的保健功能

8.2.1.1　调节血脂作用

设置 5 个处理，即低、中、高 3 个剂量组（8.0mL/kg、16.0mL/kg、24.0mL/kg）及基础对照组和高脂对照组。将体重 150～210g Wistar 种雄性大鼠饲养 1 周后采血测定血清甘油三酯指标，并根据测定结果将动物随机分成 5 组，每组 8 只受试大鼠。各剂量组每天灌胃 1 次蝇蛆 2% 几丁糖水溶液，每天一次，连续 28 天，在给予受试物的同时喂高脂饲料，自由进食和饮水，间隔 4 天称重 1 次，并根据体重调整几丁糖溶液的灌胃量。高脂对照组和基础对照组均以蒸馏水灌胃，并分别给予高脂饲料和基础饲料，与剂量处理组同步饲养。试验至第 14 天和第 28 天均采血测定血清甘油三酯（TG）、血清胆固醇（TC）及血清高密度脂蛋白胆固醇（HDL-C）的含量。测定方法参照金宗濂等（1995）。

试验至第 14 天、第 28 天分别采血测定 TG、TC 及 HDL-C，结果见表 8-5～表 8-7。

表8-5　蝇蛆几丁糖对大鼠血清TG的影响（TG值）

组别	试验前	第 14 天	第 28 天
低剂量	1.156±0.189	1.270±0.272*	0.895±0.197*
中剂量	1.104±0.156	1.286±0.303	1.100±0.272*
高剂量	1.137±0.242	1.087±0.342*	0.878±0.342*
高脂对照	1.152±0.205	1.711±0.488	1.750±0.385
基础对照	1.171±0.292	1.114±0.222*	1.022±0.241*

*为与高脂对照比较 $P<0.05$

表8-6　蝇蛆几丁糖对大鼠血清TC的影响（TC值）

组别	试验前	第 14 天	第 28 天
低剂量	1.325±0.269	2.419±0.275*	2.349±0.222*
中剂量	1.345±0.260	2.580±0.341*	2.205±0.426*
高剂量	1.270±0.252	2.362±0.351*	2.241±0.321*
高脂对照	1.348±0.258	3.367±0.353△	3.480±0.457△
基础对照	1.341±0.288	1.277±0.211*	1.257±0.067

△ 为与基础对照组比较 $P<0.05$；*为与高脂对照比较 $P<0.05$

表8-7　蝇蛆几丁糖对大鼠血清HDL-C的影响（HDL-C值）

组别	第 14 天	第 28 天
低剂量	0.690±0.145	0.594±0.086
中剂量	0.750±0.135	0.577±0.094
高剂量	0.717±0.127	0.616±0.123
高脂对照	0.707±0.115	0.615±0.102
基础对照	0.713±0.138	0.600±0.068

从表 8-5～表 8-7 可以看出，试验开始时，各试验组间大鼠血清 TG、TC、HDL-C 含量均无显著差异；试验到第 14 天时，蝇蛆几丁糖溶液的低、高 2 个剂量组及试验到第 28 天时的蝇蛆几丁糖低、中、高 3 个剂量组，大鼠血清甘油三酯（TG）

含量明显低于高脂对照组（$P<0.05$），血清胆固醇（TC）含量无论是在试验第14天还是第28天均显著低于高脂对照组（$P<0.05$），但血清高密度脂蛋白胆固醇（HDL-C）含量没有显著差异。

8.2.1.2　抗突变作用

小鼠骨髓微核试验：选用昆明种小鼠，体重25~30g，随机分为5组，每组10只，雌雄各半。几丁糖剂量分组同前，同时设置阴性和阳性（环磷酸胺）对照组。受试物组连续灌胃30天，试验末期（最后2天），受试物组及阳性对照组经口给予致突变物（环磷酸胺40mg/kg）2次（中间间隔24h）。受试物组给予致突变物1h后再给予受试物，第2次给予环磷酸胺后6h，颈椎脱臼处死动物并取胸骨髓制片、固定、染色、镜检，每只动物计数1000个嗜多染红细胞中微核细胞数，计算微核率。

小鼠睾丸染色体畸变试验：选用昆明种小鼠50只，体重25~30g，随机分成5组，每组10只。几丁糖各剂量分组同前，同时设置阴性和阳性（丝裂霉素C 2 mg/kg）对照组。受试物组连续灌胃30天，取材前12天受试物组及阳性对照组经口给予丝裂霉素C（2mg/kg）。受试物组给予丝裂霉素C 1h后再喂以受试物，连续12天。动物处死前6h腹腔注射秋水仙素4mg/kg，取睾丸细胞固定、染色、镜检和染色体畸变分析。

Ames试验：采用组氨酸缺陷型鼠伤寒沙门氏菌TA98标化菌株，以掺入法对样品分别进行加入和不加入S-9试验，受试物设原液、0.5%和0.25% 3个剂量组，并设溶剂对照和阳性对照组，重复3次。取0.1mL致突物和0.1mL受试物，同时加入0.5mL磷酸盐缓冲液（0.2mmol/L，pH7.4），2-氨基芴加S-9，正定霉素不加S-9；37℃下培养20min，再加入0.1mL菌液，该悬浮液取适量做细胞存活试验后，其余一同加入2mL融化的（45℃水溶）顶层培养基，迅速倒入底层培养基，平放固化，37℃下培养48h，统计菌落数。

通过进行小鼠骨髓微核试验、睾丸染色体畸变试验及对TA98的抗突变试验（表8-8~表8-10），其结果显示，蝇蛆几丁糖溶液可明显降低致突变物环磷酰胺对小鼠骨髓嗜多染红细胞的微核发生率，与阳性对照比较差异有显著（$P<0.05$），明显降低丝裂霉素C对小鼠睾丸染色体畸变发生率，与阳性对照比较差异有显著性，同时各受试物组染色体畸变类型以环状为多，而阳性对照组以断片及缺失为多，提示受试物组染色体的损伤轻。对TA98的抗突变试验结果各浓度细菌落数低于致突变组菌落数，明显抑制了2-氨基芴和正定霉素对TA98的致突变性作用。

表8-8　蝇蛆几丁糖对小鼠骨髓微粒发生率的影响

级别	剂量	检查细胞数/个	含微核细胞数/个	微核率/%
阴性对照	0	5000	8	1.6
低剂量	8	5000	91	18.2*
中剂量	16	5000	60	12.0*
高剂量	24	5000	32	6.4*
阳性对照	0	5000	161	32.2*
阴性对照	0	5000	8	1.6
低剂量	8	5000	106	21.2*
中剂量	16	5000	69	13.8*
高剂量组	24	5000	34	6.8*
阳性对照	0	5000	170	34.0

*为与阳性对照比较 $P < 0.05$

表8-9　蝇蛆几丁糖对小鼠睾丸染色体畸变的影响

级别	剂量	检查细胞数/个	含微核细胞数/个	微核率/%
阴性对照	0	1010	34	3.4±1.8
低剂量组	8	1004	64	6.4±1.8*
中剂量组	16	1004	66	6.6±1.9*
高剂量组	24	1006	82	8.1±1.9*
阳性对照	0	1034	176	17.0±7.0*

*为与阴性对照比较 $P < 0.05$

表8-10　蝇蛆几丁糖对TA98的抗突变作用

级别	TA89+S-9		TA98-S-9	
	菌落数/个	抑制率/%	菌落数/个	抑制率/%
溶剂对照	25		25	
原液	468*	42.7	386	34.0
0.50%	542*	33.0	412	29.3
0.25%	606*	24.8	468	19.0
阳性对照	798		572	

*为与阳性对照比较 $P < 0.05$

8.2.1.3　促进小肠运动作用

选用昆明种小鼠雄性 40 只，受试物设每天 6mL/kg、12mL/kg、18mL/kg 3 个剂量组，同时设 1 个对照组。将受试物稀释成上述要求的不同浓度，每天按小鼠每 10g 体重灌胃 0.18 mL。

碳末胶液的配制：称取 10g 阿拉伯胶于碾钵中碾细，加少量水逐渐溶解成糊状，再加 5g 碳末，充分混匀，倒入量筒中定容至 100mL，即为 5%碳末、10%阿拉伯胶液。

连续给予受试物 5 天，试验前小鼠禁食 1 天，仍然给予受试物，自由饮水，第 2 天先灌胃不同剂量的受试物，灌胃量均为小鼠每 10g 体重灌胃 0.18mL。灌胃后 1h 按小鼠每千克体重给予碳末胶液 0.1mg，20min 后颈椎脱臼处死动物，剖腹分离肠系膜将小肠铺平，测量碳末胶液从幽门括约向小肠末端推进的距离（cm）。小肠运动以小肠推进百分数（%）表示：

$$小肠推进百分数(\%) = \frac{碳末从幽门到小肠末端的距离/cm}{小肠全长距离/cm} \times 100$$

由表 8-11 可见，蝇蛆几丁糖溶液低、中、高剂量组的小肠推进百分数均明显高于对照组且差异显著。结果表明：蝇蛆几丁糖溶液有一定的促进小肠运动的作用；但是未观察到剂量反应关系，其作用机制有待进一步探讨。

表8-11　蝇蛆几丁糖对小鼠小肠推进运动的影响

组别	剂量/（mL/kg）	动物数/只	推进百分数/%
对照	0	9	49.7±6.1
低剂量	6.0	10	56.1±6.0*
中剂量	12.0	9	56.6±3.5**
高剂量	18.0	9	55.0±2.6*

*表示与对照比较 $P<0.05$；**表示与对照比较 $P<0.01$

8.2.2　蝇蛆营养粉的保健功能

蝇蛆营养粉的制备：人工无菌饲养的蝇蛆，通过简单粗提取、烘干，蛋白质含量达到 70% 左右。

8.2.2.1　免疫调节作用

试验分对照及高、中、低剂量 4 个组，即分别以蒸馏水和按小鼠每千克体重分别灌胃 30g、20g、10g 的蝇蛆营养活性粉混悬液，每组动物 10 只，喂养 1 个月后进行各项试验。刀豆蛋白 A（ConA）诱导的小鼠脾淋巴细胞转化试验采用 MTT 法；二硝基氟苯（DNFB）诱导迟发型变态反应（DTH）采用耳肿胀法；血清溶血素的测定采用血凝法；腹腔巨噬细胞吞噬鸡红细胞试验采用半体内法；小鼠碳廓清试验采取注入墨汁 2min、10min 后测定血中碳浓度（测吸光值），计算其吞噬指数。

按照免疫调节作用的评价程序和检测方法，对小鼠细胞免疫功能、体液免疫功能及单核巨噬细胞吞噬功能进行了测试，结果见表8-12。

表8-12 蝇蛆营养活性粉对小鼠的免疫调节作用

级别	脾淋巴细胞增值	DTH	溶血素	巨噬细胞吞噬功能		碳廓清功能吞噬指数
				吞噬率	吞噬指数	
对照	0.013±0.008	4.93±0.49	49.0±8.23	34.1±5.2	0.357±0.047	4.417±0.274
低剂量	0.021±0.001	5.34±1.09	54.2±7.75	39.8±4.7*	0.407±0.088*	4.891±0.346*
中剂量	0.022±0.013	6.06±1.36*	61.4±10.20*	45.5±4.5**	0.487±0.047**	5.694±0.499*
高剂量	0.041±0.019	9.23±1.87**	68.8±15.40**	51.9±4.9**	0.575±0.081**	7.473±0.775**

*表示与对照组比较 $P<0.05$；**表示与对照组比较 $P<0.01$

从表 8-12 可以看出，蛆营养活性粉具有明显增强 ConA 诱导的小鼠脾淋巴细胞增值能力；能明显增强二硝基氟苯诱导的小鼠迟发型变态反应，显著升高血清溶血素含量；明显增强小鼠腹腔巨噬细胞吞噬鸡红细胞功能和碳廓清能力。由此可见蝇蛆营养活性粉具有免疫调节作用。

8.2.2.2 抗疲劳作用

试验分组同前。负重游泳试验：小鼠连续灌胃 1 周，末次灌胃后 30min，在小鼠尾根部负 5%体重的铅丝，置游泳箱中观察小鼠自游泳开始到死亡的时间（室温 16℃，水温 33℃）；血乳酸含量测定：小鼠连续灌胃 1 周，末次灌胃后 30min，在尾部负重 2%体重的铅丝，放入 29℃水中游泳 45min，出水后静止 10min，拔眼球取血测定血乳酸值；血清尿素氮含量的测定：小鼠连续灌胃 1 周，末次灌胃后 30min，放入 30℃水中游泳 90min，出水后立刻采血测定血清尿素氮含量。

应用蝇蛆营养活性粉不同剂量灌胃小鼠后进行负重游泳，从持续游泳时间看，低剂量组具有显著延长负重游泳的作用，而中、高剂量组作用不明显；从生化指标看，低剂量组可明显减少游泳后血乳酸含量，高剂量组可显著减少游泳后血清尿素氮的含量。综合评价，蝇蛆营养活性粉具有抗疲劳作用（表 8-13）。

表8-13 蝇蛆营养活性粉对小鼠抗疲劳作用

组别	持续游泳时间/min	每 100mL 血乳酸值/mg	每 100mL 血清尿素氮/mg
对照	50.69±29.60	30.16±9.87	38.3±4.7
低剂量	85.79±30.20*	18.33±6.96*	37.6±4.6
中剂量	74.59±36.50	20.92±14.30*	36.9±4.7
高剂量	72.07±4.75	20.20±11.30	33.6±4.1*

*表示与对照组比较 $P<0.05$

8.2.2.3　抗辐射作用

用蝇蛆营养活性粉配制成 5%悬浮液，选 18～20g 昆明种小鼠 100 只。试验分5 组：A 组为阴性对照组（饮自来水），B 组按小鼠每 10g 体重给予供试悬浮液0.10mL，C 组 0.20mL，D 组 0.40mL，E 组为阳性对照组（按小鼠每 10g 体重自由饮 0.20mL）。受试动物喂饲受试验 3 天后，用 ^{60}Co-γ 射线照射。5 组动物中，一半使用 7.5Gy 剂量观察其生存率，另一半动物辐射剂量为 6.2Gy，分别于辐射后第 2 天、15 天、30 天取尾部 W.B.C.计数。

从辐射急性毒性试验看，用 ^{60}Co-γ 辐射，剂量为 6.2Gy 时，蝇蛆营养活性粉的 3 个剂量组对辐射引起的白细胞下降均有明显的升高作用，其效果均优于阳性对照组。在 ^{60}Co-γ 辐射剂量达到 7.5Gy 时，蝇蛆营养活性粉低、高剂量及阳性对照组（B、D、E）的受试动物在 10 天内全部死亡，仅中剂量组（C 组）尚有 30%的存活率。这说明蝇蛆营养活性粉悬浮液在剂量为小鼠每千克体重 10mL，即相当于干粉重 0.5g 时，对高剂量一次辐射有拮抗作用（表 8-14）。

表8-14　蝇蛆营养活性粉不同剂量的抗辐射作用

处理	照射后每平方毫米 W.B.C.个数			死亡率/%
	2 天	15 天	30 天	
A（阴性对照组）	2 260±810	5 060±930	10 570±1 170	100
B	4 310±1 120**	7 470±1 030**	11 060±1 240*	100
C	4 620±580**	8 260±1 190**	11 140±1 020**	70
D	6 090±1 140**	9 340±1 160**	11 820±1 030**	100
E（阳性对照组）	5 460±1 110**	6 260±800*	10 600±1 310	100

*表示与 A 组比较 $P<0.05$；**表示与 A 组比较 $P<0.01$

8.2.2.4　护肝作用

试验分成 6 组，每组 10 只（28±2）g 雄性昆明种小鼠。A 组为阴性对照（饮自来水），B 组饮自来水+四氯化碳（按小鼠每 10g 体重加饮 0.1% CCl₄ 10mL）；C、D、E 组均同 B 组，并分别按小鼠每千克体重加饮 5%蝇蛆营养活性粉悬浮液1.25mL、2.50mL、5.00mL；F 组为阳性对照组，按小鼠每千克体重自由饮 5.00mL活性悬浮液+四氯化碳（同前）。动物喂养 30 天，试验结束前 2 天使用四氯化碳。

测定指标：血清谷丙转氨酶与肝组织丙二醛含量。

谷丙转氨酶在肝细胞中较多，当肝脏受损时，此酶即释放到血清中，因而血清中含量增加。谷丙转氨酶的活力增高可作为诊断的一个重要指标。肝脏中丙二醛的含量是反映肝脏受损较为灵敏的指标，而四氯化碳是一种化学毒物，可造成肝的损伤。应用蝇蛆营养活性粉不同剂量灌胃小鼠后，对 CCl_4 所致肝损伤具有保护作用。中、高剂量组和丙二醛（MDA）及谷丙转氨酶（SGPT）值均明显降低，有效剂量为小鼠每千克体重 2.50mL 活性粉悬浮液，即相当于干粉重 0.125g（表8-15）。

表8-15 蝇蛆营养活性粉对CCl_4所致肝损伤的保护作用

组别	MDA/（nmol/g）	SGPT/金氏单位
阴性对照（A）	86.8±15.7	55.2±11.0
对照	198.8±28.7	463.6±47.8
低剂量	194.6±27.8	458.4±56.6
中剂量	172.6±18.3*	357.6±72.9**
高剂量	171.1±19.7*	370.3±71.9**
阳性对照	167.3±22.8*	340.7±65.0**

*表示与 A 组比较 $P<0.05$；**表示与 A 组比较 $P<0.01$

8.2.2.5 延缓衰老作用

果蝇生存试验：以黑腹果蝇为材料，采用平底培养管培养，每管 25 只[（25±1）℃，RH 65%]，基础培养基为玉米粉+红糖+琼脂+苯甲酸+干酵母粉+水（10：13.5：1.5：0.15：1：73.85）。试验设空白对照组和加入 0.2%、1% 和5%蝇蛆营养活性粉 3 个剂量组。收集 10h 内羽化的处女蝇，用乙醚麻醉后称重，雌雄分养，每组雌雄蝇各 100 只，给予加入受试物的基础培养基，每 24h 统计果蝇的存活率和死亡数。

生化指标检测：以5%蝇蛆营养活性粉悬浮液每天按小鼠每千克体重10g、20g、30g 作为受试动物低、中、高剂量组。每天灌胃 16 日龄昆明种小鼠，并设置老龄对照组（16 日龄）及少龄对照组（3 日龄），均以清水连续灌胃 1 个月。试验结束时，取尾血分离血清，测定血清超氧化歧化酶（SOD）活性和过氧化脂质（LPO）含量，然后处死动物，取肝脏，制备 1%肝匀浆作 SOD 活力测定，制备 10% 肝匀浆作LPO 含量测定。SOD 采用亚硝酸盐法测定，LPO 采用共轭双键法测定。

试验结果见表 8-16、表 8-17。

表8-16 蝇蛆营养活性粉对果蝇生存的影响

处理		样本数	平均体重/μg	半数死亡时间/h	最长寿命/天	平均寿命/天
雄蝇	CK	164	774	72	91.2±4.9	67.5±16.2
	0.2%	134	782	71	92.8±4.9	66.0±14.9
	1.0%	116	784	72	98.7±5.2**	72.9±15.8**
	5.0%	103	741	74	99.2±2.9**	74.8±13.5*

续表

处理		样本数	平均体重/μg	半数死亡时间	最长寿命/天	平均寿命/天
雌蝇	CK	121	1044	60	79.5±6.0	58.2±10.8
	0.2%	122	1054	57	78.2±4.3	56.5±8.4
	1.0%	124	1052	62	84.3±3.3*	63.1±11.0*
	5.0%	99	1062	63	85.6±4.3**	63.1±11.4*

*表示与对照组比较 $P<0.05$；**表示与对照组比较 $P<0.01$

表8-17　蝇蛆营养活性粉对小鼠肝脏和血清SOD和LPO的影响

级别	LPO/（nmol MDA/mL）		SOD/（IU/mL）	
	血清	10%肝匀浆	血清	1%肝匀浆
老龄对照	39.2±6.0	242.2±31.6	289.8±61.9	287.1±62.0
低剂量	23.0±4.6**	179.6±28.9**	300.3±44.7	302.0±67.2
中剂量	30.3±6.3**	173.8±31.9**	313.5±38.8	323.5±37.2
高剂量	27.1±3.8**	167.4±24.2**	339.5±35.7**	313.4±39.0
少龄对照	5.6±1.0	174.3±11.2	379.1±56.4	369.7±48.3

**表示与老龄对照组比较 $P<0.01$

　　从表 8-16 可以看出，蝇蛆营养活性粉中、高剂量可延长果蝇的平均寿命及最长寿命，与对照组相比有显著差异。生化指标测试结果（表 8-17）：与老龄对照组比较，蝇蛆营养活性粉低、中、高剂量均可明显减少血清及 10%肝匀浆 LPO 含量（$P<0.01$），高剂量组可显著升高血清 SOD 活性（$P<0.01$）。说明蝇蛆营养活性粉具有抗衰老作用。

8.2.3　蝇蛆蛋白粉的营养评价

8.2.3.1　蛆蛋白粉营养成分的组成

　　蛆蛋白经盐提-酸沉淀的蛋白质含量为73.03%，比原料所含蛋白质（54.47%）提高了18%；灰分从蛆粉的 11.43%下降为 1.83%，脂肪含量从蛆粉11.6%提高到23.1%，几乎增加一倍。

8.2.3.2　蛆蛋白粉氨基酸的组成

　　（1）与优质蛋白模式的比较。蛆蛋白粉是一种优质蛋白质。提取的蛋白粉，除丙氨酸的含量低于蛆粉外，其余各种氨基酸含量均高于蛆粉的氨基酸，各种必需氨基酸完全符合 WHO/FAO 制订的蛋白质氨基酸标准，其中苯丙氨酸、亮氨酸的含量高于 WHO/FAO 标准，赖氨酸、甲硫氨酸、苏氨酸相对 WHO/FAO 标准的含有率分别为：106%、103.2%、113.2%。必需氨基酸的总和为总氨基酸的 41.5%（即 EAA），比蛆粉的 40.1%提高了3.49%，而 Golan 等（1979）低温提取骨蛋白质，最高 EAA 值也只有 41.3%，通常，总必需氨基酸在全氨基酸中占 40%~60%时，在营养上是不会出现问题的。总之，蛆蛋白粉是一种必需氨酸种类齐全，含硫氨基酸较丰富的优良蛋白质。

（2）蛆蛋白粉和优质蛋白模式比较。从表 8-18 的比例能够看出，除亮氨酸和缬氨酸相差多于10mg 外，其余种类氨基酸含量和模式中的相对应氨基酸含量十分接近，其中甲硫氨酸与胱氨酸之和比两种相应模式氨基酸之和高1.7mg，而苯丙氨酸与酪氨酸之和要比模式的两种之和高出 5 倍和优质蛋白质氨基酸模式的比较，再一次证明了蛆蛋白粉是一种优质蛋白质。

表8-18　蛆蛋白粉氨基酸和优质蛋白模式比较

氨基酸	优质蛋白氨基酸模式/（mg/g）	蛆蛋白粉的氨基酸/（mg/g）
组氨酸	17	15.9
异亮氨酸	42	39.8
亮氨酸	70	56.8
甲硫氨酸和胱氨酸	26	27.7
苯丙氨酸和酪氨酸	23	114.0
苏氨酸	35	31.7
色氨酸	11	—
缬氨酸	48	37.1
赖氨酸	51	49.7

—表示未分析

8.2.3.3　表观消化率、生物价和净蛋白利用率

（1）酪蛋白（A1）、蛆粉（A2）、蛆蛋白粉（A2）的表观消化率、生物价、净蛋白利用率的比较（表 8-19 和表 8-20）。

表8-19　平均数的t检验

项目	x_i			SS_j			$S_{x_{1j}}$			t			备注
	x_1	x_2	x_3	SS_1	SS_2	SS_3	$S_{x_1-x_2}$	$S_{x_1-x_3}$	$S_{x_2-x_3}$	t_{12}	t_{13}	t_{23}	
表观消化率	86.04	84.40	80.73	2.13	50.00	63.01	1.09	1.04	1.25	4.88	1.58	2.93	$t_{0.05}=1.753$
生物价	72.69	78.63	74.38	135.19	260.84	260.84	2.86	3.03	3.16	−2.08	−0.56	1.34	$t_{0.05}=1.781$

续表

| 项目 | x_i | | | SS_j | | | $S_{x_{1j}}$ | | | t | | | 备注 |
	x_1	x_2	x_3	SS_1	SS_2	SS_3	$S_{x_1-x_2}$	$S_{x_1-x_3}$	$S_{x_2-x_3}$	t_{12}	t_{13}	t_{23}	
净蛋白消化率	62.60	66.29	61.89	358.02	140.61	140.61	3.21	3.19	2.33	−8.09	0.22	1.89	$t_{0.05}=1.771$ $t_{0.01}=2.131$
蛋白质效价	2.54	2.67	2.60	1.57	0.80	0.80	0.24	0.18	0.13	−0.54	−0.33	0.54	$t_{0.05}=2.145$ $t_{0.01}=2.16$

表8-20　蛋白质表观消化率、生物价和净蛋白利用率

组别	表观消化率	与A₁组比较P值	与A₂组比较P值	生物价	与A₁组比较P值	与A₂组比较P值	净蛋白利用率	与A₁组比较P值	与A₂组比较P值
A_1	86.04±0.55			72.69±8.78			62.60±7.15		
A_2	84.40±2.50	>0.05		78.63±5.71	<0.05		56.29±4.19	<0.05	
A_3	80.73±2.55	<0.01	<0.01	74.38±5.44	>0.05	>0.05	51.89±5.40	>0.05	<0.05

　　蛆蛋白粉的表观消化率和酪蛋白无显著差异；生物价、净蛋白利用率和酪蛋白比较分别呈显著和极显著差异，说明蛆蛋白粉吸收后，在动物体内的利用程度要高于酪蛋白的利用程度。蛆粉和酪蛋白比较，表观消化率呈极显著差异，生物价、净蛋白利用率无显著差异，说明蛆粉和酪蛋白吸收后，在动物体内的利用程度相当。蛆粉和蛆蛋白粉比较，生物价无显著差异，表观消化率和净蛋白利用率分别呈极显著、显著差异，说明蛆蛋白粉，在动物体内的利用程度比蛆粉高（表 8-21）。

表8-21　蛋白质评价（PER）

组别	蛋白质摄取量	增长的体重/g	蛋白质效价比	与A₁组比较P值	与A₂组比较P值
A_1	51.89±0.76	131.86±24.05	2.54±0.47		
A_2	53.61±2.34	143.39±22.44	2.67±0.34	>0.05	
A_3	52.07±3.38	135.40±10.32	2.60±0.17	>0.05	>0.05

　　蛆蛋白粉的生物价比花生（55%）高，和牛肉（74%）、鱼肉（78%）、鱼粉（81%）、大豆（78%）相当，NPU 值比花生（43%）高，和牛肉（67%）、鱼粉（66%）、大豆（61%）相当。

　　（2）蛆蛋白粉与脱脂无毒棉籽和脱脂花生蛋白粉的比较。

　　a. 同脱脂无毒棉籽的比较。

从表 8-22 看出，尽管脱脂无毒棉籽的表观消化率、生物价、净蛋白利用率均高于蛆蛋白粉，这可能是实验动物本身带来的差异，虽然做脱脂无毒棉籽时所用的大白鼠品种、酪蛋白生产厂家相同，A 对照组和 B 对照组比较，各值均要比 B 组低，这并不重要，因为虽然品种、酪蛋白生产厂家相同，但动物本身还存在差异，重要的是，从比较中得到这样一个结论：蛆蛋白粉被动物吸收后，在动物体内利用程度比脱脂无毒棉籽高，分析结果显示，脱脂无毒棉籽的对照组酪蛋白表观消化率、生物价、净蛋白利用率均无差异，说明两组蛋白质吸收后在动物体内利用程度相当；蛆蛋白粉比 A 对照组吸收利用程度好，这也说明了蛆蛋白粉的利用程度比脱脂无毒棉籽高。

表8-22 蛆蛋白粉、脱脂无毒棉籽、脱脂花生蛋白粉的比较

项目	表观消化率/%	生物价	净蛋白利用率/%
蛆蛋白粉（A）	84.40±2.50	78.63±5.71	66.29±4.19
A 对照组（酪蛋白）	86.04±0.55	72.69±8.78	62.60±7.15
脱脂无毒棉籽（B）	92.17±1.70	75.71±6.18	69.73±5.12
B 对照组（酪蛋白）	94.86±0.96	77.71±6.18	75.88±6.30
脱脂花生蛋白质粉（C）	89.48±1.37	54.40±7.27	48.70±6.37
C 对照组（酪蛋白）	91.00+1.63	63.31±7.54	59.96±7.66

b. 同脱脂花生蛋白比较。

脱脂花生蛋白粉的表观消化率和净蛋白利用率同酪蛋白存在显著差异，生物价呈极显著差异，说明脱脂花生蛋白粉被动物利用程度不如酪蛋白，综合分析，得出脱脂花生蛋白粉的营养品质不如蛆蛋白粉。

8.2.3.4 蛋白质效价

（1）蛆粉和蛆蛋白粉的蛋白质效价测定。虽然三种蛋白质的效价经 t 检验，无显著性差异（表 8-19），但从表中仍看到蛆粉蛋白质 x_2 的效价高于蛆粉 x_3 和酪蛋白 x_1。在 28 天的饲喂中，每鼠平均取食 53.61g，比酪蛋白、蛆粉高，说明了白鼠更嗜好蛆蛋白粉配制的饲料，以蛆蛋白粉饲喂的大白鼠生长正常、结实，所排粪便光洁、圆滑，而酪蛋白饲喂的大白鼠，部分有肥胖现象，粪便干涩，不光滑。

（2）蛆蛋白粉、脱脂无毒棉籽、脱脂花生蛋白粉比较。从表 8-23 看出，3 种蛋白粉，以及各种对应组的比较，28 天中以蛆蛋白粉摄取量最大，增加的体重最多，这从一个侧面说明了蛆蛋白粉的优质性；从蛆蛋白粉和脱脂无毒棉籽

的比较中，一者证实了前面的看法：尽管这两次实验大白鼠品种相同、酪蛋白生产厂家相同，但动物本身还存在差异；二者使我们知道蛆蛋白粉的效价高于脱脂无毒棉籽（虽然它们的表面数值相近）。蛆蛋白粉和脱脂花生蛋白粉的效价高低，从直观的数据就可知道，蛆蛋白粉比脱脂花生蛋白粉好。通过 3 种蛋白质生物价、表观消化率、净蛋白消化率、蛋白效价比较，更进一步证明了蛆蛋白粉是一种优质蛋白质。

表8-23　蛆蛋白质粉、脱脂无毒棉籽、脱脂花生蛋白粉的比较

项目	蛋白质摄取量/g	增长的体重/g	蛋白效价比
蛆蛋白粉（A）	53.61±2.34	143.39±22.44	2.67±0.34
A 对照组（酪蛋白）	51.89±0.76	131.86±24.05	2.54±0.47
脱脂无毒棉籽（B）	46.69±6.72	122.88±26.95	2.63±0.21
B 对照组（酪蛋白）	49.30±6.24	142.89±26.47	2.90±0.20
脱脂花生蛋白质粉（C）	39.58±2.25	55.76±9.64	48.70±6.37
C 对照组（酪蛋白）	45.88＋4.16	113.32±26.41	2.44±0.41

9 家蝇几丁糖的研究

几丁质（chitin）又名甲壳质、甲壳素，是一类结构类似于纤维素的氨基多糖生物聚合物，化学名称为（1，4）-2-乙酰氨基-2-脱氧-β-D-葡聚糖。19世纪初，法国科学家从蘑菇和甲壳类昆虫的翅鞘中分离获得了甲壳素，后续研究发现，甲壳素广泛存在于甲壳类动物，如虾、蟹及昆虫等的甲壳，真菌的细胞壁和植物的细胞壁中，是一种极有前途和重要的天然高分子可再生的物质，对人体无毒性作用，还具有很好的生物相容性，且可被生物降解，属于环境友好型的新型高分子材料。几丁质在自然界每年生物合成的资源高达100亿t，仅次于纤维素，是地球上第二大可再生资源。

几丁糖（chitosan）又称壳聚糖，是由几丁质经脱乙酰后得到的一种具有生物活性的天然高分子化合物。几丁糖有低甜度、低热值、降血脂、降血糖等功效，且无毒、无不良反应，是迄今为止发现的自然界中唯一存在的阳离子型可食用纤维，被誉为继蛋白质、脂肪、糖、维生素和矿物质之后，人体必需的第六生命要素，对人体还具有强化免疫、抑制老化、预防疾病、促进疾病痊愈和调节生理机能等五大功能。几丁糖的理化性质较几丁质大为改善，现已可得到水溶性的几丁糖，大大扩展了其应用领域。自20世纪60年代起对几丁糖及其衍生物的研究开发变得十分活跃，尤其是近十几年来研究工作更深入广泛，应用领域已涉及医药、食品、农业、水处理、化妆品、造纸、纺织、印染等行业，前景十分广阔。

目前工业上主要以虾蟹壳为原料生产几丁糖，而实际上，昆虫中也蕴藏着十分丰富的几丁糖资源，但很少被利用。家蝇中几丁质贮量占干重的10%～15%，其色素和钙盐含量低，是一类品质极高的几丁糖资源。华中农业大学昆虫资源研究所雷朝亮等从家蝇中分离获得了高品质几丁糖，并进行了抗菌、保鲜、降血脂和免疫调节研究。发现，家蝇几丁糖还具有降低脂肪及胆固醇摄取、降低血压、强化免疫力等生理调节功能。

9.1 几丁糖的应用简介

9.1.1 食品工业领域的应用

几丁糖作为一种资源丰富、性能优良的天然高分子化合物在食品工业中的应用非常广泛，美国食品与药品管理局（FDA）也早已批准几丁糖可作为食品添加剂。作为一种无毒高效的天然高分子化合物，几丁糖在食品工业上除了可用于抗菌剂、抗氧化剂、果蔬保鲜剂、食用包装膜及果汁、果酒等液体食品的澄清剂、增稠剂和稳定剂外，还可用于减肥、降脂、降血压，以及作为保护肠道的功能保健食品和酶的固定化材料，也可用于食品工业废水处理，并能回收蛋白质、多糖等生物大分子（王晓玲，2007）。

9.1.2　医药卫生领域的应用

目前，国内外已对几丁糖进行了大量的毒理学研究，显示几丁糖无细胞毒性、不溶血、不致敏，属于无毒物质，能被人体吸收利用，与人体的组织器官及细胞有良好的生物相容性，具有生物降解性，降解过程中产生的几丁糖在体内不积累，几乎无免疫原性（蒋挺大，2006）。另外，药理学研究发现，几丁糖具有多种生物活性，包括免疫调节、降低体重和胆固醇、调节免疫、抗肿瘤、调理肠胃、抗凝血等多种生物活性功能，因此十分适用于医药卫生领域。医药方面的应用主要包括：抗癌，防止癌细胞转移，防治胃病、高血压、糖尿病，疗伤用药，外科手术缝合线，人工皮肤，人工透析膜，人工血管与隐形管，医药控制释放材料等（钟振兵等，2005）。

9.1.3　轻纺工业和功能材料领域的应用

几丁糖是自然界中产量仅次于纤维素的第二大多糖，有优异的生物学性能。几丁糖具有良好的吸湿性、抗菌性和表面触感，在纺织工业中可作为纺织纤维或织物的永久整理剂，具有固色和增强作用，提高纺织品的坚牢度，并赋予织物抗菌、防臭、透湿等特性，提高产品的附加值。几丁糖对人体皮肤和头发具有亲合性，能形成透明的保护层，具有保湿的效果，同时又是良好的黏度助剂，无变态反应，在护发、护肤、化妆品方面也有很大的潜力（蒋挺大，2006）。此外，几丁糖还具有很好的吸附性能，是印染废水理想的脱色剂，选择适当的凝固剂将其在活性炭上凝固，能获得吸附能力强、使用寿命长、成本低的多用途吸附剂，可广泛用于工业废水处理、果汁等饮料的脱色和脱臭、吸附碘和重金属等（张正生等，2007）。

9.2　家蝇几丁糖的制备工艺

家蝇几丁糖的提取工艺参考 Yen 等（2007）。取烘干后样品 10g 置于 100mL 1mol/L 氢氧化钠溶液中 95℃煮 6h 后过滤，用去离子水洗涤至中性，得到粗几丁质沉淀。用 10mg/mL 高锰酸钾溶液浸泡脱蛋白后的粗几丁质沉淀 4h，再加入 10mg/mL 草酸溶液浸泡 3h，用去离子水将样品洗涤至中性，冷冻干燥即得精制几丁质。将几丁质浸入 400mg/mL 氢氧化钠溶液 70℃加热 8h 脱乙酰基，过滤后用蒸馏水洗涤至中性，冷冻干燥即得家蝇几丁糖，贮存在-20℃备用。

9.3　家蝇几丁糖的红外光谱分析

傅里叶红外光谱仪测定显示,家蝇几丁糖具有多糖特征红外吸收峰。3412cm^{-1} 的较强吸收峰为 O□H 的伸缩振动峰,1556cm^{-1} 为 C═C 的伸缩振动峰,1075cm^{-1} 处的强吸收峰为 C□O 的伸缩振动峰,1406cm^{-1} 处为醇 O□H 的面内弯曲振动峰, 651cm^{-1} 为醇 O□H 的面外弯曲振动吸收峰(图 9-1)。

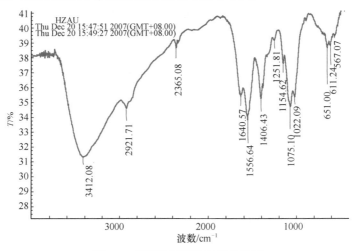

图 9-1　家蝇几丁糖的红外光谱图

9.4　家蝇几丁糖的抗氧化活性测定

9.4.1　DPPH 自由基清除活性测定

DPPH 自由基清除活性如图 9-2 所示,家蝇几丁糖的清除活性与阳性对照抗坏血酸均呈现剂量效应关系,半数有效浓度(IC$_{50}$)分别为 0.373mg/mL,1.92mg/mL。

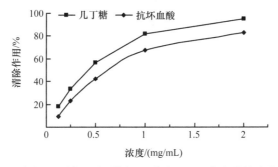

图 9-2　家蝇几丁糖和对照抗坏血酸对 DPPH 自由基的清除作用

9.4.2 羟基自由基清除活性测定

由图 9-3 可知,不同浓度的家蝇几丁糖对 2-脱氧-D-核糖体系产生的羟基自由基均具有清除作用,并且随浓度增加,其清除羟基自由基的作用增强。说明家蝇几丁糖富含供氢体,具有提供氢质子的能力,可使具有高度氧化性的自由基还原,从而能终止自由基连锁反应,起到清除或抑制自由基的目的。其半数清除浓度(IC_{50})为 0.39mg/mL,当浓度达 0.5mg/mL 时其清除率为 56.6%。结果表明,家蝇几丁糖在 2-脱氧-D-核糖体系中具有显著的抗氧化能力。

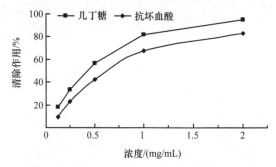

图 9-3　家蝇几丁糖和对照抗坏血酸对羟基自由基的清除作用

9.4.3 超氧阴离子自由基清除活性测定

图 9-4 表明,不同浓度的家蝇几丁糖对邻苯三酚的自氧化都有一定的抑制作用,当几丁糖浓度为 0.125mg/mL 时其抑制率仅为 4.6%,但随着样品浓度的增大,其抑制率明显增强,当浓度达 1mg/mL 时,抑制率达 56.6%,其半数清除浓度(IC_{50})为 0.78mg/mL。在试验剂量范围内家蝇几丁糖水溶液与邻苯三酚的自氧化速率的抑制率呈明显的量效关系。

图 9-4 表明,不同浓度的家蝇几丁糖对邻苯三酚的自氧化都有一定的抑制作

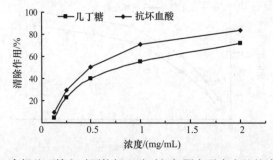

图 9-4　家蝇几丁糖和对照抗坏血酸对超氧阴离子自由基的清除作用

用，当几丁糖浓度为 0.125mg/mL 时其抑制率仅为 4.6%，但随着样品浓度的增大，其抑制率明显增强,当浓度达 1mg/mL 时,抑制率达 56.6%,其半数清除浓度（ IC$_{50}$ ）为 0.78mg/mL。在试验剂量范围内家蝇几丁糖水溶液与邻苯三酚的自氧化速率的抑制率呈明显的量效关系。

9.4.4 还原力测定

一般情况下，样品的还原能力与抗氧化能力呈正相关。依据还原能力的测定方法，在波长 700nm 处测定的吸光值越大，则样品的还原能力越强。家蝇几丁糖与抗坏血酸的还原力如图 9-5 所示，在所测定的浓度范围内，家蝇几丁糖与抗坏血酸的还原力均随其浓度的增加而增大，呈现剂量效应关系，几丁糖的抗氧化能力随浓度的增加而增加，但始终低于阳性对照抗坏血酸。

9.4.5 金属离子螯合能力测定

一些金属离子，如铁离子、铜离子在脂质的氧化过程中起催化作用，因此具有金属离子螯合作用的物质可以间接地起到抗氧化的作用。如图 9-6 所示，家蝇几丁糖的金属离子螯合能力与阳性对照 EDTA 类似，呈现剂量效应关系，浓度达到 1mg/mL 时，对金属离子螯合能力分别达到了 78.1%、90.2%。

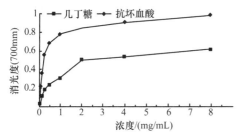
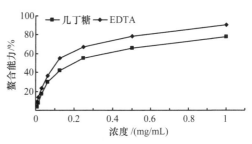

图 9-5　家蝇几丁糖和对照抗坏血酸的还原力　　图 9-6　家蝇几丁糖和对照 EDTA 的金属离子螯合能力

9.5　家蝇几丁糖的抗肿瘤活性测定

由图 9-7 可知，家蝇几丁糖能较好地抑制 HeLa 肿瘤细胞和 S-180 肿瘤细胞的生长，随着浓度的增加，其对肿瘤细胞生长的抑制作用增强。低剂量时，效果较弱，中剂量的抑制作用明显，高剂量时则能显著抑制 HeLa 和 S-180 肿瘤细胞的生长，在 1mg/mL 浓度下时抑制率分别达到了 50.8%和 52.9%。

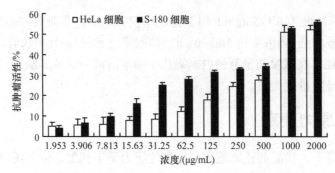

图 9-7　家蝇几丁糖对 HeLa 肿瘤细胞和 S-180 肿瘤细胞增殖的抑制作用

9.6　几丁糖的抗真菌作用

9.6.1　几丁糖的抗真菌活性测定

如表 9-1 和表 9-2 所示，家蝇几丁糖对棉花立枯病（*Rhizoctonia solani*）、弯孢霉（*Curvularia lunata*）、花生白绢病（*Sclerotium rolfsii*）、水稻纹枯病（*Thanatephorus cucumeris*）、油菜菌核病（*Sclerotina sclerotiorum*）、番茄叶霉病（*Fulvia fulva*）、匐枝根霉（*Rhizopus stolonifer*）等几种供试病原真菌均具有一定的抑制活性，半数抑制浓度 IC_{50} 分别为 1.96mg/mL、4.59mg/mL、0.01mg/mL、2.06mg/mL、2.63mg/mL、6.77mg/mL、0.20mg/mL，其中对匐枝根霉具有较好的抑制作用。结果表明，家蝇几丁糖具有广谱的抗菌活性，具有在农业生产上推广应用的潜力。

表9-1　家蝇几丁糖对几种真菌菌丝生长的抑制作用

真菌	抗菌指数/%				
	1mg/mL	2mg/mL	4mg/mL	8mg/mL	16mg/mL
Rhizoctonia solani	41.5±1.3	55.7±1.1	71.0±1.8	76.5±1.2	88.9±1.0
Curvularia lunata	10.2±0.9	26.6±1.2	40.1±0.9	69.8±1.4	84.3±1.5
Sclerotium rolfsii	12.9±0.9	25.8±0.8	32.1±0.9	45.5±1.0	59.3±1.1
Thanatephorus cucumeris	43.2±5.4	53.3±4.3	65.1±3.6	80.2±2.7	86.7±2.9
Sclerotina sclerotiorum	19.4±0.8	44.3±1.9	74.7±0.7	98.2±0.8	99.7±0.3
Fulvia fulva	24.8±1.4	30.2±1.3	41.6±0.7	53.6±1.4	62.4±2.7

表9-2　家蝇几丁糖对匐枝根霉菌丝生长的抑制作用

真菌	抗菌指数/%				
	0.0625mg/mL	0.125mg/mL	0.25mg/mL	0.5mg/mL	1mg/mL
Rhizopus stolonifer	29.7±1.5	43.0±0.7	58.6±0.7	76.6±1.4	91.4±0.7

9.6.2 家蝇几丁糖的抗真菌活性观察（图 9-8）

图 9-8 家蝇几丁糖对几种病原真菌的抑制作用

A. 立枯丝核菌；B. 弯孢菌；C. 齐整小核菌；D. 水稻纹枯菌；E. 核盘菌；F. 番茄叶霉病菌；G. 匍枝根霉

9.7　家蝇几丁糖抑菌机理的初步研究

家蝇脱乙酰几丁质（几丁糖）可抑制多种植物病原真菌的生长。赖凡等研究发现在供试的 16 种植物病原真菌中，家蝇几丁糖除对棉花炭疽病菌、茄枯萎病菌没有明显的抑制作用外，对其他 14 种真菌均表现出一定的抑制效果，体现出广谱的抑菌性，其中对立枯丝核菌、花生白绢病菌、水稻纹枯病菌表现出强烈的抑菌效果。

9.7.1　家蝇几丁糖诱导胞内几丁质酶的效果

家蝇几丁糖诱导胞内几丁质酶的效果在培养基中加入不同浓度的家蝇几丁糖，能够诱导植物病原真菌细胞产生几丁质酶；以菌丝提取液为酶液，测定家蝇几丁糖诱导真菌几丁质酶的效果，结果见表 9-3。

表9-3　不同浓度几丁糖诱导真菌几丁质酶的效果

处理/(mg/mL)	酶活力（A_{585}）			
	小麦赤霉病 （*F. graminearum*）	玉米小斑病菌 （*H. maydis*）	花生白绢病菌 （*S. rolfssi*）	棉花枯萎病菌 （*F. oxysporum* f. *vasinfectum*）
0.20	0.016	0.052	0.151	—
0.15	0.140	—	0.140	0.158
0.10	0.124	0.076	0.123	0.032
0.05	0.096	0.128	0.058	0.062
CK	0.019	0.035	0.069	0.018

从表 9-3 可以看出，除玉米小斑病菌 0.15mg/mL 处理和棉花枯萎病菌 0.2mg/mL 处理因完全抑制了菌丝生长而无法获得菌丝提取液进行酶活力测定外，其余几丁糖处理对 4 种植物病原真菌的酶活力都表现出增强的趋势；诱导不同植物病原真菌产生几丁质酶最大活力的几丁糖浓度不同，花生白绢病菌和棉花枯萎病菌的几丁质酶活力随几丁糖浓度增加而增加；小麦赤霉病菌的几丁质酶活力随几丁糖浓度增加而增加，但超过 0.15mg/mL 浓度时，酶活力反而下降；玉米小斑病菌的几丁质酶活力与几丁糖浓度之间没有明显的相关性。

9.7.2　家蝇几丁糖诱导胞外几丁质酶的效果

在培养基中加入不同浓度的家蝇几丁糖，能够诱导植物病原菌产生胞外几丁质酶。以菌丝发酵液为酶液测定不同浓度几丁糖诱导胞外几丁酶的效果，结果见表 9-4。

表9-4 不同浓度几丁糖诱导胞外几丁质酶的效果

处理/（mg/mL）	酶活力（A_{585}）			
	小麦赤霉病 （F. graminearum）	玉米小斑病菌 （H. maydis）	花生白绢病菌 （S. rolfssi）	棉花枯萎病菌 （F. oxysporum f. vasinfectum）
0.20	0.048	0.096	0.133	—
0.15	0.189	—	0.112	0.123
0.10	0.041	0.120	0.108	0.089
0.05	0.043	0.145	0.041	0.115
CK	0.031	0.095	0.032	0.078

从表 9-4 中可以看出，几丁糖诱导真菌细胞外几丁质酶的效果与胞内几丁质酶的效果一致；除玉米小斑病菌 0.15mg/mL 处理和棉枯病菌 0.20mg/mL 处理因为菌丝完全不生长而无法测得发酵液中几丁质酶活力外，其他几丁糖处理的胞外几丁质酶活力都明显高于对照处理。不同植物病原真菌种类其几丁质酶活力与几丁糖浓度的关系，变化趋势与菌丝体提取液的测试结果完全相同。

供试 4 种植物病原菌菌丝生物产量与家蝇几丁糖浓度呈负相关关系，一般几丁糖浓度越低菌丝生长越好；无论菌丝体提取液，还是菌丝发酵液，在加入家蝇几丁糖后，几丁质酶活性都显著增强。这充分说明了家蝇几丁糖能诱导真菌胞内外几丁质酶活性。关于几丁糖的抑菌机制，目前比较一致的看法是：几丁糖作为外源诱导因子，可诱导真菌细胞中的几丁质酶系；脱乙酰几丁质酶及 β-1, 3-葡聚糖酶活性大大增强时，就会降低培养基中的几丁质，同时也会降低真菌自身细胞壁中的几丁质，细胞壁被分解破坏，必然会抑制真菌菌丝的生长。

几丁糖对几丁质酶的诱导作用以往已有一些报道，几丁质、几丁糖、几丁二糖等均可作为诱导物，但几丁单糖则不能，且过量的可溶性单糖反会抑制几丁质酶的活性。这也可能是高浓度几丁糖处理几丁质酶活性降低的原因。几丁糖对真菌的抑制机理，除诱导几丁质酶活性而抑制真菌生长外，可能还存在其他抑制途径（如抑制孢子萌发）。这些均有待于进一步深入研究。

9.8 家蝇几丁糖对几种细菌抑制作用的研究

家蝇几丁糖对 3 种细菌均表现出不同程度的抑制作用，但在不同 pH 条件下的抑菌效果不同，以 pH5.5 条件下抑菌效果较好，且随几丁糖质量浓度的升高，抑菌效果也相应增加。应用家蝇几丁糖对肠产毒性大肠杆菌、金黄色葡萄球菌及植物致病菌柑橘溃疡病菌进行了生长抑制试验。

9.8.1　家蝇几丁糖对金黄色葡萄球菌生长的影响

在不同 pH 条件下，不同质量浓度（ρ）的家蝇几丁糖对金黄色葡萄球菌的生长影响作用不甚明显（表9-5）。无论在 pH6.5 还是在 pH5.5 条件下，金黄色葡萄球菌在不添加几丁糖的 LB 培养基上生长良好，添加家蝇几丁糖后，金黄色葡萄球菌的生长明显受到抑制，但与几丁糖质量浓度无明显相关性，只是在 pH6.5 条件下，24h 内可以看出几丁糖对金黄色葡萄球菌的浓度影响效应，但 24h 后这种浓度效应即不存在，说明家蝇几丁糖对金黄色葡萄球菌具有强力抑制作用。

表9-5　家蝇几丁糖对金黄色葡萄球菌生长的影响

pH	$\rho/$（g/dL）	每毫升培养液中金黄色葡萄球菌的数量							
		立即	第一天	第二天	第三天	第四天	第五天	第六天	第七天
6.5	0	7.2×10^4	9.6×10^5	4.2×10^5	3.1×10^6	5.7×10^7	9.8×10^6	3.4×10^6	4.7×10^5
	0.5	7.2×10^4	6.2×10^3	3.1×10^2	$<10^2$	$<10^2$	$<10^2$	$<10^2$	$<10^2$
	1.5	7.2×10^4	3.5×10^2	$<10^2$	$<10^2$	$<10^2$	$<10^2$	$<10^2$	$<10^2$
	2.5	7.2×10^4	$<10^2$	$<10^2$	$<10^2$	$<10^2$	$<10^2$	$<10^2$	$<10^2$
5.5	0	7.2×10^4	8.1×10^7	6.0×10^7	6.8×10^7	5.4×10^7	4.1×10^7	3.1×10^7	2.4×10^7
	0.5	7.2×10^4	$<10^2$	$<10^2$	$<10^2$	$<10^2$	$<10^2$	$<10^2$	$<10^2$
	1.5	7.2×10^4	$<10^2$	$<10^2$	$<10^2$	$<10^2$	$<10^2$	$<10^2$	$<10^2$
	2.5	7.2×10^4	$<10^2$	$<10^2$	$<10^2$	$<10^2$	$<10^2$	$<10^2$	$<10^2$

9.8.2　家蝇几丁糖对大肠杆菌生长的影响

家蝇几丁糖对大肠杆菌生长的影响作用不同于金黄色葡萄球菌（表9-6）。

表9-6　家蝇几丁糖对肠产毒性大肠杆菌生长的影响

pH	$\rho/$(g/dL)	每毫升培养液中肠产毒性大肠杆菌的数量							
		立即	第一天	第二天	第三天	第四天	第五天	第六天	第七天
6.5	0	5.9×10^3	2.8×10^5	3.7×10^7	7.5×10^7	4.2×10^7	2.5×10^7	1.8×10^7	4.7×10^5
	0.5	5.9×10^3	1.6×10^6	1.9×10^6	1.7×10^7	2.9×10^7	6.4×10^7	5.5×10^7	4.7×10^5
	1.5	5.9×10^3	3.9×10^5	7.4×10^6	1.7×10^7	1.0×10^7	3.0×10^6	4.1×10^6	4.7×10^5
	2.5	5.9×10^3	$<10^2$	$<10^2$	$<10^2$	$<10^2$	$<10^2$	$<10^2$	$<10^2$

pH	$\rho/(\text{g/dL})$	每毫升培养液中肠产毒性大肠杆菌的数量							
		立即	第一天	第二天	第三天	第四天	第五天	第六天	第七天
5.5	0	5.9×10^3	4.9×10^4	1.1×10^7	2.2×10^7	5.9×10^7	1.4×10^8	1.0×10^8	5.2×10^7
	0.5	5.9×10^3	2.5×10^3	$<10^2$	$<10^2$	$<10^2$	$<10^2$	$<10^2$	$<10^2$
	1.5	5.9×10^3	$<10^2$	$<10^2$	$<10^2$	$<10^2$	$<10^2$	$<10^2$	$<10^2$
	2.5	5.9×10^3	$<10^2$	$<10^2$	$<10^2$	$<10^2$	$<10^2$	$<10^2$	$<10^2$

在 pH6.5 条件下，低质量浓度的几丁糖处理对大肠杆菌的生长影响不大，但高质量浓度的几丁糖处理（2.5g/dL）表现出明显的抑制作用；在 pH5.5 条件下，几丁糖对大肠杆菌的抑制效果则十分显著，无论低、中、高几丁糖质量浓度均能明显抑制大肠杆菌的生长。

9.9　家蝇几丁糖的免疫调节作用研究

以化学方法制备的家蝇几丁糖，按不同剂量喂饲实验动物小鼠，检测其对小鼠免疫器官、细胞免疫、体液免疫、吞噬功能及 NK 细胞活性的影响。结果表明，家蝇几丁糖 0.10mL/10g 体重、0.20mL/10g 体重剂量组对小鼠胸腺脏体比、脾脏脏体比有显著增高作用，能使细胞免疫（DTH）、体液免疫（HC50）、单核巨噬细胞功能及 NK 细胞活性增强。

9.9.1　小鼠脏体比值

测定小鼠胸腺指数与脾脏指数，并进行统计学检验（表 9-7），结果表明，小鼠在灌胃 2% 家蝇几丁糖液后，无论低、中、高剂量组其胸腺指数与对照组（B组）比较均极显著升高，但脾脏指数仅中剂量组（2%家蝇几丁糖溶液 10mL/kg 体重）显著升高。

表9-7　不同剂量几丁糖液对小鼠免疫器官的影响

试验分组	动物数	胸腺指数	脾脏指数
A	10	41.70 ± 7.90	56.7 ± 8.3
B	10	26.20 ± 4.00	39.3 ± 7.4
C	10	36.90 ± 8.30 **	44.2 ± 7.8

续表

试验分组	动物数	胸腺指数	脾脏指数
D	10	40.60±5.50 **	47.1±6.6 *
E	10	37.60±6.10 **	44.3±6.4

*表示 $P<0.05$；**表示 $P<0.01$

9.9.2　迟发型变态反应

从表 9-8 可以看出，2%家蝇几丁糖不同剂量组处理后，小鼠 2 耳重量差值只有中剂量组（2%家蝇几丁糖溶液 10mL/kg 体重）与对照组（B 组）比较呈极显著升高。

表9-8　不同剂量几丁糖液对小鼠免疫功能的调节作用

试验分组	动物数	2 耳重量差值/mg	HC$_{50}$	吞噬率/%	NK 细胞活性
A	10	3.49±0.57	273.5±40.00	24.0±4.6	41.66±6.22
B	10	2.71±0.39	226.1±32.21	15.6±4.6	29.15±8.60
C	10	2.88±0.55	240.9±28.52	19.3±4.7 **	45.14±5.48 **
D	10	3.64±0.56 **	259.2±20.48 *	25.8±5.2 **	48.95±15.26 **
E	10	3.24±0.59	258.1±26.91	20.1±2.9 *	46.87±10.69 **

注：B 为对照组；C 为低剂量组；D 为中剂量组；E 为高剂量组
*表示 $P<0.05$；**表示 $P<0.01$

9.9.3　体液免疫功能

从表 9-8 可以看出：2%家蝇几丁糖溶液高、中、低剂量组均可不同程度地升高因环磷酰胺所致的小鼠溶血素（HC$_{50}$）降低，但以中剂量组即 2%家蝇几丁糖液 10mL/kg 体重灌胃能显著提高溶血素，说明受试动物能增强机体体液免疫功能。

9.9.4　小鼠腹腔巨噬细胞吞噬功能

由表 9-8 可知，2% 家蝇几丁糖液不同剂量处理均能显著提高小鼠腹腔巨噬细胞的吞噬功能，尤其是中剂量组（10mL/kg 体重）与 B 组比较，小鼠腹腔巨噬细胞吞噬率有极显著的差异。

9.9.5 NK 细胞活性

从表 9-8 还可以看出，2%家蝇几丁糖液不同剂量组的小鼠 NK 细胞活性都与 B 组具有极显著的差异，说明 2%家蝇几丁糖液 5～20mL/kg 体重均有激活 NK 细胞活性的功能。

经免疫调节 5 项试验表明，2%家蝇几丁糖溶液具有多种免疫调节作用。它可使小鼠的胸腺脏体比和脾脏脏体比增高，使细胞免疫（DTH）、体液免疫（HC50）、单核巨噬细胞功能和 NK 细胞活性增强，其最佳有效剂量可能为 10mL/kg 体重。

9.10 家蝇几丁糖保健功能的评价

以化学方法制备的家蝇脱乙酰几丁糖，按不同剂量喂饲试验动物雄性大鼠，检测其对试验动物的降血脂作用，结果表明，家蝇几丁糖能显著降低大鼠血清总胆固醇（TC）和甘油三酯（TG）水平。以家蝇几丁糖不同剂量喂饲昆明小鼠，检测其对小鼠抗突变和促进小肠运动作用的影响。结果表明，家蝇几丁糖可明显降低致突变物环磷酰胺对小鼠骨髓嗜多染红细胞的微核发生率和丝裂霉素 C 对小鼠睾丸染色体畸变发生率，对 TA98 的抗突变试验结果为阳性。同时，对小鼠小肠推进百分数显著或极显著高于对照组，说明家蝇几丁糖具有抗突变作用和促进小肠运动作用。

9.10.1 调节血脂作用

试验至第 14 天、第 28 天分别采血测定 TG、TC 及 HDL-C，结果见表 9-9～表 9-11。

表9-9 家蝇几丁糖对大鼠血糖TG的影响（TG值）

组别	试验前	第 14 天	第 28 天
低剂量	1.156±0.189	1.270±0.272*	0.895±0.197*
中剂量	1.104±0.156	1.286±0.303	1.100±0.272*
高剂量	1.137±0.242	1.087±0.342*	0.878±0.342*
高脂对照	1.152±0.205	1.711±0.488	1.750±0.385
基础对照	1.171±0.292	1.114±0.222*	1.022±0.241*

*表示差异显著 $P < 0.05$

表9-10　家蝇几丁糖降低大鼠血糖TC的作用（TC值）

组别	开始时	第14天	第28天
低剂量	1.352±0.269	2.419±0.275*	2.349±0.222*
中剂量	1.345±0.260	2.580±0.341*	2.205±0.426*
高剂量	1.270±0.252	2.362±0.351*	2.241±0.321*
高脂对照	1.348±0.258	3.367±0.353$^\triangle$	3.480±0.457$^\triangle$
基础对照	1.341±0.288	1.277±0.211*	1.257±0.067

$\triangle$ 表示 α=0.10；*表示显著差异 $P<0.05$

表9-11　家蝇几丁糖对大鼠血清HDL-C的影响（HDL-C值）

组别	第14天	第28天
低剂量	0.690±0.145	0.594±0.086
中剂量	0.750±0.135	0.577±0.094
高剂量	0.717±0.127	0.616±0.123
高脂对照	0.707±0.115	0.615±0.102
基础对照	0.713±0.138	0.600±0.068

从表 9-9～表 9-11 可以看出，试验开始时，各试验组间大鼠血清 TG、TC、HDL-C 含量均无显著差异；试验到第 14 天时，家蝇几丁糖溶液的低、高 2 个剂量组及试验到第 28 天时的家蝇几丁糖低、中、高 3 个剂量组，大鼠血清甘油三酯（TG）含量明显低于高脂对照组（$P<0.05$），血清胆固醇（TC）含量无论是在试验第 14 天还是第 28 天均显著低于高脂对照组（$P<0.05$），但血清高密度脂蛋白胆固醇（HDL-C）含量没有显著差异。

9.10.2　抗突变作用

通过进行小鼠骨髓微核试验、睾丸染色体畸变试验及对 TA98 的抗突变试验（表 9-12～表 9-14），其结果显示，家蝇几丁糖溶液可明显降低致突变物环磷酰胺对小鼠骨髓嗜多染红细胞的微核发生率，与阳性对照比较差异有显著性（$P<$ 0.05），明显降低丝裂霉素 C 对小鼠睾丸染色体畸变发生率，与阳性对照比较差异有显著性，同时各受试物组染色体畸变类型以环状为多，而阳性对照组以断片及缺失为多，提示受试物组染色体的损伤轻。对 TA98 的抗突变试验结果各浓度组菌落数低于致突变组菌落数，明显抑制了 2-氨基芴和正定霉素对 TA98 的致突变性作用。

表9-12 家蝇几丁糖对小鼠骨髓微粒发生率的影响

组别		剂量/（mL/kg）	检查细胞数/个	含微核细胞数/个	微核率/‰
	阴性对照	0	5000	8	1.6
	低剂量	8	5000	91	18.2*
♂	中剂量	16	5000	60	12.0*
	高剂量	24	5000	32	6.4*
	阳性对照	0	5000	161	32.2*
	阴性对照	0	5000	8	1.6
	低剂量	8	5000	106	21.2*
♀	中剂量	16	5000	69	13.8*
	高剂量	24	5000	34	6.8*
	阳性对照	0	5000	170	34.0

*表示显著差异 $P<0.05$

表9-13 家蝇几丁糖对小鼠睾丸染色体畸变的影响

组别	剂量/（mL/kg）	细胞数/个	畸形细胞数/个	畸变率/‰
阴性对照	0	1010	34	3.4 ± 1.8
低剂量组	8	1004	64	$6.4\pm1.8*$
中剂量组	16	1004	66	$6.6\pm1.8*$
高剂量组	24	1006	82	$8.1\pm1.9*$
阳性对照	0	1034	176	$17.0\pm7.0*$

*表示显著差异 $P<0.05$

表9-14 家蝇几丁糖对TA98的抗突变作用

组别	TA98+S-9		TA98-S-9	
	菌落数/个	抑制率/%	菌落数/个	抑制率/%
溶剂对照	25		25	
原液	468*	42.7	386*	34.0
0.50%	542*	33.1	412*	29.3
0.25%	606*	24.8	468*	19.0
阳性对照	798		572	

*表示显著差异 $P<0.05$

9.10.3 促进小肠运动作用

9.10.3.1 给碳末到处死间隔时间的预试

分别于给碳末胶液后 20min、30min 处死动物，小肠推进百分数分别为 44.7%、

58.9%。40min 后处死动物，碳末胶液末端已超过回盲部。根据上述预试结果及受试物对小肠推进运动可能的影响，选择给碳末胶液后 20min 处死动物作为本次正式试验条件。

9.10.3.2　对小肠推进运动的影响

由表 9-15 可见，家蝇几丁糖溶液低、中、高剂量组的小肠推进百分数均明显高于对照组且差异显著。结果表明，家蝇几丁糖溶液有一定的促进小肠运动的作用；但是未观察到剂量反应关系，其作用机制有待进一步探讨。

表9-15　家蝇几丁糖对小鼠小肠推进作用的影响

组别	剂量/（mL/kg）	动物数/个	推进百分数/%
对照	0	9	49.7±6.1
低剂量	6.0	10	56.1±6.0*
中剂量	12.0	9	56.6±3.5**
高剂量	18.0	9	55.0±2.6*

*表示差异显著 $P<0.05$；**表示差异极显著 $P<0.01$

10 家蝇幼虫活性蛋白提取及功能分析

家蝇在全世界都有分布,从幼虫到成虫均生活在杂菌孳生的环境里,虫体表面及体内含有大量的病菌,有害因子数量多达数万亿,能携带人畜多种病原体,如细菌、病毒和寄生虫卵等,传播霍乱、伤寒、痢疾、结核等疾病,但是其自身却很少被孳生环境中的病菌和病毒侵染。家蝇极强的抗病能力和体内存在的有益的抑菌和抗病毒活性物质,已引起国内外昆虫学者和医药学者的关注。作者对家蝇抗菌物质的抗病毒、抗氧化、抗肿瘤及护肝作用等进行了系统的研究。

10.1 家蝇幼虫蛋白质提取物的抑菌活力

10.1.1 抑菌活力与大肠杆菌悬浮液浓度的关系

以 5 号昆虫针刺伤 3 日龄幼虫,然后分别用 $10^3 \sim 10^{11}$ cfu/mL 的大肠杆菌悬浮液诱导,其血淋巴均出现明显的抑菌活力,从图 10-1 看出,血淋巴抑菌活力随大肠杆菌浓度的升高而呈上升趋势,如图 10-2 所示,以 $10^9 \sim 10^{10}$ cfu/mL 浓度诱导的效果较好,但幼虫死亡率也随之升高。当大肠杆菌浓度达到 10^{11} cfu/mL 时,经过诱导的幼虫死亡率几乎达到 100%。

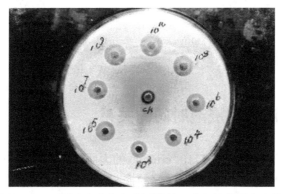

图 10-1 不同浓度大肠杆菌诱导的血淋巴抑菌活力比较

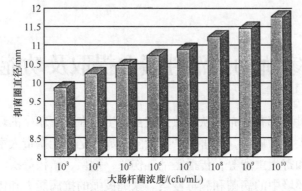

图 10-2　抑菌活力与大肠杆菌浓度的关系

10.1.2　抑菌活力与虫龄的关系

如图 10-3 所示，以大肠杆菌悬浮液（10^{10}cfu/mL）分别诱导 2 日龄和 3 日龄幼虫，饲养 1 天后采集免疫血淋巴，比较其抑菌活力，结果表明，3 日龄幼虫免疫血淋巴抑菌活力比 2 日龄的大。

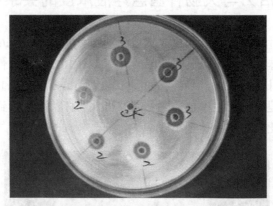

图 10-3　幼虫血淋巴抑菌活力与虫龄的关系

10.1.3　抑菌活力与浸泡时间的关系

经过针刺的 3 日龄幼虫在 10^{10}cfu/mL 的大肠杆菌悬浮液中分别浸泡 5min、10min、15min、20min，其免疫血淋巴的抑菌活力随浸泡时间的延长而有所升高（图 10-4），但趋势较为平缓。

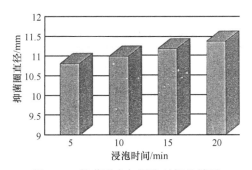

图 10-4　抑菌活力与浸泡时间的关系

10.1.4　抑菌活力与取样时间的关系

以 10^{10}cfu/mL 的大肠杆菌悬浮液诱导 2 日龄幼虫，分别于 12h、24h、36h、48h、60h、72h 后采集免疫血淋巴，发现抑菌活力随时间延长而升高，约在 60h 达到最大值，以后则有所下降（图 10-5）。

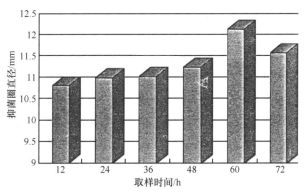

图 10-5　抑菌活力与诱导时间的关系

10.1.5　各种诱导方法的比较

分别以针刺、紫外照射、甲醛、大肠杆菌及相互组合诱导，发现 10 种方法诱导都可使血淋巴的抑菌活力明显高于对照，证实了生物的、物理的、化学的因子均能诱导昆虫产生抗菌活性物质，但不同诱导源的诱导效果有所差异。各种效果的比较见表 10-1，方差分析结果见表 10-2。

表10-1　不同诱导方法的比较

	诱导源	抑菌圈直径/mm
单因子	针刺	5.80
	紫外照射	7.86
	甲醛	7.65
	大肠杆菌	6.73
双因子	针刺+紫外照射	11.70
	针刺+甲醛	9.51
	针刺+大肠杆菌	12.75
	紫外照射+甲醛	7.71
三因子	针刺+紫外照射+大肠杆菌	12.43
	针刺+紫外照射+甲醛	10.80

表10-2　各种诱导方法的方差分析

变异来源	DF	SS	MS	F	$F_{0.01}$
处理间	10	175.44	17.544	548.250	3.26
误差	22	0.70	0.032		
总变异	32	176.14			

从表 10-3 中可以看出，10 种诱导方法中，除针刺、紫外照射、大肠杆菌、紫外照射+甲醛四者之间的诱导效果差异不显著外，其余的相互间皆差异显著。混合诱导源的诱导效果要比单纯诱导源的效果好，而（针刺+紫外照射+大肠杆菌）三重诱导不如（针刺+大肠杆菌）双重诱导的诱导好，但比（针刺+紫外照射）双重诱导的效果好。（针刺+紫外照射+甲醛）的诱导效果虽然也不如（针刺+紫外照射）的诱导效果好，但却比（针刺+甲醛）的诱导效果强，这说明在混合诱导源中，针刺与大肠杆菌是主要的，说明昆虫对不同的诱导方法的应答机制可能有差别。10 种诱导方法中以针刺+大肠杆菌的诱导效果最好，而在单纯诱导中，针刺诱导的效果最好。

表10-3　各种诱导方法差异显著性比较

诱导源	抑菌圈直径/mm	差异显著性
针刺+大肠杆菌	12.75	a
针刺+紫外照射+大肠杆菌	12.43	b
针刺+紫外照射	11.70	c
针刺+紫外照射+甲醛	10.80	d
针刺+甲醛	9.51	e
针刺	7.86	f

续表

诱导源	抑菌圈直径/mm	差异显著性
紫外照射+甲醛	7.71	f
紫外照射	7.65	f
大肠杆菌	7.64	f
甲醛	6.73	g
CK	5.81	h

10.1.6　抗菌蛋白的抑菌谱

　　将分离所得样品对收集的动物和植物病原菌进行抑菌试验（表10-4），分离所得活性组分对供试的 8 种动物病原菌的 2 种、13 种植物病原细菌中的 3 种具有抑制作用，对供试的 4 种植物病原真菌没有抑制作用，其抑菌谱远没有一些抗菌肽广。

表10-4　抗菌蛋白的抑菌试验

病原菌	抑菌圈直径/mm
苏云金杆菌（*Bacillus thuringensis*）	—
沙门氏菌（*Salmonella typhimurium*）	—
大肠杆菌（*Escherchia coli*）	—
大肠杆菌（KK$_{12}$*Escherichia coli* K$_{12}$）	—
大肠杆菌（O$_{87}$*Escherchia coli* O$_{87}$）	—
大肠杆菌（JM103*Escherichia coli* JM$_{103}$）	9.00
枯草杆菌（*Bacillus subtilis*）	—
金黄葡萄球菌（*Staphylococcus aureus*）	8.92
大白菜软腐病菌（*Erwinia arioideae*）	—
番茄溃疡病菌（*Clavibacter michiganensis* subsp. *michiganensis*）	9.02
黄瓜角斑病菌（*Pseudomonas lachrymens*）	—
莴苣叶斑病菌（*Pseudomonas marginalis*）	—
花生青枯病菌（*Pseudomonas solanacerum*）	10.40
水稻白叶枯病菌（*Xanthomonas compestris*）	8.16
水稻细条病菌（*Xanthomonas compestris* pv. *cryzicola*）	—
根癌菌（*Agrobecterium tumeffaciens*）	—
带形棒杆菌（*Corynebacterium fasciana*）	—
毛根土杆菌（*Agrobacterium rhizogenes*）	—

续表

病原菌	抑菌圈直径/mm
柑橘溃疡病菌（*Xanthomonas compestris* pv. *citri*）	—
小麦赤霉病菌（*Fusarium graminearum*）	—
棉枯萎病菌（*Xanthomonas compestris* pv.*citri*）	—
玉米大斑病菌（*Helminthosporium* f.sp. *vasinfectum*）	—
水稻纹枯病菌（*Rhizoctonia solani*）	—

10.2　家蝇幼虫凝集素分析

自 1888 年 Hermann Stillmark 分离到第一个血球凝集素起，凝集素的研究已经有 100 多年。凝集素是一类广泛存在于动植物及微生物体内的非免疫原性的糖结合蛋白，在昆虫中，凝集素是对外源识别的重要分子。家蝇血淋巴凝集素是家蝇血细胞的功能性产物，具有免疫调节活性。因此，家蝇血淋巴凝集素具有潜在的临床应用价值。

本研究首先在扫描电镜下观察了血淋巴中血细胞的类型，家蝇血淋巴中有原血胞、浆血胞、类绛血胞，但却没有发现粒细胞与珠细胞之间的差异，粒细胞大多形状规则（圆形或卵圆形），内含物是大小均匀的圆形小颗粒，珠细胞表面没有被膜的小穴，内含物大小不同，数目不等，在家蝇的血细胞中，只发现一类表面兼具珠血胞与粒血胞特点的血细胞。因此，可以推断，在家蝇的血细胞中，珠血胞与粒血胞不存在差异，二者是同一类型的血细胞。

采用生物和物理的方法，均能够诱导家蝇血淋巴产生可检测到的凝血活力，但不同的方法对不同虫态的诱导效果存在差异。只有末龄幼虫、蛹和成虫经诱导，血淋巴才显示凝血活力，并且蛹血淋巴的凝血活力最高，末龄幼虫次之，随着诱导时间的延长，血淋巴的凝血活力呈增加的趋势。用 *E. coli* K_{12} 诱导，过高的菌浓度容易引起虫体的死亡，过低的菌浓度则使家蝇血淋巴的凝血活力下降，最适菌浓度为 10^{18}cfu/mL。经 *E. coli* K_{12} 诱导后，末龄幼虫、蛹、成虫的血淋巴均在 12h 后才具有凝血活力，末龄幼虫 36h 后血淋巴的凝血活力达到最高，蛹在 48h 达到最高，成虫则在 30h 达到最高，并且持续时间最长。刺伤诱导，刺入虫体体腔不可过深，过深则易引起虫体死亡，以仅刺破表皮为佳。刺伤诱导后，成虫血淋巴的凝血活力 18h 后即可达到最高，末龄幼虫则必须在 48h 才能达到最高，最高水平可以与蛹血淋巴的最高凝血水平持平而远高于成虫的最高水平。紫外线诱导的最佳照射时间为 15min，各虫体血淋巴的凝血活力都在诱导后 48h 达到最高水平，但最高水平存在差异，蛹最高，末龄幼虫与成虫相同。超声波的最佳诱导时间为 5min，诱导后各虫态血淋巴的凝血活力均随时间的延长而呈上升的趋势，并且蛹血淋巴的凝血活力一值最高，末龄幼虫次之，成虫则最低。

用以上 4 种方法，分别诱导末龄幼虫、蛹和成虫，可以发现对于同一虫态，不同的诱导方式产生的结果不一样。对于末龄幼虫，不同的诱导方式的诱导效果存在很大差异，刺伤诱导的效果最好，其所诱导的血淋巴的凝血活力均高于其他诱导方式，超声波次之，紫外线效果最差，即使其所诱导的血淋巴的最高凝血活力也远低于其他的诱导方式。但是经过这些诱导方式诱导的血淋巴最高凝血活力均出现在 48h 以后。各种诱导方式对于蛹的诱导效果也存在很大的差异，这些差异类似于各种诱导方式对末龄幼虫的诱导效果。而且各种诱导方式诱导蛹的血淋巴所产生的凝血活力均高于各诱导方式对末龄幼虫的诱导。

对于成虫，各种诱导方式的诱导效果要低于蛹和末龄幼虫。各种诱导方式诱导成虫后血淋巴的最高凝血活力相互之间差别不大，但远低于各诱导方式对蛹和末龄幼虫的诱导。超声波诱导后，成虫血淋巴的最高凝血活力可与刺伤诱导的持平，但是出现的时间要滞后 36h，$E.\ coli\ K_{12}$ 诱导 30h 后，血淋巴的凝血活力即达到最高，低于刺伤及超声波诱导，最高凝血活力出现的时间比超声波诱导的最高活力出现的时间提前 18h，比紫外线诱导的最高凝血活力提前 12h，比刺伤诱导后最高凝血活力出现的时间滞后 12h。

无论采取何种诱导方式，在家蝇的整个生活史中，可以发现家蝇血淋巴中的凝集素具有两个活性高峰：一个是化蛹前，另一个是在羽化前，这与其他昆虫体内血淋巴凝集素出现的规律是相同的。

采用亲和层析的方法分离纯化超声波诱导的末龄幼虫中产生的血淋巴，将所得样品进行透析并浓缩，经 SDS-PAGE 测定凝集素的分子质量为 33.8kDa。利用标记的凝集素作为配体，探测其在家蝇血细胞上的受体，结果发现，家蝇的血细胞上确实存在家蝇免疫反应中的特异因子——凝集素受体。从而证明：在昆虫免疫中，昆虫体内的体液因子是可以与细胞因子发生作用而使二者协同作用。

10.3　家蝇幼虫提取物的抗病毒活性分析

10.3.1　家蝇幼虫组织匀浆液抗流感病毒作用

从表 10-5 的结果可以看出，各种不同浓度的家蝇幼虫组织匀浆液对流感病毒的增殖都有显著的抑制作用。病毒对照组的血凝效价为 1∶1102；15μL 剂量组对病毒的杀灭率为 72.41%，而 30μL、50μL 和 80μL 剂量组对病毒的杀灭率都达到

80%以上，说明家蝇幼虫组织匀浆液对流感病毒具有一定的杀灭作用。同时阳性药物病毒唑是一种广谱抗病毒药物，对病毒的杀灭率可达到90%以上，对流感病毒有很好的抑制作用。

表10-5　鸡胚法血凝效价的测定结果

不同剂量组/μL	鸡胚数	血凝效价（$\bar{x}$）	对病毒的杀灭率/%
15	10	1∶304	72.41
30	9	1∶213	80.67
50	10	1∶184	83.30
80	9	1∶151	86.30
病毒对照组	9	1∶1102	—
阳性药物对照组	10	1∶92	91.65

10.3.2　家蝇幼虫组织匀浆液对乙型肝炎病毒表面抗原的破坏作用

按照乙型肝炎病毒表面抗原诊断试剂盒的诊断方法，所检测的家蝇幼虫组织匀浆液对乙型肝炎病毒表面抗原的破坏作用结果见表10-6。由表10-6可知，PBS与HbsAg作用后，HbsAg的ELISA效价（病毒对照，N_0）为1∶4 096 000；而家蝇幼虫组织匀浆液与HbsAg作用后，HbsAg的ELISA效价（N_t）为1∶512 000。计算病毒杀灭率可知，家蝇幼虫组织匀浆液对乙型肝炎病毒表面抗原的破坏率可达87.5%。

表10-6　家蝇幼虫组织匀浆液对HbsAg的破坏作用

混合液	混合液的稀释度（×10³）													HbsAg 效价（×10³）
	2	4	8	16	32	64	128	256	512	1024	2048	4096	8192	
N_0	+	+	+	+	+	+	+	+	+	+	+	+	–	1∶4096
N_t	+	+	+	+	+	+	+	–	–	–	–	–	–	1∶5120

10.3.3　家蝇幼虫中各蛋白质组分的含量分析

从表10-7可看出，脱脂蝇蛆粉中的蛋白质以清蛋白、球蛋白和小分子肽类为主，三者的含量占了总提取蛋白的76.84%，是组成脱脂蝇蛆粉蛋白的主要成分。另外还含有少量的醇溶蛋白和碱溶蛋白（它们的含量还不足总蛋白的5%），以及部分复合蛋白。

表10-7 家蝇幼虫蛋白组分的相对含量（$\bar{x} \pm s$）

类别	占脱脂蝇蛆粉的含量/%	占总蛋白的含量/%
清蛋白	14.36 ± 0.80	30.30 ± 2.28
小分子肽	12.87 ± 0.25	27.09 ± 0.51
球蛋白	9.30 ± 0.04	19.55 ± 0.09
醇溶蛋白	2.29 ± 0.07	4.79 ± 0.12
碱溶蛋白	2.62 ± 0.05	5.49 ± 0.10
难溶蛋白	6.08 ± 0.34	12.78 ± 0.71
总和	47.52	100

10.3.4 家蝇幼虫各蛋白组分抗流感病毒活性

表10-8显示了鸡胚法检测的各组分蛋白对流感病毒在鸡胚内增殖的抑制作用。从表中可以看出各组分蛋白对流感病毒的抑制作用是不同的，其中以清蛋白的效果为最好，1mg/mL 的清蛋白对流感病毒的杀灭率可达到 75%以上。而其他几个组分的抗病毒效果则不是很好，均未达到60%，尤其是碱溶谷蛋白，对病毒的抑制率还不到30%，对病毒基本上没有杀灭作用。

表10-8 家蝇幼虫各蛋白组分抗流感病毒的活性

组分蛋白	鸡胚数	血凝效价（$\bar{x}$）	对病毒的杀灭率/%
清蛋白	10	1∶326	75.82
小分子肽	9	1∶560	58.46
球蛋白	10	1∶642	52.37
醇溶蛋白	9	1∶751	44.29
碱溶谷蛋白	9	1∶960	28.78
病毒对照组	10	1∶135	—

10.3.5 家蝇幼虫蛋白复合物对新城疫病毒增殖的抑制作用

各种不同浓度的蛋白质复合物稀释液在鸡胚内对新城疫病毒的抑制作用，其血凝效价的分析结果见表10-9。由表 10-9 可以看出，各种不同浓度的蛋白质复合物稀释液在鸡胚内对新城疫病毒的增殖都有显著的抑制作用。病毒对照组血凝效价对数的平均值为8.4，而蛋白质复合物的三个剂量组则都能不同程度地抑制新城疫病毒在鸡胚内的增殖，并且其血凝效价对数值与病毒对照组相比都达到显著差异水平（$P<0.05$）。阳性对照组本实验以广谱的抗病毒药物病毒唑作为对照,病毒唑原液的浓度为 100mg/mL,将病毒唑的浓度稀释为 2mg/mL,

与等量病毒液混合后作用浓度为 1mg/mL。1mg/mL 的病毒唑也能明显地抑制新城疫病毒在鸡胚内的增殖,其血凝效价对数的平均值为6.6。与病毒唑的抗病毒活性相比,蛋白质复合物的活性稍低于病毒唑,但是仍能显著地抑制新城疫病毒在鸡胚内的增殖。

表10-9　蛋白质复合物对病毒血凝效价（$\log_2$）的影响

组别	鸡胚数	血凝效价（$\bar{x} \pm s$）
C_1（10mg/mL）	9	$6.1 \pm 0.69^*$
C_2（5mg/mL）	10	$6.8 \pm 1.30^*$
C_3（1mg/mL）	10	$7.0 \pm 1.41^*$
病毒对照组	9	8.4 ± 1.14
药物对照组	10	$6.6 \pm 0.55^*$

*表示呈显著差异水平 $P < 0.05$

10.3.6　家蝇幼虫蛋白复合物对脊髓灰质炎病毒的灭活实验

倒置显微镜下观察细胞病变情况,连续观察 3 天,以 72h 观察的结果为最终结果（表 10-10）,细胞发生病变的孔以"+"表示,未发生病变的孔以"—"表示,计算半数细胞感染量（$TCID_{50}$）,与病毒对照的 $TCID_{50}$ 相比较,判断样品对脊髓灰质炎 1 型病毒的灭活情况。病毒对照组中加入的 PBS 缓冲液,对病毒没有杀灭作用,作用于细胞的半数细胞感染量（$TCID_{50}$）的对数值为 9.5,与实验测定的病毒的滴度相符。而加入蛋白质复合物样品后测定的半数细胞感染量（$TCID_{50}$）的对数值为7.5,与病毒对照的对数值相比减小了两个滴度,说明经蛋白质复合物作用以后,病毒的感染能力显著的下降了,对病毒的抑制率可达到99%。

表10-10　样品作用的半数细胞感染量（$TCID_{50}$）测定结果

稀释度	接种孔数	细胞病变		累积值		病变比	病变率/%
		−	+	−	+		
10^6	4	0	4	0	10	10/10	100
10^7	4	1	3	1	6	6/7	86
10^8	4	2	2	3	3	3/6	50
10^9	4	3	1	6	1	1/7	14
10^{10}	4	4	0	10	0	0	0

10.3.7 家蝇幼虫蛋白复合物对禽流感病毒的杀灭作用

根据蛋白质复合物对鸡的红细胞毒性作用的检测结果，在蛋白质复合物对红细胞没有毒性的范围内选择了 5mg/mL、2.5mg/mL、1.25mg/mL、0.625mg/mL 4 个浓度梯度，检测了其在体外对禽流感病毒的杀灭情况，其结果如图 10-6 所示。

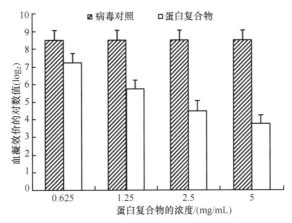

图 10-6 不同浓度的蛋白质复合物对禽流感病毒的作用

从图 10-6 可以看出，没有经过蛋白质复合物作用的禽流感病毒的血凝效价比较高，将其血凝效价取对数（$\log_2$）值为 8.5，而加入蛋白质复合物后，不同浓度的蛋白质复合物与禽流感病毒在体外中和作用 0.5h 后，对病毒都能起到不同程度的破坏作用，并且呈现出一种剂量效应，蛋白质复合物的浓度越高对病毒的破坏作用就越强。可见，蛋白质复合物在体外对禽流感病毒具有直接杀灭的作用，将蛋白质复合物与病毒混合后能明显降低病毒的感染力。

10.3.8 家蝇幼虫蛋白复合物对 HSV-1 的杀灭作用

将蛋白质复合物与病毒在体外中和一段时间之后再感染细胞，检测经蛋白质复合物作用后病毒的感染力，其结果如表 10-11。从表 10-11 可以看出，经过蛋白质复合物作用后，病毒对 Vero 细胞的感染力与病毒对照组相比明显地下降了。200μg/mL 和 150μg/mL 浓度的蛋白质复合物与病毒作用后再感染细胞，在细胞中基本上没有细胞发生病变，与细胞对照组相当。100μg/mL 和 50μg/mL 浓度组的细胞中虽然能看到有细胞病变，但是与病毒对照组相比，细胞的病变在数量上和程度上都明显变轻。

表10-11　蛋白复合物与病毒在体外中和作用的结果

	蛋白质复合物浓度/（μg/mL）				对照组	
	200	150	100	50	病毒	细胞
细胞病变 Cytopathic effect（CPE）	−	−	+	++	++++	−
	−	−	++	+++	++++	−
	−	−	+	+++	++++	−
	−	−	++	++	++++	−

−表示无细胞病变；+表示 1/4 以下的细胞有病变；++表示 1/4～1/2 的细胞有病变；+++表示 1/2～3/4 的细胞有病变；++++表示 3/4 以上的细胞有病变

10.3.9　家蝇幼虫蛋白复合物对 H1N1 的杀灭作用

图 10-7 显示了药物与病毒在体外作用 2h 后再感染细胞所检测的病毒的血凝效价情况，从图 10-7 中可以看出，不同浓度的蛋白质复合物在体外与病毒中和后，能显著地降低病毒的感染力，而阳性药物病毒唑的作用却不太明显，仅 150μg/mL 的剂量组表现出一定的作用，其血凝效价与病毒对照组相比呈显著差异性。4 个剂量组的蛋白质复合物与病毒对照组相比都呈极显著差异性，显示了蛋白质复合物对病毒良好的直接杀灭作用。

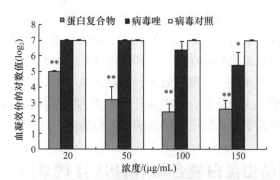

图 10-7　蛋白质复合物与病毒在体外中和作用的结果
∗∗表示与病毒对照相比呈极显著差异性 $P<0.01$

10.3.10　家蝇幼虫蛋白复合物纯化后 HAP 蛋白的抗病毒活性测定

10.3.10.1　抗 AcMNPV 的活性观察

图 10-8A 为正常的 sf 9 细胞，细胞生长正常，图 10-8B 为病毒侵染后的 sf 9

细胞生长状况，绝大部分细胞病变明显，核极端膨大，核内充满多角体，有的细胞破裂释放出多角体病毒。

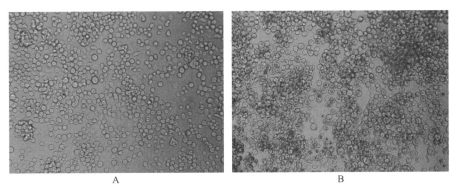

图 10-8　正常（A）和病毒侵染后（B）的 sf 9 细胞

10.3.10.2　抗 AcMNPV 活性测定

经抗病毒检测发现，家蝇幼虫蛋白复合物纯化后 HAP 蛋白有较强的抗病毒活性，1mg/mL 和 0.5mg/mL 浓度下灭活指数分别为 1.67 和 1.48，远大于 0.7（表 10-12）。

表10-12　HAP蛋白对AcMNPV病毒滴度的影响

病毒接种	病毒滴度（$-\log_{10}TCID_{50}$）	灭活指数
AcMNPV + HAP（1mg/mL）	5.63	1.67
AcMNPV + HAP（0.5mg/mL）	5.82	1.48
AcMNPV + 生长培养基	7.30	—

10.3.10.3　对 BmNPV 感染家蚕的抑制作用

如图 10-9 所示，经抗 BmNPV 活性实验检测结果显示，与对照组相比，家蝇幼虫蛋白复合物纯化后 HAP 蛋白（0.5mg/mL）和病毒混合作用后投喂，有明显的降低病毒感染作用，与抗 AcMNPV 病毒结果相似。

10.3.10.4　抗 BmNPV 感染家蚕试验的活性观察

图 10-10A 和 B 分别显示的是正常生长的家蚕和受 BmNPV 侵染的家蚕，病毒侵染导致家蚕产生病毒性疾病，直至病变死亡，流出浓汁，释放出多角体病毒。

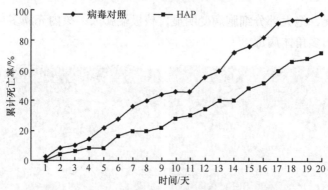

图 10-9　感染 BmNPV 后各组家蚕的累计死亡率曲线

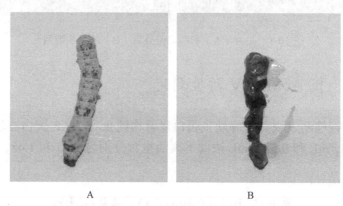

图 10-10　正常（A）和病毒侵染死亡（B）的家蚕

10.4　家蝇幼虫蛋白复合物的抗氧化作用

10.4.1　羟基自由基清除活性

　　一种物质抗氧化的能力可以通过检测其对氧化体系中生成的自由基的清除作用而得到准确的评价。本研究测定了不同浓度的蛋白质复合物样品抑制羟基自由基的活性，其结果见图 10-11。当蛋白质复合物加入到反应体系中，能显著降低羟基自由基生成的数量，其 IC_{50} 为 1.23mg/mL。当样品浓度达到 10mg/mL 以上，对羟基自由基的清除率均可达到 80%以上，与 5mg/mL 的 β-胡萝卜素的作用相当。随着蛋白质复合物浓度的增大，其抗氧化的能力也逐渐增强，表现出一种剂量效应关系。

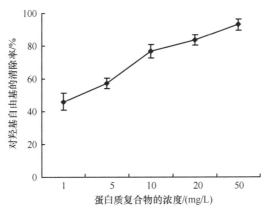

图 10-11 蛋白质复合物清除羟基自由基的作用

10.4.2 超氧阴离子自由基清除活性

对超氧阴离子的清除作用在保护氧化损伤的早期阶段有着十分重要的意义。蛋白质复合物对超氧阴离子的清除活性是通过邻苯三酚的自氧化反应来测定的，本实验研究了不同浓度的蛋白质复合物对邻苯三酚的自氧化体系产生的超氧阴离子的清除作用，其结果见图 10-12。低浓度的蛋白质复合物就对超氧阴离子自由基有明显的清除作用，当复合物浓度为 34.63μg/mL 时则能清除 50%的超氧阴离子自由基，当浓度达到 1mg/mL 时则能完全抑制超氧阴离子自由基的产生。

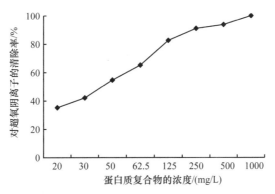

图 10-12 蛋白质复合物清除超氧阴离子自由基的作用

10.4.3 DPPH 自由基清除活性测定

一种物质抗氧化的能力可以通过检测其对氧化体系中生成的自由基的清除作用而得到更准确的评价。本研究测定了不同浓度的家蝇幼虫清蛋白抑制 DPPH 自由基的活性，其结果见图 10-13。当家蝇幼虫清蛋白加入到反应体系中，能显著降低自由基生成的数量，其半数清除浓度 IC_{50} 为 0.74mg/mL。随着家蝇幼虫清蛋白浓度的增大，其抗氧化的能力也逐渐增强，清除活性表现出一种剂量效应关系。

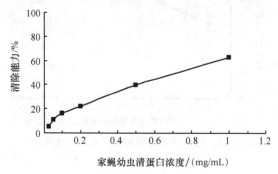

图 10-13　家蝇幼虫清蛋白对 DPPH 自由基的清除作用

10.4.4　H_2O_2 诱导的红细胞氧化溶血的影响

红细胞不仅在体内每天都有一部分发生自身氧化解体，而且在体外温育条件下也可产生氧化溶血反应。红细胞加入 H_2O_2 后，红细胞膜被氧化受损，导致溶血现象。图 10-14 结果显示家蝇幼虫清蛋白能有效地抑制溶血的发生，家蝇幼虫清蛋白对红细胞溶血的半抑制量（IC_{50}）为 0.871mg/mL，且抑制作用呈现出一种剂量效应关系。

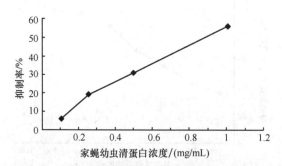

图 10-14　对 H_2O_2 诱导的红细胞氧化溶血的影响

10.4.5　对大鼠肝匀浆脂质过氧化的影响

生物的氧自由基能攻击生物膜中的多不饱和脂肪酸，引起脂质过氧化反应，形成丙二醛（MDA）等脂质过氧化物和新的氧自由基。氧自由基不但能通过生物膜上多不饱和脂肪酸的过氧化反应来损伤细胞,而且还能通过氢过氧化物的分解产物引起细胞损伤。因而测定 MDA 的含量可以反映组织内脂质过氧化的程度,还可间接反映出细胞损伤的程度。肝匀浆在温育条件下可以发生自氧化反应产生自由基,进而生成 MDA。如表 10-13 所示,家蝇幼虫清蛋白在实验所选用剂量范围内对大鼠肝匀浆 MDA 生成均有抑制作用。抑制率随添加剂量的增加而加大,存在着量效关系。

表10-13 家蝇幼虫清蛋白对肝匀浆脂质过氧化的影响

处理	浓度/（mg/mL）	MDA/（nmol/mg 蛋白质）	抑制率/%
对照	0	2.95 ± 0.13	—
清蛋白	0.25	2.77 ± 0.17	6.10
	1.0	2.34 ± 0.10*	20.68
	2.5	2.10 ± 0.31*	28.81
	10	1.08 ± 0.18**	63.39

*表示 $P<0.05$；**表示 $P<0.01$

10.4.6 小鼠肝线粒体脂质过氧化的影响

如表 10-14 所示,跟对照组比较,各处理组的肝线粒体脂质过氧化水平均显著下降了 19.64%、23.81%、25.60% 和 32.74%,其中 2.5mg/mL、10mg/mL 处理的过氧水平显著下降。

表10-14 家蝇幼虫清蛋白对肝线粒体脂质过氧化的影响

处理	浓度/（mg/mL）	MDA/（nmol/mg 蛋白质）	抑制率/%
对照	0	0.504	—
清蛋白	0.25	0.405	19.64
	1.00	0.384	23.81
	2.50	0.375*	25.60
	10.00	0.339*	32.74

*表示 $P<0.05$

10.4.7 对老龄小鼠脂质过氧化水平和抗氧化酶活性的影响

表 10-15 和表 10-16 显示,家蝇幼虫清蛋白能显著抑制肝匀浆和血清中 MDA 生成,而且随浓度的增大,表现为递增的抑制作用,同时对 SOD、GSH-Px 具有显著的增强作用,均呈现剂量效应关系。

表10-15　家蝇幼虫清蛋白对老龄小鼠肝匀浆脂质过氧化水平及抗氧化酶活性的影响

处理	MDA/ （nmol/mg 蛋白质）	SOD/ （IU/mg 蛋白质）	GSH-Px/ （IU/mg 蛋白质）
对照	2.70±0.32	199.1±6.2	86.0±4.0
清蛋白（50mg/kg 体重）	1.48±0.36*	249.7±16.9*	107.2±1.9
清蛋白（100mg/kg 体重）	1.38±0.31*	259.4±18.9*	117.7±3.3*
清蛋白（200mg/kg 体重）	1.08±0.14**	269.1±13.1*	119.9±2.0*

*表示 $P < 0.05$；**表示 $P < 0.01$

表10-16　家蝇幼虫清蛋白对老龄小鼠血清脂质过氧化及抗氧化酶活性的影响

处理	MDA/ （nmol/mg 蛋白质）	SOD/ （IU/mg 蛋白质）	GSH-Px/ （IU/mg 蛋白质）
对照	6.17±1.52	48.2±4.0	27.6±2.9
清蛋白（50mg/kg 体重）	5.78±0.26	59.8±4.8*	36.3±3.2
清蛋白（100mg/kg 体重）	5.58±0.40	85.8±6.1**	44.7±2.8*
清蛋白（200mg/kg 体重）	3.52±0.26**	80.0±7.1**	42.2±2.1*

*表示 $P < 0.05$；**表示 $P < 0.01$

10.5　家蝇幼虫蛋白复合物的护肝作用

10.5.1　急性毒性试验

各组动物经 14 天观察后结果见表 10-17，未发现有明显中毒反应，也无一例死亡，急性毒性试验结果表明蛋白质复合物的 $LD_{50} > 10.00g/kg$ 体重，按急性毒性分级，其应属实际无毒物质。

表10-17　蛋白提取物蛋白质复合物的急性毒性试验结果

组别与剂量/ （g/kg 体重）	受试物	动物数/只	途径	死亡情况	LD_{50}/（g/kg 体重）
1.5	蛋白复合物	10	经口灌胃	未见死亡	>10.00
2.5	蛋白复合物	10	经口灌胃	未见死亡	>10.00
3.5	蛋白复合物	10	经口灌胃	未见死亡	>10.00
5.0	蛋白复合物	10	经口灌胃	未见死亡	>10.00
7.5	蛋白复合物	10	经口灌胃	未见死亡	>10.00
10.5	蛋白复合物	10	经口灌胃	未见死亡	>10.00

10.5.2　蛋白质复合物对 AST 和 ALT 的活性的影响

给小鼠灌胃不同浓度的蛋白质复合物一周后，对四氯化碳诱导的肝损伤小鼠血清中 AST 和 ALT 活性的影响结果见表 10-18。从表 10-18 可以看出，给小鼠灌胃四氯化碳以后，小鼠血清中 AST 和 ALT 的活性显著地升高了，分别是正常对照组的 4.2 倍和 13.3 倍。AST 和 ALT 是衡量四氯化碳造模的两个非常敏感的指标，这说明本研究的造模是非常成功的，这样评价蛋白质复合物的护肝作用才是有意义的。给小鼠灌胃了蛋白质复合物的三个剂量组均大大地降低了 AST 和 ALT 的活性（$P < 0.001$），与正常对照组酶的活性相当。这说明蛋白质复合物对四氯化碳所诱导的肝损伤有很好的保护作用。但是三个剂量组对肝损伤的保护作用没有显示出剂量效应关系。

表10-18　灌胃蛋白质复合物后对血清AST和ALT活性的影响

组别	AST/（IU/L）	ALT/（IU/L）
正常对照组	16.5 ± 4***	13.0 ± 4***
四氯化碳对照组	69.3 ± 13	173.0 ± 6
低剂量组（50mg/kg）	20.0 ± 6***	17.8 ± 5***
中剂量组（100mg/kg）	17.7 ± 6***	13.4 ± 4***
高剂量组（200mg/kg）	28.6 ± 7***	10.2 ± 2***

注：数值为每组 10 只小鼠的平均值，表示为 $\bar{x} \pm s$

*$P < 0.05$、** $P < 0.01$、*** $P < 0.001$ 分别表示各组与四氯化碳对照组相比较的差异性

10.5.3　蛋白质复合物对 MDA、GSH 以及总蛋白质的影响

给小鼠灌胃不同浓度的蛋白质复合物一周后，对四氯化碳诱导的肝损伤小鼠肝脏中 MDA、GSH 及总蛋白的影响结果见表 10-19。从表 10-19 可以看出，经四氯化碳诱导以后，小鼠肝脏中 MDA 的活性有所上升（$P < 0.05$）。各蛋白质复合物剂量组能不同程度地降低由四氯化碳所导致的 MDA 活性的升高，这也是对肝脏保护作用的一种表现。

值得注意的是 GSH 的实验结果。经四氯化碳诱导以后，小鼠肝脏中 GSH 的活性显著地下降（$P < 0.01$）。而蛋白质复合物剂量组不但没有抑制 GSH 活性的下降，反而降低了 GSH 的活性，尤其是 100mg/kg 的剂量组，GSH 的活性与四氯化碳对照组相比表现出差异性（$P < 0.05$）。

经四氯化碳诱导以后，肝脏中蛋白质合成的能力与正常对照组相比没有显著的差异。但是灌胃蛋白质复合物后，各个剂量组都能不同程度地提高小鼠肝脏合成蛋白质的能力。100mg/kg 和 200mg/kg 剂量组肝脏的蛋白质的含量与四氯化碳对照组相比呈极显著差异性（$P<0.001$）。

表10-19　蛋白质复合物对肝脏中MDA、GSH及总蛋白的影响

组别	MDA/（nmol/mg 蛋白质）	GSH/（mg/g 蛋白质）	总蛋白/（g/L）
正常对照组	0.7 ± 0.1*	30.9 ± 3.7**	163.7 ± 6.0
四氯化碳对照组	1.2 ± 0.3	26.3 ± 2.6	163.5 ± 18.1
低剂量组（50mg/kg）	0.9 ± 0.1*	25.5 ± 1.9	185.3 ± 13.0*
中剂量组（100mg/kg）	0.8 ± 0.1*	22.7 ± 2.8*	216.0 ± 17.2***
高剂量组（200mg/kg）	0.8 ± 0.1*	24.4 ± 2.6	217.1 ± 10.8***

注：数值为每组 10 只小鼠的平均值，表示为 $\bar{x} \pm s$

* $P<0.05$、** $P<0.01$、*** $P<0.001$ 分别表示各组与四氯化碳对照组相比较的差异性

10.5.4　蛋白质复合物对小鼠肝重和体重的影响

表 10-20 显示了灌胃蛋白质复合物后对小鼠肝重及体重的影响。从表 10-20 可以看出，灌胃四氯化碳及蛋白质复合物对小鼠肝脏重量和体重的影响都不大，各组之间均未表现出差异性。

表10-20　蛋白质复合物对小鼠肝重和体重的影响

组别	肝重/g	体重 A/g	体重 B/g	体重 C/g
正常对照组	1.79 ± 0.24	24.76 ± 1.72	26.80 ± 3.27	28.32 ± 3.53
四氯化碳对照组	1.91 ± 0.34	24.90 ± 1.77	28.71 ± 4.30	28.89 ± 4.71
低剂量组（50mg/kg）	1.95 ± 0.27	24.78 ± 1.23	28.19 ± 3.43	29.88 ± 4.36
中剂量组（100mg/kg）	1.94 ± 0.24	23.58 ± 2.02	27.41 ± 4.09	29.54 ± 4.03
高剂量组（200mg/kg）	1.87± 0.36	24.75 ± 1.15	27.82 ± 3.46	29.54 ± 3.59

注：A 表示灌蛋白质复合物之前；B 表示灌四氯化碳之前；C 表示灌四氯化碳之后

10.5.5　蛋白质复合物对小鼠肝脏组织的影响

图 10-15 显示了各组肝脏的外部形态图。从肝脏外观来看，四氯化碳对照组（图 10-15A）小鼠肝脏肿大，硬度增加，色泽呈黄褐色，表明不光滑，整个肝脏可见很多灰黄色点状坏死灶，分布尚均匀。多数直径在 1mm 左右，个别直径达 3～4mm。正常对照组（图 10-15B）小鼠肝脏外观呈暗红色，质地均匀，

表面光滑。蛋白质复合物各剂量组（图 10-15C～E）色泽红润，与正常对照组相比无明显差异。

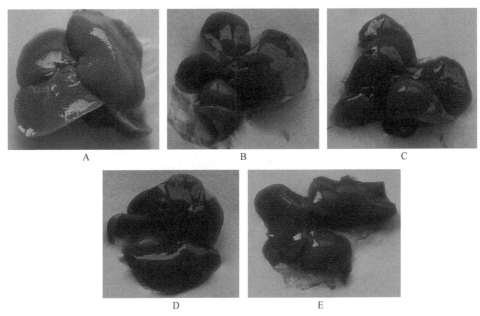

图 10-15　小鼠肝脏外部形态图

A. 四氯化碳对照组；B. 正常对照组；C. 低剂量组（50mg/kg）；D. 中剂量组（100mg/kg）；E. 高剂量组（200mg/kg）

肝组织病理切片 HE 染色如图 10-16 所示。肝小叶结构清晰，肝细胞围绕中央静脉呈放射状排列，肝细胞大小正常，呈多边形，核 1～2 个，呈圆形，嗜碱性，位于细胞中央。胞浆着色均匀，呈粉红色，细胞质轻度嗜酸性，无变性和坏死（图 10-16A）。四氯化碳肝损伤对照组与正常对照组相比，肝脏均表现出典型的中毒性肝损伤病理改变。肝小叶失去正常结构，肝板排列紊乱，肝索消失，肝小叶中央区的肝细胞均可见大中小空泡，大部分小鼠的肝小叶中央静脉壁和血管损伤，围绕着中央静脉的 3～5 层细胞溶解破裂，肝细胞坏死，并可见细胞核膜消失，核仁破裂，坏死灶周围有水样变性，灶内可见炎细胞。肝细胞弥漫变性，带状坏死（图 10-16B）。而蛋白质复合物的三个剂量组肝脏形态与结构基本完好，肝细胞排列呈索状，围绕中央静脉呈放射状排列，肝细胞呈多边性，个别细胞出现脂肪变性，但没有出现细胞坏死（图 10-16C～D）。脂肪变性的细胞在小鼠营养状况良好时，可自行恢复为健康的细胞，这些细胞的病变是可以逆转的，而四氯化碳对照组的坏死细胞是无法恢复的。从病理组织切片的结果可以看出，在四氯化碳诱导之前给小鼠灌胃不同浓度的蛋白质复合物，虽然没有表现出明显的剂量效应，但是三个剂量组均能对肝脏起到很好的保护作用。病理组织切片的结果进一步验证了生化检测的结果,则本研究从生化指标检测和病理组织切片两个方面证实了:蛋白质复合物对四氯化碳诱导的化学性肝损伤有很好的保护作用。

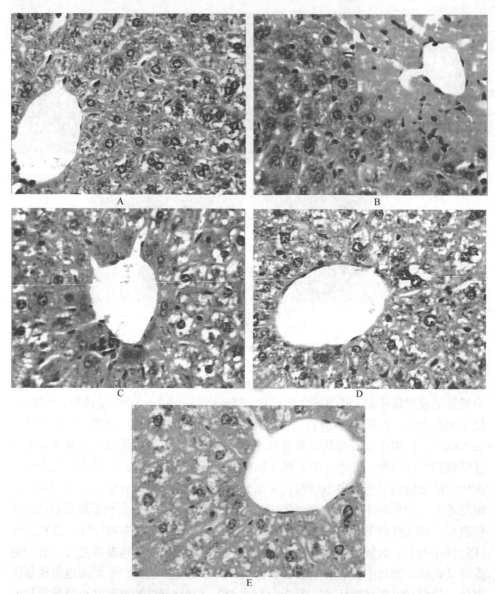

图 10-16　肝脏组织病理切片的显微照片图片为 HE 染色,放大倍数为 350 ×

A. 四氯化碳对照组;B. 正常对照组;C. 低剂量组(50mg/kg);D. 中剂量组(100mg/kg);E. 高剂量组(200mg/kg)

11 产卵聚集信息素

家蝇的产卵受产卵聚集信息素调节，受精雌蝇在找到合适的产卵场后，随即分泌一种挥发性物质，引诱刺激周围的受精雌蝇，使它们群集产卵。研究家蝇产卵聚集信息素，寻找其提取的最佳途径，弄清聚集信息素调节家蝇产卵行为规律，不仅可以使工厂化生产中蝇卵收集问题得到解决，还可以从工厂化养殖家蝇中提取产卵聚集信息素，并结合其他防治方法，对室外传病媒介家蝇进行更为有效的防治。

昆虫产卵聚集信息素来源多样，乙酰苯和藜芦醚是沙漠蚱产卵聚集信息素的2种主要组分，二者从卵荚泡沫的挥发物中而来；正十五烷和正十二烷分别是刺舌蝇和 *Glossina morsitans centralis* 的产幼聚集信息素，均是各自雌蝇新产幼虫体表挥发性物质。前人的研究结果提示，家蝇卵巢中的信息化学物质可能就含有家蝇产卵聚集信息素的组分。

本研究组早期的工作也表明，家蝇新产卵、卵巢及产卵管的提取物对家蝇均有诱集活性。

11.1 卵巢中的信息素对雌蝇产卵的引诱

11.1.1 研究方法

（1）饲养条件。成蝇饲养于铝网做成的蝇笼（50cm×50cm×50cm），温度（27±1）℃，光照条件为 12L∶12D，相对湿度为 70%～85%，不限制饮水、取食，麦麸与水混匀盛入培养皿（Φ12cm）作为产卵底物并每天更换。每周一取前述 24h 的卵连同放卵底物，转入以麦麸为基础的幼虫饲料（麦麸、全脂奶粉、干酵母和水）中，饲料盛于 1L 的玻璃罐中，再套进聚乙烯袋中（防幼虫逃逸或外来蝇类产卵）。其后每天搅拌饲料 1 次，幼虫全部化蛹后，转入另一蝇笼中，待其羽化。

（2）生测蝇笼。用小蝇笼（20cm×20cm×20cm）进行生测，蝇笼背面为玻璃，正面有棉布作成的通道，顶部装 30W 电灯泡 1 个。底部中央放 4 个培养皿（直径 6.0cm，深 1.5cm），两两相距 8.0cm，对角距离约 12cm。二向行为选择试验时，培养皿呈对角线旋转。

（3）卵巢挥发物的提取。取产卵雌蝇，−20℃低温麻醉，取出卵巢，将卵巢迅速转移至 5mL 的试管中，加入溶剂，室温下 10min 后转走溶剂。溶剂分别为正己烷、二氯甲烷和乙酸乙酯，每对卵巢各用溶剂 5μL，相同溶剂的提取物合并，−20℃保存备用。生测时提取物的使用量为 1 对卵巢当量。

（4）行为测定。产卵雌虫的产卵反应按如下试验进行。

产卵雌蝇置于标准蝇笼，在潮湿麦麸、潮湿麦麸加 1 对卵巢、发酵（24h）麦麸、发酵麦麸+1 对卵巢之间进行选择，每笼测试 5 对家蝇，20 个重复（试验 1）。试验 2 在小生测蝇笼中重复试验 1，每笼测试 5 对家蝇，20 个重复。以后的生测，全部在小蝇笼中进行。

（5）产卵雌蝇在潮湿麦麸（对照）、发酵麦麸、预先浅埋取自产卵雌蝇的卵巢 3h 后再移走卵巢的潮湿麦麸和发酵麦麸中进行选择（试验 3）。试验 4 测试卵巢的不同溶剂提取物对产卵雌蝇的引诱效果。产卵雌蝇在潮湿麦麸（对照）、发酵麦麸、埋藏经溶剂提取物处理的滤纸条的潮湿麦麸和发酵麦麸中进行选择。在这些试验中，卵巢提取物（1 对卵巢当量）被吸至滤纸条（2.5cm×2.5cm），室温下待溶剂挥发后，将滤纸条浅埋（距麦麸上表面不大于 0.5cm）于供雌蝇产卵的培养皿中。经等量溶剂处理的滤纸条作为对照。每笼测试 5 对家蝇，20 次重复。

所有试验均测试 4 天，每天取出产卵用培养皿，3 天后计数幼虫量。取出的培养皿用新的产卵培养皿代替，各自处理不变。为消除位置效应，试验中产卵用培养皿的位置按 4×4 拉丁方旋转排列。试验在室内进行，温度（27±1）℃，相对湿度 80%～85%，光照 12L：12D。试验昆虫持续供水和奶粉。

试验结果用 t 测验和 F 测验进行分析。

11.1.2　试验结果

产卵雌蝇对卵巢气味的行为反应。最初的四方向行为选择生测（试验 1）在标准蝇笼中进行，产卵雌蝇在潮湿麦麸、潮湿麦麸+1 对卵巢、发酵（24h）麦麸及发酵麦麸+1 对卵巢之间进行选择。结果显示，掩埋成熟卵巢的发酵麦麸具有显著的诱集力，而掩埋成熟卵巢的潮湿麦麸次之，但显著强于发酵麦麸与潮湿麦麸（表 11-1）。显然，家蝇卵巢中的信息化学物质能诱集产卵雌蝇。

当在小蝇笼中重复上述试验时（试验 2），各处理对产卵雌蝇的诱集力与试验 1 相似（表 11-1）。这表明，小蝇笼既适宜进行家蝇产卵行为选择试验，又可节省试验空间。

表11-1　产卵雌蝇在标准蝇笼和小蝇笼中对掩埋成熟卵巢的麦麸、发酵麦麸的行为反应

试验号	处理	着卵	
		产卵量/粒	百分率/%
1	标准蝇笼		
	湿麦麸	36±11.9	6.5±1.9d
	湿麦麸+1 对卵巢	115±22.3	30.8±3.8b
	发酵麦麸	97±18.0	11.6±2.5cd
	发酵麦麸+1 对卵巢	282±43.8	51.1±5.2a
2	小蝇笼		
	湿麦麸	72±15.0	8.2±2.1d
	湿麦麸+1 对卵巢	281±36.0	32.0±3.5b
	发酵麦麸	90±21.0	10.2±2.3cd
	发酵麦麸+1 对卵巢	436±85.0	49.6±4.6a

　　试验 3 的结果表明，雌蝇首先选择留有成熟卵巢气味的发酵麦麸上产卵，而且，尽管残留卵巢气味的湿麦麸的诱集效果低于前者，但仍显著强于单独的发酵麦麸或湿麦麸（表 11-2）。这些结果清楚表明，产卵雌蝇卵巢散发的化合物导致产卵雌蝇聚集到共同的产卵部位。

表11-2　产卵雌蝇对残留有成熟卵巢气味的麦麸和发酵麦麸的行为反应

试验号	处理	着卵	
		产卵量/粒	百分率/%
3	湿麦麸	82±18.9	11.5±4.2d
	发酵麦麸	131±33.8	18.5±4.1c
	卵巢处理后的湿麦麸	215±69.1	30.2±3.9b
	卵巢处理后的发酵麦麸	283±81.2	39.8±5.6a

　　试验 4 的结果显示，成熟卵巢正己烷提取物对产卵雌蝇的诱集效果最好，其次是乙酸乙酯提取物，而尽管卵巢二氯甲烷提取物的活性低于前两者，但仍显著强于对照（表 11-3）。

　　最初，本研究发现家蝇实验种群成虫在蝇笼中的分布并非均匀的，而是聚集在蝇笼的周边以及角落，进一步观察，在禽舍或畜栏也可见野生家蝇的聚集分布。家蝇实验种群产过卵的基质上，卵也呈团状或块状聚集分布，有时 1 个卵团或卵块的卵量可达数千粒（产卵 24h），而据雷朝亮等的研究，适宜条件下，家蝇实验种群单雌日均产卵量近 40 粒。显然，家蝇实验种群具有聚集产卵的习性。

表11-3　产卵雌蝇对卵巢不同溶剂提取物的行为反应

试验号	处理	着卵	
		产卵量/粒	百分率/%
4	发酵麦麸	67±27.7	11.8±5.1d
	发酵麦麸+卵巢正己烷提取物	204±78.3	36.0±9.9a
	发酵麦麸+卵巢二氯甲烷提取物	116±28.6	20.5±5.4c
	发酵麦麸+卵巢乙酸乙酯提取物	179±68.4	31.6±7.7b

11.2　产卵聚集信息素的鉴定

11.2.1　组分鉴定

利用正己烷浸提成熟卵巢，然后将正己烷提取物进行气相色谱分析，其结果如图 11-1 所示。

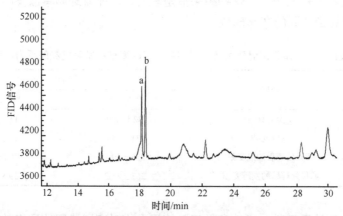

图 11-1　家蝇卵巢正己烷提取物的气相色谱图（25-m BP-20 毛细柱）

峰 a 为二十三烷，峰 b 为顺-9-二十三碳烯

成熟卵巢的正己烷提取物的 GC 色谱图显示两个主要的波峰。GC-MS 分析提取物的特征峰，结果为二十三烷和顺-9-二十三碳烯。这些结果被真实样品进行注射研究所证实。这两个峰出现在 BP-20，分别在 18.15min 和 18.40min，或在 BP-5 在 39.15min 和 37.87min。精确计算一对卵巢含有 103.827μg 的二十三烷和 120.560μg 的顺-9-二十三碳烯。

11.2.2 产卵雌蝇对 2 个活性组分的反应

表 11-4 显示了与对照组相比，家蝇对从卵巢提取物中鉴定出来的主要成分的反应。48～192μg 剂量的二十三烷化学标样显著提高产卵量（60%～90%）。与对照相比，较低或较高剂量没有显著差异。正在产卵的家蝇对 48μg、96μg 和 192μg 剂量的顺-9-二十三碳烯有显著反应。与对照相比，较低剂量的这个标样（6μg、12μg 和 24μg）对产卵反应没有显著影响。在最高剂量（384μg），处理组和对照组之间没有显著差异。

表11-4 2组分不同剂量对产卵的影响

处理	剂量/μg	重复	平均卵量	反应/%	
				对照±SE	处理±SE
二十三烷	6	9	456±82.1	49.2±9.6a	50.8±9.6a
	12	8	573±77.2	46.0±10.3a	54.0±10.3a
	24	8	526±54.5	41.3±7.3a	58.7±7.3a
	48	9	617±98.6	30.6±8.7a	69.4±8.7b
	96	10	498±68.4	12.7±5.9a	87.3±5.9b
	192	8	541±73.7	26.5±6.4a	73.5±6.4b
	384	7	724±105.5	48.7±3.2a	51.3±3.2a
顺-9-二十三碳烯	6	6	652±111.3	45.9±6.3a	54.1±6.3a
	12	6	487±54.9	45.6±7.9a	54.4±7.9a
	24	8	601±97.2	41.7±8.2a	58.3±8.2a
	48	9	643±88.6	38.5±7.5a	61.5±7.5a
	96	9	539±73.8	20.2±4.6a	79.8±4.6b
	192	7	496±47.1	31.9±9.4a	68.1±9.4b
	384	6	582±68.8	57.3±9.7a	42.7±9.7a

12 家蝇信息素结合蛋白的研究

目前，越来越多的昆虫信息素成分得以鉴定、合成和应用，人们迫切想要了解昆虫对信息素物质的感受机制等。随着昆虫行为学、生物化学、分子生物学及昆虫电生理技术的发展，深入研究昆虫的嗅觉反应机制已有可能。越来越多的实验证明，昆虫的感器淋巴液内存在着复杂的成分，它们在昆虫的嗅觉反应中起着重要的作用。其中受到重视的是信息素结合蛋白（pheromone binding protein，PBP）。

家蝇嗅觉探测的分子机制研究可为昆虫嗅觉机制的研究提供一个模型，而家蝇气味结合蛋白基因的克隆对研究家蝇的嗅觉机制及综合治理具有重要的意义。构建家蝇触角 cDNA 文库，一方面可以一次性永久保存基因资源，另一方面可以利用功能筛选、免疫学筛选、Southern 杂交和大规模序列测定等现代分子生物学技术来寻找与家蝇嗅觉反应相关的功能基因，从分子水平深入探讨家蝇的嗅觉机制。此外，利用家蝇嗅觉机制的研究结果，有望设计出家蝇综合治理的新方法和新策略。

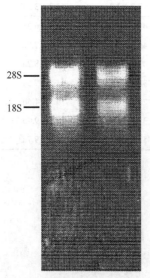

28S —

18S —

图 12-1　家蝇总 RNA 的凝胶电泳图谱

12.1　总 RNA 的完整性和反转录

用 TRIzol Reagent 总 RNA 分离试剂盒得到的 RNA（图 12-1），用紫外分光光度计测定表明 A_{260}/A_{280} 为 1.9。说明纯度较高。从电泳结果看，28S 和 18S 条带清晰，无拖尾。说明 RNA 质量较高，可以用于反转录。反转录后，cDNA 经过 LD-PCR，最适当的反应循环数为 18 个。由于大多数昆虫的 mRNA 小于 2～3kb（Clontech，2001），电泳显示双链 cDNA 在 0.1～3.5kb 表现为连续拖尾（图 12-2）。用 CHROMA SPIN-400 柱子对 cDNA 分级分离后，电泳结果表明，第 3、4、5 和 6 管洗脱物中 cDNA 的长度大于 300bp。

12.2 cDNA 文库的构建和质量

通过实验,发现加入 1μL 的 cDNA 时文库的连接效率最高,滴度为 $5.8×10^8$ cfu/mL。本实验利用此比例构建了家蝇触角的 cDNA 文库,滴度为 $5.3×10^8$ cfu/mL。

用 M13 通用测序引物对挑取的 128 个单菌落进行 PCR 扩增,很多插入片段在 0.8kb 以上,最长的达 2.5kb,平均长度为 1.7kb。其中有 11 个空载体,据此计算出文库的重组率达到 91%。根据美国 Clontech 公司的一个良好基因文库的质量标准(原始文库的重组子数目为 $5×10^5 \sim 5×10^8$,重组率大于 90%,插入 cDNA 片段不小于 0.3kb,平均大于 1kb),所构建的家蝇触角 cDNA 文库质量较高。

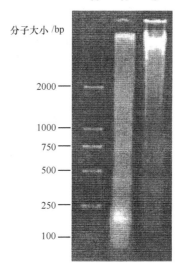

图 12-2 家蝇 LD-PCR 产物的琼脂糖凝胶电泳图谱

A. 24 个循环;B. 18 个循环

12.3 *Mdom OBP3* 基因的克隆和序列分析

本研究共提取 800 个阳性质粒,用 M13 正向引物从 5′端排序。将这些序列与 GenBank 中的有关序列进行比较,发现已获得一个具有 5′和 3′非编码区的气味结合蛋白 OBP3 全长基因,命名为 *MdomOBP3*(GenBank 登录号:AY826189)。

MdomOBP3 由 618 个核苷酸组成,拥有从 51～515 共 465 个核苷酸的可读框,编码 154 个氨基酸。家蝇气味结合蛋白 OBP3 具有昆虫气味结合蛋白典型的保守序列和结构域,即 N 端有一段 20 个氨基酸左右的信号肽,序列中有 6 个保守的半胱氨酸位点,通常的模式是 X_{18}-Cys-X_{30}-Cys-X_3-Cys-X_{42}-Cys-X_{8-10}-Cys-X_8-Cys-X_{24-26}(X 为任意氨基酸)。通过分子建模发现,它们能形成稳定的三维球形结构,其中 6 个半胱氨酸分别交叉形成 3 个二硫键,即 Cys Ⅰ-CysⅢ、Cys Ⅱ-Cys Ⅴ、Cys Ⅳ-CysⅥ与气味结合蛋白三级结构的形成有关。运用 BLAST 校验,将 MdomOBP3 推导出的氨基酸序列与已报道的 6 种双翅目昆虫的气味结合蛋白进行同源性分析。由 *MdomOBP3* 推导的氨基酸序列与这 6 种气味结合蛋白同源性较高;同源性 59%～82%,相似性为 72%～85%;核苷酸序列的同源性更高,为 76%～92%,如

表 12-1 所示。因此，从序列结构和生化特性的分析结果看，本实验所得到的 618bp 的 cDNA 序列很可能是编码家蝇气味结合蛋白 OBP3 的核苷酸序列。

表12-1　克隆的家蝇气味结合蛋白基因*MdomOBP3*及其推导的氨基酸序列与其他6种双翅目昆虫的气味结合蛋白的同源性比较

（%）

	DmelOS-F	DmelOS-E	CpipOBP	CtarOBP	AaegOBP1	AgamOBP
cDNA 同源性	92	90	77	76	82	87
氨基酸同源性	82	73	62	63	59	61

　　研究结果表明，家蝇气味结合蛋白基因 *MdomOBP3* 具有昆虫气味结合蛋白典型的保守序列和结构域，即具有 6 个保守的半胱氨酸位点，6 个半胱氨酸分别交叉形成 3 个二硫键，与气味结合蛋白二级结构的形成有关；OBP3 的三维结构中能形成疏水性袋状结构；这可能与其运输气味小分子有关；为带酸性的小分子。对这个片段推导的氨基酸序列进行同源性分析，表明与已报道的双翅目昆虫的气味结合蛋白 OBP 有较高的同源性；氨基酸序列与核苷酸序列的同源性分别为 59%~82% 和 76%~92%。从生化特性和序列结构来看，它是较理想的家蝇气味结构蛋白候选基因。根据实验克隆得到的 *MdomOBP3* 基因的核苷酸序列设计探针，可以筛选得到更多的嗅觉相关蛋白基因。作为本研究的后续工作，可以将该全长基因*MdomOBP3* 克隆到原核生物表达载体中，构建原核表达载体，然后在大肠杆菌中进行表达，以期获得足够的气味结合蛋白用于生化特性和生理功能的研究，解决昆虫触角小、气味结合蛋白难于提取的问题。

12.4　家蝇气味结合蛋白基因 cDNA 片段的克隆与序列分析

12.4.1　家蝇气味结合蛋白基因 cDNA 片段序列及推导的氨基酸序列

　　用引物对 I 进行 RT-PCR，扩增出了与预期大小相符的 cDNA 片段 *MdomOBP1*（图 12-3）。将得到的靶片段克隆到 pGEM-T 载体中，通过标准蓝白斑筛选步骤和酶切检测，将阳性克隆进行测序，得到了长度为 381bp 的核苷酸序列，推导出的氨基酸残基数为 127 个。用引物对 II 进行 RT-PCR，扩增出了与预期大小相符的 cDNA 片段 *MdomOBP2*（图 12-3）。将得到的靶片段克隆到 pGEM-T 载体中，通过蓝白斑筛选步骤和酶切检测，对阳性克隆进行测序，得到了长度为 353bp 的核苷酸序列，根据这一序列推导出了 117 个氨基酸残留序列。本实验通过以上 2 次 PT-PCR，得到了一个 381bp 的气味结合蛋白 cDNA 序列（*MdomoOBP1*，GenBank 登录号为 AY730350）和一个 353bp 的气味结合蛋白 cDNA 序列（*MdomOBP2*，GenBank 登录号为 AY730351），分别推导出了一个 127 个氨基酸和一个 117 个氨基酸的序列。

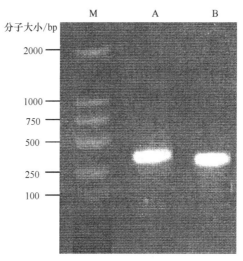

图 12-3　家蝇气味结合蛋白基因 PCR 扩增产物

A. *MdomOBP1*（381bp）；B. *MdomOBP2*（353bp）

12.4.2　同源性比较

分别将根据 *MdomOBP1* 和 *MdomOBP2* 推导出的 2 个氨基酸序列与已报道的其他 6 种双翅目昆虫的气味结合蛋白进行同源性分析。2 个推导的氨基酸序列与它们同源性都较高；同源性分别为 57%～88%和 52%～91%。核苷酸序列的同源性更高，分别为 74%～92% 和 76%～91%（表 12-2）。同源性和相似性分析结果表明，本实验所得到的 381bp 和 353bp 的 cDNA 序列很可能是编码家蝇气味结合蛋白的部分核苷酸序列。

研究结果表明，家蝇 2 个气味结合蛋白基因 cDNA 片段 *MdomOBP1* 和 *MdomOBP2* 均具有昆虫气味结合蛋白典型的保守序列和结构域，即具有 6 个保守的半胱氨酸位点（由于 *MdomOBP1* 为部分序列，所以只出现了 5 个 Cys，在其完整序列中应该会有全部 6 个 Cys），6 个半胱氨酸分别交叉形成 3 个二硫键，即 CysⅠ-CysⅢ，CysⅡ-CysⅤ，CysⅣ-CysⅥ，与气味结合蛋白二级结构的形成有关。从序列结构和生化特性来看，它们是较理想的家蝇气味结合蛋白候选基因。

表12-2　家蝇气味结合蛋白的cDNA片段及推导的氨基酸序列与双翅目昆虫6种气味结合蛋白的同源性比较

（%）

	MdomOBP1	MdomOBP2	DmelOS-F	DmelOS-E	CpipOBP	CtarOBP	AaegOBP1	AgamOBP
MdomOBP1		85	92	83	81	78	74	87
MdomOBP2	59		81	91	76	77	80	77
DmelOS-F	88	62		86	83	80	73	79
DmelOS-E	62	91	67		76	76	79	81
CpipOBP	57	58	61	64		91	79	86
CtarOBP	61	57	66	63	85		79	85
AaegOBP1	58	52	59	57	75	75		80
AgamOBP	62	56	67	62	77	77	82	

13 综 合 利 用

13.1 习性和行为的利用

家蝇独特的生活习性及行为特征，早已引起人类的兴趣，其研究与利用已有较悠久的历史。

13.1.1 取食与分解习性的研究利用

家蝇在清洁环境、降解动物粪便等方面具有十分重要的作用。

13.1.1.1 清道夫

蝇蛆在自然界的生态大循环中起着极为重要的净化作用，早在 1893 年英国生物学家 E. H. Sibthorpe 著文"霍乱与苍蝇"，首先提出了苍蝇极为重要的"清道夫"角色和苍蝇可以减少霍乱传播的观点，尽管当时有很多人反对，但随后被诸多事实证明。家蝇能在发出恶臭的尸体上产卵、繁殖、生长，能把尸体的血肉全部吃光，只留下一个骨头架子，其"清道夫"作用是显而易见的。

13.1.1.2 生物降解动物粪便

随着养鸡业、养猪业的发展，动物粪便处理同其他有机废物处理一样，会导致土壤、水质、气味及氮素污染等方面的问题。动物粪便处理，包括厌氧和好氧处理方法，如坑储处理、氧化池处理、脱水处理、焚烧处理、堆肥处理、耕埋处理、拌土处理、摊开晾晒处理等，但这些技术处理效果均不理想。利用蝇蛆降解动物粪便符合生物降解和再循环的生态学要求。Beard 和 Sands（1973）研究了苍蝇降解鸡粪过程中苍蝇幼虫与微生物间的相互作用及对粪便的降解作用。

1）苍蝇降解鸡粪过程中与微生物之间的相互作用

（1）代谢活动。耗氧量是微生物在鸡粪中生长代谢活动的一个粗略计算，氨的产生和 pH 的变化也与基质的生物变化有关。对这 3 个参数共监测了 30h，鸡粪在此之前已放置了 16h（过夜）。每一呼吸瓶中放入 20g 样品，加或不加 50 粒新产下的蝇卵。从每个样品中（有或无蝇卵）连续取样，稀释并摊在平板上，生长细菌的数目用标准方法记录下来。

尽管鸡粪是 16h 的混合样品，最初耗氧量很小，说明几乎没有代谢活性，pH 低（6.0），产氨量有限，微生物很少，经过几小时延滞期，耗氧量开始增加；细菌生长及随之而来的 pH、氨和呼吸增加均先于蝇卵孵化。幼蛆活动对变化趋势几乎没有影响。很难观察蛆在呼吸瓶中的情况，但从一系列伴随供生细菌计数的实验结果来看，蝇蛆使细菌生长的速度下降，这一现象可以解释不管有无蛆时为何有相同的呼吸趋势。经进一步测定，呼吸强度在 20h 后达到顶点，呼吸高峰期延续 2～3 天。

进一步的呼吸试验肯定了蛆活动和微生物代谢间的相互作用。单是高压灭菌的鸡粪直到污染导致细菌生长为止，呼吸值很低，但这种接入表面灭菌蝇卵的高压灭菌鸡粪，在卵孵化后的呼吸值相当于有或无蛆的非灭菌鸡粪。换言之，鸡粪和蛆、鸡粪和微生物、鸡粪加蛆和微生物的耗氧量，基本上是相同的。

（2）在家蝇生长中微生物区系的组成及其作用。对禽粪中微生物区系的生态学方面的关键分析超出了本研究的范围，但是某些观察目的在于了解苍蝇对降解的影响。

鸡粪样品连续取样，细菌计数的结果表明，大部分细菌菌落是不透明的和白色的。其他粪型的菌落出现较晚（如黄色细菌 15h 后方可看到）。没有明显的指数生长，或者是细菌组成有很大改变，或者是培养基质有限，猜想的限制因素是碳水化合物，但是尚需用其他方法证实，因为粪中加入葡萄糖、蔗糖或纤维素并没有改变呼吸或扩大苍蝇的生长。

消毒粪便混合或单独接种几种分离细菌，对呼吸没有什么异常影响，也不能促进苍蝇生长。某些细菌对苍蝇很可能是有害的。有一种分离细菌似乎抑制苍蝇的生长，使苍蝇的数量减少。在消毒过的粪便中接种细菌仅有 30% 孵化蝇达到成熟阶段，平均蛹重 9.5mg，与此相对照，灭菌鸡粪中的成活率为 65%，蛹重 12.8mg，未灭菌、未接种的鸡粪中的成活率为 62%，蛹重 12.8mg。

虽然酵母对某些双翅目昆虫有营养作用，但加入粪中的酵母对蝇蛆生长并没有促进作用。从粪中能分离出少量的酵母，根据连续 4 天的呼吸测量，确定了酵母对蝇蛆生长的作用。分析数据表明，不同时间呼吸的差异是很显著的，在 4 天中呼吸强度不断下降（表 13-1），在样粪之间也有些明显差异（刚超过 5%）。差异是由于蝇蛆的有无而不是酵母的有无所造成的，本研究认为，在粪中酵母作为微生物区系组成或作为家蝇饵料来源的作用不大。

表13-1　鸡粪中有无蛆和酵母时单位鸡粪吸收氧的微升数　（单位：μL）

时间	酵母	酵母和蛆	蛆	无酵母无蛆
4h	22.7	24.1	23.8	25.6
23h	21.3	20.4	21.2	19.8
29h	21.1	21.5	18.5	17.9
47h	18.4	22.4	22.8	17.6
53h	17.7	21.0	22.2	17.1
71h	15.1	15.1	20.9	14.5
77h	15.0	18.2	17.5	13.7

2）对鸡粪的降解作用

研究证明，当蝇蛆降解粪便时，粪便中的氮就损失了。研究发现，冻干鲜粪的含氮量为5.32%，空气快速吹干的鲜粪的含氮量为5.20%，冻干厌氧微生物转化后的粪的含氮量为2.70%，蝇蛆在原始鲜粪中停止活动后干粪渣的含氮量为2.11%。这一发现证实了上述假设。值得注意的是，虽然蝇蛆的活动导致氮减少，但是，厌氧分解几乎也有同等程度的作用。以上结论又支持了呼吸研究结果。呼吸研究说明，蝇蛆与微生物共同消耗鸡粪中的养分，氮素的降低不单因为蝇蛆的作用。因此蝇蛆对鸡粪降解的初始作用似乎是机械通气，结果造成氨、水蒸气及其他气体不断散失。由于有利于需氧微生物，故使臭味消除，培养基质脱水。

这一结论进一步得到对连续培养的观察的证实。以约40g添加量，把粪加到两个塑料圆筒（8.3cm×23cm）中，在5周内，每周添加4～5次，每筒总量918g。在第一个圆筒里根据需要加蝇卵，以便培养基内的蛆旺盛生长。在这个容器中，蛆使粪便通气，它们的活动很快使每次所增加的粪与残渣混合。在对照圆筒里，由于被添加鲜粪所覆盖，所以，粪迅速变成厌氧环境。苍蝇共生长5周多。4周后，对两个容器内食物称重，没有苍蝇的粪重596g，损失35.1%。另一组鸡粪，连同死蛹、蝇和空蛹壳重258g，损失71.9%。无蝇粪潮湿，恶臭，呈质密团状。而苍蝇降解的粪则干、松散而无臭味。

在另一个试验中，对保持稳定降解进行了尝试。用粪和配好量的蝇蛆装在一个直的塑料筒里（8.3cm×100cm）。如果蝇蛆过多就多加点粪，如果蝇蛆过少就少加点粪或多加点蝇蛆。生长成带状。首先，蛆渗入鲜粪，使其均匀形成松散粪团，由于粪的添加，许多蛆渗入鲜粪里，将鲜粪与陈粪合并成海绵状的残渣，其他一些蛆继续使粪团通气。伴随着培养基加厚，蛆上移。当蛆成熟时，它们就在较干的地方化蛹。但是由于蛹不在表层，因此使羽化率降低。当处理过的粪层的厚度增加到20cm以上时，筒内底部的水蒸气蒸发减少。随着粪便压实，底层变成厌氧环境。这些观察说明，在实际应用中，在蝇蛆达到最大活动之后，降解的粪应该取出继续干燥。

根据经验调整蝇数与粪量。Millev（1971）找到接种蝇卵的最佳量为每 4kg 鲜粪加 3～4g 蝇卵，Caluert 等（1971）观察到，3 个卵/g 时，使鸡粪重量减少最多。

13.1.1.3　清洗伤口

利用蝇蛆喜食腐败物质的习性，战争年代，由于缺医少药，很多伤员伤口恶性化脓，利用蝇蛆吃掉腐肉，溃烂的伤口很快长出新肉，伤口很快愈合。这一方面得益于蝇蛆除掉了带菌的腐肉，另一方面蝇蛆分泌的尿囊素具有消毒作用，可医治创伤，促进新表皮的形成。

13.1.2　仿生原型

学习生物的各种技能，模仿生物的各种本领，以便更好地去认识自然，改造自然，为人类谋取福利。昆虫种类繁多，习性复杂，是人类仿生模拟的极好对象。不少现代光学和航天仪器设计所依据的生物原型即是家蝇。

13.1.2.1　蝇眼照相机与三维虚像

家蝇的复眼一般由 4000 多个小眼组成。

有人通过苍蝇的复眼照相，一次拍得几千张重复的照片。现已模仿蝇眼制成一种新的照相机——"蝇眼"照相机，其镜头由 1329 块小透镜粘合而成，一次可拍摄 1329 张照片，分辨率达 4000 条（线）/cm。这种照相机可以用来大量复制电子计算机精细的显微电路。

人们在制造立体电视显示系统时，往往采用大量的圆柱透镜，并排地垂直于电视屏，这种显示系统很不理想，人站在旁边看时，像就不是立体的了。为了消除这种缺点，有人制造了一种很像蝇眼的复合透镜阵列。在发射端，有三组这样的透镜。通过前两个透镜阵，形成景物的正实像，它不因观察角度的不同而改变。这个像经过第三个透镜阵，在摄像管光敏板上形成一个立体的倒实像，由摄像管把光学像变成电信号，再以通常的方式加工和发射出去。在接收端，电视屏前也有一个透镜阵，通过它，人们将看到景物的三维虚像，这个立体像也不因观察角度的不同而变化。

13.1.2.2 苍蝇的振动陀螺仪

人们往往把无目的地东碰西撞的行动说成"像无头苍蝇一样"。其实,如果把任何双翅目昆虫的桕翅(平衡棒)切去,其行为也像无头苍蝇那样莽撞。桕翅是昆虫后翅的痕迹器官,状似哑铃(图 13-1A)。它的功能是调节昆虫翅向后返回的运动,并保持虫体的紧张性,使昆虫能一举飞离开去。但桕翅最重要的功能是作为昆虫的振动陀螺仪——在飞行中使之保持航向的导航系统,它是自然界中的天然导航仪。

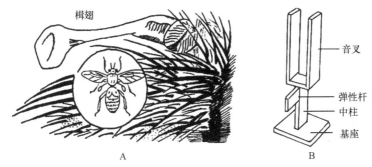

图 13-1　昆虫的可桕翅(A)及其模仿物——振动陀螺仪(B)

大家知道陀螺转动时,它的轴总是朝着一个方向不变的。利用这个原理制造的陀螺仪是飞机、轮船、火箭惯性导航系统的重要感受器。但这种陀螺仪都有高速旋转的转子,不易小型化。要制造高精密度的、小型化的陀螺仪,就需寻找新的途径。生物学研究告诉我们,双翅目昆虫飞行时,它们的桕翅以较高的频率(330 次/s)振动着。当虫体倾斜、俯仰或偏离航向时,桕翅振动平面发生变化,这个变化被其基部的感受器感受,并把偏离的信号发送到昆虫的脑部。脑分析了发来的信号后,发出改变该侧翅膀运动速度的指令给有关的肌肉组织,于是就把偏离的航向纠正过来。蛾子、蝴蝶、甲虫等没有桕翅,但它们的触角能在水平面上振动,其功能与桕翅同。

人们依据昆虫的这个导航原理,成功研制了振动陀螺仪(图 13-1B)。它的主要组成部分形状像只音叉,支脚装在基座上。在音叉的两腿之间和每只眼的外面都有电磁铁,从发电机来的电流交替使这些电磁铁动作。于是音叉产生固定振幅和频率的振动,创造出与昆虫桕翅同样的陀螺效应。当航向偏离正确航向时,音叉基座的旋转使中柱产生扭转振动,中柱上的弹性杆也随之振动,并将此振动转变为电信号传送给转向舵,于是航向被纠正。已制成的这种无摩擦的振动陀螺仪体积很小,可装入一只茶杯,但其准确性相当于比它大 5 倍的普通陀螺仪。受生物原理的启发而发展起来的陀螺新概念,又使人们研制成功了振弦角速率陀螺和振动梁角速率陀螺,由于它们没有高速旋转部分和支持轴承,消除了摩擦,从而达到了小型化和精度高的要求。

这种新型导航仪器现已用于高速飞行的火箭和飞机。装备有这种仪器的飞机，能自动停止危险的"滚翻"飞行，强烈倾斜时也能自动得以平衡，使飞机的稳定度非常完善，以致在最复杂的急转弯时，飞机也能万无一失。

13.1.2.3　苍蝇与航天

令人生厌的苍蝇和宏伟的航天事业似乎风马牛不相及，但仿生学却把它们紧紧地联系在一起。苍蝇是声名狼藉的"逐臭之夫"，凡是腥臭污秽之处，它们无不逐味而至。更可恶的是，苍蝇满身病菌，到处放毒。有时一只苍蝇落在饭菜上，你若不及时把这"不速之客"赶跑，其他苍蝇就会接踵而至。因为那只先行者发现美味后，释放出一种有特殊气味的物质，其"狐群狗党"便嗅之欣然而来。

苍蝇有惊人的嗅觉，能在很远的距离发现微乎其微的气味。它的嗅觉感受器分布在触角上，每个感受器是一个小腔，它与外界沟通，含有感觉神经元树突的嗅觉杆突入其中。这种感受器非常灵敏，因为每个小腔内都有上百个神经元。用各种化学物质的蒸气作用于蝇的触角，从头部神经节引导生物电位时，可记录到不同气味物质产生的电信号，并能测量神经脉冲的振幅和频率。在此基础上，人们制造了一种气体检测仪器，它的"探头"竟是活的苍蝇。把微电极插到苍蝇嗅觉神经上，将引导出来的神经电信号经电子线路放大，送给分析器；分析器一经发现气味物质特有的信号，便能发出警报。

嗅觉感受器只对气态的化学物质起反应，另一种化学感受器则需要与物质直接接触才发生反应，所以又称作接触化学感受器。昆虫的感受器分布在口器内外和身体的另外一些地方。苍蝇口器上的这种化学感觉绒毛，长约 0.3mm，它被不透水的表皮覆盖着，尖端有一直径 0.2μm 的小孔，一些感觉神经元的树突末梢从中伸展出来。在苍蝇腿上，也密密丛丛布满了这样的绒毛，嘴和腿上的这种感受毛共有 3000 多个，每个都由 4 个感受细胞构成：一个感水细胞，一个感糖细胞和两个感盐细胞，它们各自把得到的信息传入脑。这些感觉毛只要与化学物质一接触，便能产生神经信号。这些信号的产生，是物质的分子与神经树突末梢之间电性质变化的结果。替代通常的化学反应的是瞬间的电变化。这样，苍蝇就能对接触到的物质进行快速分析，一触即知此物是否可食。

科学家在研究苍蝇嗅觉器官的生物化学本性和化学反应转变成电脉冲的方式之后，已制成十分灵敏的小型气体分析仪，这种仪器现已装置在航天飞船座舱里用来分析其中的气体。同时，它也可测量潜水艇和矿井里的有毒气体，以及时发出警报。苍蝇嗅觉器官的功能原理，还可用来改进计算机的输入装置及应用在气体色层分析仪中。

13.1.2.4　运动机器人的视觉导航装置

1992 年，由法国神经生物学和自动控制专家根据家蝇精确室向导航机制共同设计、模拟和研制了运动机器人视觉装置组成。从外周向内依次为：光学层、光感受层、初级运动检测器层、抗碰撞层及驱动发动机和控制发动机层。光学和光感受器层利用 100 多个微型透镜和相应数量的光电二极管组成，取样 360°方位角。视觉系统位于装置的顶部，重约 1kg，装置的底部有 3 个同步驱动车轮，总重约 10kg。视觉系统能正确判断它与周围环境目标物的方向、位置和距离，适时进行定向导航。目前该装置仅在陆地上使用，能使运动机器人在随机分布的森林地带和有障碍物的环境中顺利进行，不致碰到障碍物。

13.2　高蛋白饲料

蝇蛆及其干粉是一种十分理想的蛋白饲料，已受到世界各国的关注。鲜蛆能在水中存活 24~48h，以鲜蛆作为特种水产动物如鳖、黄鳝、对虾、鲫鱼、七星黑鱼、鳟鱼、牛蛙等的鲜活饵料，其饲养效果好，可收到良好的经济效益，同时，用蛆粉代替秘鲁鱼粉饲养家畜、家禽及水产鱼类均具有良好的效果。

13.2.1　养鱼试验

以蛆粉代替秘鲁鱼粉喂养一龄草鱼 50 尾，以秘鲁鱼粉作对照，饲养期一个月，考查试验组平均增重率、饲料系数等（表 13-2）。

表13-2　蛆粉喂鱼效果试验

处理	放养				收获				平均重量/g	平均增重率/%	总体饵料量/g	饲养系数	蛋白效率/%	成本/（元/kg）
	总量/g	尾数	平均重量/g	平均体长/cm	总量/g	尾数	平均重量/g	平均体长/cm						
秘鲁鱼粉	1165	50	23.3	12.5	2000	100	40.0	15.36	16.7	71.7	1764	2.11	36.29	0.992
蝇蛆粉	1130	50	22.6	12.5	2175	100	43.5	15.66	20.9	92.5	1722	1.65	52.75	0.696

从表 13-2 可知，以蝇蛆粉替代秘鲁鱼粉喂饲草鱼，平均增重率提高 20.8%，蛋白质效率提高 16.44%，饲料系数降低 0.46，每增重 1kg，其成本降低 0.296 元。

13.2.2　养猪试验

在基础日粮（谷粉 0.5kg，玉米纤维绒 0.5kg，青菜 0.5kg）中添加秘鲁鱼粉或蝇蛆粉喂养小猪，每天每头加喂 25g，饲养 60 天后，试验结果表明，蝇蛆粉组比对照组平均增重 2.57kg，比对照组平均增重率提高 7.2%（表 13-3）。

表13-3　蛆粉喂养小猪试验效果

观察项目	蛆粉	秘鲁鱼粉（CK）
试验头数/头	4	4
预试期/天	7	7
初始重量/kg	91.25	88.75
初始均重/kg	22.81	21.18
终总重量/kg	244.25	234.50
终均重量/kg	61.06	58.62
总增量/kg	153.00	142.75
平均增量/kg	38.25	35.68
比对照平均增重率/%	7.20	

以同样的方法对大猪进行饲养试验，大猪的基础日粮（对照组）为玉米纤维绒 3kg，统糖 0.5kg，青菜 1.5kg，试验组则在对照基础上每头猪每天加喂 25g 蝇蛆粉，喂饲期一个月。在添加蝇蛆粉后大猪增重比对照组增加 6 倍（表 13-4），其经济效益是十分可观的。

表13-4　蛆粉喂养大猪效果

观察项目		试验组	对照组
供试头数	公	4	4
	母	5	5
初始总重/kg		791	654
初始均重/kg		87.89	72.67
终总重量/kg		889	670
终均重/kg		98.78	74.44
净增总重/kg		98	16
净增均量/kg		10.89	1.78

13.2.3　养鸡试验

从 20 世纪 70 年代末开始，我国少数地区即利用鲜蛆或蛆粉喂养家禽，湖南农学院曾用蛆粉代替等量鱼粉饲养 43 日龄肉用仔鸡，经 35 天的饲养期，15 只鸡平均增重率比对照组高7.93%，饲料报酬高0.53%。天津蓟县科学技术委员会用蝇蛆对产蛋鸡作了饲养对比试验（表 13-5），在基础饲料相同的条件下，每只鸡加喂 10g 鲜蛆，在整个试验期内产蛋数比对照组增加 322 枚，增重 23.3kg，产蛋率提高 10.1%，每千克蛋耗料减少 0.44kg，节约饲料 58.07kg。甘肃饲料研究所用蝇蛆粉代替鱼粉饲养蛋鸡，产蛋率由 75.41%上升到 80.30%，蛋重明显提高，经济效益明显。

表13-5　蝇蛆饲养产蛋鸡的效果

组别	供试鸡数/只	单只重/kg	总重/kg	日粮/kg	总用粮/kg	每日加鲜蛆/g	产蛋数/枚	比对照组增加枚数	产蛋重量/kg	比对照增重/kg	产蛋率/%	蛋耗料/kg	110天后平均鸡重/kg
试验组	29	1.5	43.5	3.5	385	290	2627	322	154.44	23.32	82.3	1.245	1.75
对照组	29	1.5	43.5	3.5	385		2305		131.125		72.2	1.465	1.60

13.3　直接食用

食用昆虫，古已有之，早在 2000 多年前的《周礼·天宫》中，就有食"虫氏"的记载，世界各国民间都有以昆虫为食的习惯，通过营养分析，全世界已确定出3650 余种昆虫可供食用，已进行开发利用的昆虫有 370 余种。虽然在各国民间吃昆虫的习俗较普遍，少数城市的食品商店也有经粗加工的虫体食品销售，但是直接以昆虫作为食品，由于人们的心理作用还难以为大多数人所接受。为了充分利用昆虫体内具有高营养素这一优势，许多国家以昆虫为原料，采用先进科学技术和加工工艺，提取有效成分，以扩大昆虫资源的应用范围。华中农业大学昆虫资源研究所在家蝇的直接食用和间接食用方面取得了突破性进展，使昆虫资源真正进入产业化阶段。

直接食用蝇蛆，在以往看来好似"天方夜谭"，其实食用苍蝇及其产品古今中外都不乏先例。

墨西哥是世界上的昆虫食品之乡，它们用蝇卵烹制成的"鱼子酱"味美香浓，十分名贵。在法国巴黎的一些餐厅，也有油炸苍蝇，可谓一大奇观。

中国古代就有食用苍蝇的传统习惯，江浙一带的"八蒸糕"，以及南方少数地区的"肉芽"等都是以蝇蛆为原料制成的食品或保健食品，真正把苍蝇堂而皇之地搬上餐桌的还属华中农业大学昆虫资源研究所的科研人员。1996 年 10 月在武汉召开的全国昆虫资源产业化发展研讨会上，主办方及合作者利用室内人工饲养的家蝇制作了几道可口的佳肴，使与会的 120 多名专家学者大饱口福。

13.3.1　椒盐蝇蛹

原料：蝇蛹 50～100g，净鲭鱼 300g，色拉油、鸡蛋、味精、盐、淀粉、面粉、料酒、生姜、麻油。

制作：

（1）将鲭鱼改刀切成鱼条，加盐、料酒、姜腌渍片刻，用鸡蛋、盐、淀粉、面粉调成全蛋糊待用。

（2）把鱼头挂糊下入140℃油中炸至金黄色，捞出码盘，蝇蛆用文火炸至体内浆开，捞起下入椒盐葱花，淋香油装盘即可。

特点：营养丰富，香酥可口。

13.3.2　玉笋麻果

原料：蝇蛆 100～150g，糯米粉 200g，白芝麻、莲蓉馅（或豆沙馅）、色拉油、淀粉、盐。

制作：

（1）糯米粉加适量水搅拌均匀待用，莲蓉馅搓成小指头大小，将其用湿糯米粉包在中间（大小约大拇指头大），放入芝麻中，使其均匀裹上芝麻。蝇蛆洗净控干水，用干纱布沾干水分，加少许盐，干淀粉拌匀，用细密格漏勺抖去多余淀粉待用。

（2）炒锅上火加色拉油，油温 4～5 成时下麻果炸至淡黄色时捞出。

（3）油锅继续上火，烧至5～6成时下入蝇蛆并立刻捞出，放入盘中，麻果呈圆形围在周围形成美丽图案即成。

特点：蝇蛆小巧玲珑形似笋，味道鲜美。

13.3.3　干煸玉笋

原料：蝇蛆 250g，色拉油 500g（实耗 50g），花椒粉、辣椒油、盐、味精、淀粉、白糖、姜末、小磨麻油、葱花、白胡椒各少许。

制作：

（1）首先将蝇蛆用清水洗净，再用 50～60℃温水略泡，控干水分，加水、少许盐和一定量的淀粉，调拌均匀。

（2）将拌匀的蝇蛆下入 120～160℃的油锅中炸至浅黄色捞出控油，再重油一次（注意，火不能太大，油温不要过高）。

（3）铁锅上火炉，放入少许色拉油用姜末炝锅，倒入炸好的蝇蛆，再加入花椒粉、盐、白糖、味精、白胡椒、葱花、淋入少许辣椒油和香油，翻锅装盘。

特点：麻辣适中，祛风追寒，香酥可口。

13.3.4　元宝蝇蛆

原料：蝇蛹 200g，鲜鸡蛋 5 个，鲜河虾仁 50g，冬笋粒、味精、姜末、白胡椒、色拉油、淀粉。

制作：

（1）将鸡蛋的蛋清与蛋黄分开，留蛋清备用，鲜虾仁上好浆备用。

（2）将蝇蛆捣碎，用密格控出汁，蛋清加入蝇蛆汁中，再加入盐、淀粉、味精调匀。

（3）将调好的蛋清上笼蒸 5～6min，下笼。

（4）炒锅上火，划锅，留部分油，油温 3～4 成下入浆好的虾，划散，倒入漏勺。

（5）炒锅上火，放少许油，姜末炝锅，下入冬笋粒，清汤调好味，勾薄芡，下入虾仁，将虾仁盛入蒸好的蛋清上即菜。

特点：口感鲜嫩，营养丰富。

13.4　剩余培养基质中的抗菌活性物质

蝇蛆可在病原菌丛生的肮脏环境中健康生长。人工饲养家蝇幼虫的饲料中多含有蛋白质、脂肪、淀粉和维生素，很容易滋生各种病原菌，但是在温度、湿度均适宜的条件下，却极少发现培养基质出现霉菌生长的现象。张文吉等（1986）将已经饲养过幼虫的培养基质，加一倍自来水搅拌过滤，并用此滤液代替自来水配制新鲜家蝇幼虫培养基（处理 1），用已培养过幼虫的培养基质与新鲜培养基各半均匀混合（处理 2），用自来水配制新鲜培养基（处理 3），三种处理均不接种病原菌，放置在 25～30℃下培养。结果表明，处理 1 和处理 2 三天均未见菌落生长，处理 3 第 2 天食料表面普遍出现白色毛霉，食料内部亦出现菌丝，第三天菌丝变灰有孢子出现，表层因大量菌丝生长而结块。这说明饲养过家蝇幼虫的培养质中含有可抑制毛霉生长的活性物质，这种物质可溶于水，它可能来源于家蝇幼虫体内的分泌物。

13.4.1　剩余培养基质中活性物质的提取

张文吉等（1993）采取有机溶剂系统和水提-透析-过柱系统两种方式提取家

蝇剩余培养基质中抗菌活性物质。

有机溶剂系统提取：每个三角瓶放入20g剩余培养基质，分别加入100mL乙醚、石油醚、乙酸乙酯、无水乙醇浸泡24h，充分搅拌后过滤，滤液减压浓缩至2mL。同样数量的剩余培养基和有机溶剂，在烧瓶中回流1h，过滤除去残渣，滤液亦减压浓缩至2mL，然后分别进行生物测定。

水提-透析-过柱系统提取：取100g剩余培养基于500mL烧杯中，加200mL去离子水，浸泡2h，充分搅拌后用双层纱布抽滤，滤液经3000～4000r/min离心30min，取部分上清液备生物测定用。部分装入透析袋内（可透析小于1000IU的物质），封口置于500mL烧杯中，加入等量去离子水，透析48h，取部分透析液进行生物测定；部分透析液再过活性炭柱，活性炭颗粒和粉末混合（1.5∶1）装柱，活性炭的总量与透析液的重量比为1∶（15～20），在减压条件下，收集滤液待测。过柱滤液减压蒸馏得到结晶体，此结晶体再加30倍无水乙醇，在60℃水浴条件下，使可溶于乙醇的组分充分溶解，趁热过滤，收集滤液并用旋转蒸发仪减压蒸干，取样待测。用抑菌圈法测定抑菌活性，用绿豆、小麦种子浸种进行发芽试验，或浸芽检其对植物生长的影响。

生物测定结果表明，有机溶剂系统的两种提取方法，均未获得对供试病原菌和植物种子有活性的物质，说明家蝇幼虫分泌的活性物质脂溶性很差。水提取的原液，经离心法去沉淀，得到深褐色液体，pH8.0，再经透析得到暗红色透明液体，pH9.0；透析液再过活性炭柱得到无色透明液，pH6.0。这三种分离液体对供试病原菌和供试种子都有显著生物活性，对绿豆和小麦种子推迟发芽2天，抑制生长；对供试病原菌有明显抑制作用，对棉花枯萎病菌、立枯病菌、苹果轮斑病菌、红麻炭疽病菌水提液抑菌圈直径为2.3～2.4cm，透析液为1.6～1.7cm，过柱透析液为1.3～1.4cm；说明家蝇幼虫分泌的活性物质水溶性极好，可以用水直接从家蝇幼虫剩余培养基质中提取出来。

13.4.2　蝇蛆分泌物对植物病原菌的抑制作用

家蝇幼虫分泌物对主要农作物病原菌的作用：结果（表13-6）说明，家蝇幼虫分泌物对11种真菌和细菌病原菌，都有良好的抑制生长作用，活性比较高，抑菌谱较广。

表13-6　家蝇幼虫分泌物对植物病原菌的作用

供试菌种	抑菌圈直径/cm
棉花立枯病（*Rhizoctonia solani* Kühn）	1.7±0.1
棉花炭疽病（*Glomerella gossypii* Edg）	1.5±0
棉花枯萎病（*Fusarium oxysporum* f. sp.*vasin-fectum*）	1.6±0

续表

供试菌种	抑菌圈直径/cm
棉花红腐病（*Fusarium moniliforme* var. *intermedium*）	1.6±0.1
小麦黑颖病（*Xanthomonas translucens*）	2.3±0.1
红麻炭疽病（*Colletotrichum hibisci*）	2.1±0
柑橘青霉病（*Penicillum italicum* Wehmer.）	1.9±0.1
苹果轮斑病（*Physalospora piricola* Nose）	2.0±0
水仙芽枝霉（*Clodosporium* sp.）	2.0±0
木霉菌（*Trichoderma* Pers. ex Fr）	1.9±0.1
细菌性根癌菌（*Agrobacterium tumefactions*）	1.5±0
对照	0

家蝇幼虫分泌物对棉花种子发芽时的防腐作用：经家蝇幼虫分泌物处理的棉花种子，可以有效地控制棉花立枯和炭疽病原菌对种子及幼芽幼根的感染。处理5天后，防治效果达95%以上。

家蝇幼虫分泌物对棉花苗期病害的防治效果：结果（表13-7）表明，家蝇幼虫分泌物对棉花苗期立枯病和炭疽病有良好防治效果。对炭疽病的防治效果虽不如对立枯病好，但播后15天防治效果达仍达到78%，20天达到69%，30天还可维持60%。而且棉苗长势明显优于对照。

表13-7　家蝇幼虫分泌物拌棉种防病盆栽试验结果

处理	播后 10 天	播后 15 天		播后 20 天		播后 30 天	
	出苗率/%	死苗/%	防治效果/%	死苗/%	防治效果/%	死苗/%	防治效果/%
棉籽+透析液+立枯病菌液	90	2	83	2	90	4	85
棉籽+透析液+炭疽病菌液	90	8	78	16	69	24	60
棉籽+水+立枯病菌液	90	12	—	20	—	26	—
棉籽+水+炭疽病菌液	82	36	—	52	—	60	—

13.5　家蝇幼虫营养保健果冻

4龄家蝇（*Musca domestica* L.）幼虫（华中农业大学昆虫资源研究所提供）；白砂糖（食用级，市售）；卡拉胶（食用级，广州蓝星食品添加剂有限公司）；抗坏血酸（分析纯，上海化学试剂采购供应站分装厂）；柠檬酸（分析纯，上海化学试剂有限公司）；EDTA（分析纯，广西西陇化工厂）；亚硫酸氢钠（分析纯，天津市塘沽鹏达化工厂）；山梨酸钾（食品添加剂，中国上海五联化工厂）；

对羟基苯甲酸乙/丙酯钠（食品添加剂，浙江圣效化学品有限公司）；离心沉淀机（上海医用分析仪器厂）；UV-755 型紫外可见分光光度计（上海分析仪器总厂）。

13.5.1　材料准备

13.5.1.1　家蝇幼虫粗提液的制备

取适量家蝇幼虫，用清水清洗，并在沸水浴中漂烫 1~2min。加入 5 倍量（m/V）的蒸馏水进行打浆，2000r/min 离心 15min，取上清液在沸水浴中加热 2~3min。加热后的家蝇幼虫浆经 2000r/min 离心 15min，取上清液，再经 16 层纱布过滤得滤液，制得家蝇幼虫粗提液。

13.5.1.2　护色效果评价

分别将不同的护色剂配制成体积分数为 0.05% 的护色液。取漂烫后的家蝇幼虫 5g，加 2mL 不同护色液研磨后，再次加入不同的护色液 23 mL 浸提 20min，经沸水浴 1~2min 后，14000r/min 离心 10min，取上清液，稀释 3 倍，在 460nm 处测其吸光度，比较其吸光度大小。

13.5.2　家蝇幼虫营养保健果冻制作工艺

13.5.2.1　工艺流程

工艺流程设计参考刘恩歧等的方法，略有改进，如图 13-2 所示。

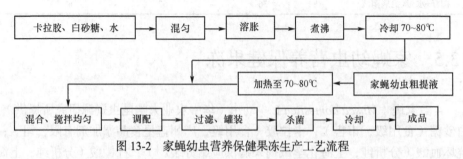

图 13-2　家蝇幼虫营养保健果冻生产工艺流程

13.5.2.2 操作要点

（1）熬煮糖胶：将卡拉胶、白砂糖、水混合均匀，加热煮沸 2～3min，加热时应不停搅拌，以防胶体煮糊，产生焦糊味。

（2）柠檬酸的加入：由于柠檬酸会使混合胶液的 pH 降低，易发生水解，使混合胶液由稠变稀，影响果冻胶体的成型，因此应在混合胶液冷却至 70℃左右时再加入，同时搅拌均匀，以防局部酸度偏高。

（3）香精的加入：在添加香精之前，根据产品所需要的口味确定香精的添加量。乳化香精的热稳定性低，因此香精的加入时间应控制在熬煮之后，减少有效成分的挥发，保证添加的有效性。加入过早易挥发；加入太迟，混合液黏度大，一方面不易搅拌均匀，另一方面容易造成局部剧冷而返砂。

（4）罐装杀菌：将调配好的混合胶液装入一次性水杯中，封口，放入85℃的热水中杀菌 5～10min。

13.5.3 家蝇幼虫营养保健果冻配方确定

（1）正交试验设计：选用 $L_9(3^4)$ 正交设计表对家蝇幼虫粗提液、白砂糖、柠檬酸和卡拉胶这 4 个因素进行正交实验。

（2）评定方法：以国标 GB 19883—2005 为参考制订家蝇幼虫营养保健果冻感官评分标准，满分 100 分，其中组织状态 30 分，色泽 30 分，口感及风味 40 分。

13.5.4 防腐剂的防腐效果评价

使用不同防腐剂的果冻，在 37℃下放置 12 天，测定菌落总数。

13.5.5 不同护色剂对家蝇幼虫提取液色泽的影响

家蝇幼虫在匀浆时易由浅灰白色变成褐色，离心后制得的粗提物溶液是灰褐色，推测其原因可能是家蝇幼虫体内含易被氧化的物质，而这些现象影响了家蝇幼虫食品的感官质量，限制了家蝇幼虫在食品中的应用。选择柠檬酸、抗坏血酸、EDTA、亚硫酸氢钠为护色剂，不同单体护色剂对家蝇幼虫粗提物的护色效果见表 13-8。

表13-8　不同单体护色剂的使用效果

护色剂	吸光度（A_{460}）	未稀释前提取液的色泽
空白	1.337	浅灰黄色
抗坏血酸（0.05%）	1.174	乳黄色
亚硫酸氢钠（0.05%）	1.194	浅灰黄色
EDTA-Na_2（0.05%）	1.276	浅灰黄色
柠檬酸（0.05%）	1.119	浅黄灰色

由表 13-8 可以看出，单独使用各种护色剂时，抗坏血酸、亚硫酸氢钠和柠檬酸的效果较好，柠檬酸最好，而 EDTA-Na_2 护色效果较差。

13.5.6　复合护色剂对家蝇幼虫提取液色泽的影响

一般地，具有护色作用的单体单独使用时，在低用量时对护色对象的护色作用不明显；用量过高，会增加成本，同时又影响产品风味及安全性。要达到好的护色效果，应使用几种具有护色功能或有助于护色的单体复合使用，以达到功能互补、协同增效的目的。参考表 13-8 结果，选择抗坏血酸钠、亚硫酸氢钠和柠檬酸进行组合复配护色剂效果试验，试验设计及护色效果见表 13-9。

表13-9　组合复配护色剂的使用效果

复合护色剂	吸光度	未稀释前提取液的色泽
空白	1.337	浅灰黄色
抗坏血酸(0.02%)+亚硫酸氢钠(0.02%)	0.936	清亮浅乳黄色
抗坏血酸（0.02%）+柠檬酸（0.02%）	0.991	清亮浅乳黄色
亚硫酸氢钠（0.02%）+柠檬酸（0.02%）	1.538	浑浊的浅乳黄色

从表 13-9 可以看出，亚硫酸氢钠和抗坏血酸复配作为粗提液的护色剂效果最好，而柠檬酸和亚硫酸氢钠的效果最差。比较表 13-8 与表 13-9 采用抗坏血酸和亚硫酸氢钠，抗坏血酸和柠檬酸复配而成的护色剂对家蝇幼虫粗提物均比单体有较好的护色效果。但是考虑到亚硫酸氢钠对人体有一定的不良反应，选择抗坏血酸和柠檬酸复配作为家蝇幼虫粗提物的护色剂。

13.5.7　家蝇幼虫营养保健果冻配方优化

在预试验的基础上，参考相关文献资料，确定家蝇幼虫粗提液（A）、白砂糖（B）、柠檬酸（C）和卡拉胶（D）为家蝇幼虫营养保健果冻的影响因素及其水平。考虑果冻品质的同时兼顾成本，卡拉胶的最大用量设为 1.4%。

表13-10 L₉（3⁴）试验方案及实验结果

试验编号	家蝇幼虫粗提液（A）/%	白砂糖（B）/%	柠檬酸（C）/%	卡拉胶（D）/%	感官评分
1	30	10	0.22	1.2	6.70
2	35	10	0.18	1.0	67.20
3	40	10	0.20	1.4	68.11
4	30	15	0.20	1.0	70.96
5	35	15	0.22	1.4	72.81
6	40	15	0.18	1.2	71.89
7	30	20	0.18	1.4	75.52
8	35	20	0.20	1.2	71.89
9	40	20	0.22	1.0	64.89
K_1	71.06	67.34	71.54	67.68	
K_2	70.63	71.89	70.63	70.16	
K_3	68.30	70.77	68.13	72.15	
R	2.76	4.55	3.41	4.47	
最优水平	A_1	B_2	C_1	D_3	
主次顺序			B＞D＞C＞A		

　　按照从正交试验表中选出的得分最高组合 $A_1B_3C_1D_3$ 与极差分析筛选的组合 $A_1B_2C_1D_3$ 结果不一致。白砂糖的 15% 和 20% 2 个水平相差不大，由于白砂糖能提供热能，对高血压也有一定的影响，因此选用 15% 的白砂糖用量；家蝇幼虫粗提物 30% 和 35% 的 2 个水平相当，对家蝇幼虫营养保健果冻的质量影响也较小，但粗提液中含有大量营养成分及功能保健因子，所以选用 35% 的粗提液用量，配方确定为 $A_2B_2C_1D_3$。对家蝇幼虫营养保健果浆的配方 $A_3B_2C_1D_3$ 进行验证，配方 $A_2B_2C_1D_3$ 的平均得分 80.52，高于表 13-10 中的 $A_2B_2C_1D_3$，所以最佳配方为 $A_2B_2C_1D_3$，即 35% 的家蝇幼虫粗提液用量，15% 的白砂糖用量，0.18% 的柠檬酸用量和 1.4% 的卡拉胶用量。

13.5.8　不同组合防腐剂对果冻的防腐效果

　　参考林日高等的方法，对羟基苯甲酸酯类钠盐防腐剂的作用浓度及结果见表 13-11。实验观察到：空白在 37℃下恒温培养 3 天即长霉，而加入防腐剂的果冻没有出现霉变现象，因此家蝇幼虫营养保健果冻需要加入防腐剂来延长其货架期。

　　从表 13-11 中能发现，0.05% 山梨酸钾单独使用效果最好，0.05% 山梨酸钾+0.05%

对羟基苯甲酸乙酯钠组合、0.05%山梨酸钾+0.05%对羟基苯甲酸丙酯钠组合、0.05%山梨酸钾+0.025%对羟基苯甲酸乙酯钠+0.025%对羟基苯甲酸丙酯钠组合三者效果相当，也最好；0.05%对羟基苯甲酸丙酯钠的效果最差。

表13-11　不同防腐剂条件下家蝇幼虫营养保健果冻的菌落总数防腐剂组合

防腐剂组合	菌落总数/（cfu/g）
空白	多不可计
山梨酸钾（0.05%）	<10
对羟基苯甲酸乙酯钠（0.05%）	150
对羟基苯甲酸丙酯钠（0.05%）	200
山梨酸钾（0.05%）+对羟基苯甲酸乙酯钠（0.05%）	100
山梨酸钾（0.05%）+对羟基苯甲酸丙酯钠（0.05%）	100
山梨酸钾（0.05%）+对羟基苯甲酸乙酯钠（0.025%） +对羟基苯甲酸丙酯钠（0.025%）	100

13.5.9　山梨酸钾对果冻的防腐效果

对羟基苯甲酸脂类衍生物的成本较高，考虑单独使用山梨酸钾作为家蝇幼虫营养保健果冻的防腐剂，并进行了浓度梯度试验。不同浓度的山梨酸钾单独使用时在37℃下恒温培养12天后测得的菌落总数见表13-12。单独使用山梨酸钾作为家蝇幼虫营养保健果冻的防腐剂的最低，有效浓度是0.04%。国家标准GB2760—1996规定山梨酸钾在果冻中的最大添加量是0.5g/kg（0.05%），因此家蝇幼虫营养保健果冻使用单一的山梨酸钾，添加量在0.04%即可满足防腐保鲜的要求。

表13-12　不同浓度的山梨酸钾处理家蝇幼虫营养保健果冻的菌落总数

山梨酸钾浓度/%	菌落总数/（cfu/g）
0	多不可计
0.01	360
0.02	220
0.03	120
0.04	80

13.5.10　产品质量分析

13.5.10.1　感官指标分析

淡黄色，胶体柔软适中，口感均匀细腻，脱离包装后保持原有的形态；无肉眼可见杂质；酸甜可口，自然橙味。

13.5.10.2 理化卫生指标分析

蛋白质 1.81%，可溶性固形物（以折光计）17.21%。卫生指标为：砷（以 As 计）≤0.2mg/kg，铅（以 Pb 计）≤1mg/kg，铜（以 Cu 计）≤5mg/kg，细菌总数≤1000cfu/g，大肠菌群≤30cfu/100g，致病菌未检出。

13.6 蝇蛆几丁低聚糖咀嚼片的调节血脂作用

13.6.1 制作材料

以家蝇（*Musca domestica vicina* Macquart）幼虫（4～5 龄）为材料。家蝇幼虫由华中农业大学昆虫资源研究所提供。

胆固醇、胆盐、大鼠血清总胆固醇（TC）、血清总甘油三酯（TG）、血清高密度脂蛋白胆固醇（HDLC）试剂盒均由北京中生生物工程技术公司提供。

蝇蛆几丁低聚糖制备：根据赖凡等（1999）的研究方法提取制备蝇蛆几丁质及几丁糖，然后采用过氧化氢水解法和酶法水解法制备蝇蛆几丁低聚糖备用。

13.6.2 蝇蛆几丁低聚糖咀嚼片制备

蝇蛆几丁低聚糖咀嚼片配方：蝇蛆几丁低聚糖 20%、蔗糖 20%、葡萄糖 8%、麦芽糊精 15.6%、天然食用色素 0.1%、粉末食用香精 0.1%、食用淀粉 36%、硬脂酸镁 0.2%。

生产蝇蛆几丁低聚糖咀嚼片工艺流程：

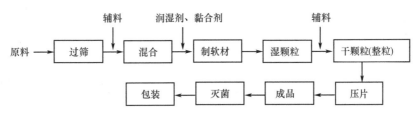

13.6.3 蝇蛆几丁低聚糖咀嚼片急性毒性

按上述方法制备的蝇蛆几丁低聚糖咀嚼片为淡黄色片剂,味甜,略带微涩。咀嚼片灌胃后,各组动物连续观察 7 天,结果见表 13-13。

表13-13 蝇蛆几丁低聚糖咀嚼片对昆明种小鼠的急性毒性

剂量/（g/kg 体重）	性别	小鼠数量/只	动物反应	死亡数/只	LD$_{50}$/（g/kg 体重）
1.00		5	正常	0	
2.15	雌	5	正常	0	>10.00
4.64		5	正常	0	
10.00		5	正常	0	
1.00		5	正常	0	
2.15	雄	5	正常	0	>10.00
4.64		5	正常	0	
10.00		5	正常	0	

观察期间,各组动物均未发现有明显中毒反应,也无一例死亡,说明蝇蛆几丁低聚糖咀嚼片对雌、雄性小鼠的半数致死剂量（急性毒性）均为 LD$_{50}$>10.00g/kg 体重。按照急性毒性分级,蝇蛆几丁低聚糖咀嚼片应属实际无毒物质。

13.6.4 试验期间大鼠的体重变化及行为观察

试验期间每周称大鼠体重一次,结果记录见表 13-14。

表13-14 蝇蛆几丁低聚糖咀嚼片对SD大鼠体重的影响

组别	剂量/（g/kg 体重）	大鼠数量/只	体重/g		增重/g
			实验前	实验后	
对照		10	160±6	296±16	136±16
高脂对照		10	161±6	295±17	134±20
低剂量	1.5	10	158±6	298±13	140±16
中剂量	3.0	10	157±5	290±16	134±13
高剂量	4.5	10	158±7	305±14	147±13

由表 13-14 结果可知,试验 28 天后,各组大鼠由于正处于旺盛的生长期,故体重明显增加,但各剂量组的体重与对照组之间无显著性差异,表明蝇蛆几丁低

聚糖咀嚼片对大鼠的体重无明显影响；实验组大鼠的外观、行为活动、精神状态、食欲、大小便及皮毛和肤色等均未见异常现象，表明蝇蛆几丁低聚糖咀嚼片不影响大鼠的正常生长。

13.6.5　蝇蛆几丁低聚糖咀嚼片对大鼠血脂水平的影响

（1）蝇蛆几丁低聚糖咀嚼片对大鼠血清 TC 水平的影响：各组灌胃给药 28 天后，测定大鼠血清中胆固醇含量，结果见表 13-15。

表13-15　蝇蛆几丁低聚糖咀嚼片对SD大鼠血清TC水平的影响

组别	剂量/（g/kg 体重）	大鼠数量/只	血清/nmol/L		TC 增加百分比/%
			实验前	实验后	
对照		10	1.92±0.29	1.63±0.30	−16.1
高脂对照		10	1.90±0.24	3.49±0.48	83.7
低剂量	1.5	10	1.91±0.22	3.25±0.38	70.2
中剂量	3.0	10	1.90±0.26	3.05±0.41	60.5
高剂量	4.5	10	1.88±0.25	2.85±0.46	51.6

由表 13-15 可知，用高脂饲料饲养的各组大鼠的血清 TC 较阴性对照组均有大幅度上升，但上升幅度有显著差异。服食蝇蛆几丁低聚糖咀嚼片的各组大鼠血清 TC 随着剂量的增加幅度较阳性对照组呈下降趋势，下降幅度大于 10%。高剂量组 TC 明显低于阳性组，有极显著性差异；中剂量组 TC 也明显低于阳性组，有显著性差异。表明实验大鼠摄入一定剂量的蝇蛆几丁低聚糖咀嚼片能有效地抑制血清 TC 升高。

（2）蝇蛆几丁低聚糖咀嚼片对大鼠血清 TG 水平的影响：各组灌胃给药 28 天后，测定大鼠血清中甘油三酯的含量，结果见表 13-16。

表13-16　蝇蛆几丁低聚糖咀嚼片对SD大鼠血清TG水平的影响

组别	剂量/（g/kg 体重）	大鼠数量/只	血清/（nmol/L）		TG 增加百分比/%
			实验前	实验后	
对照		10	0.83±0.21	0.74±0.18	−10.8
高脂对照		10	0.88±0.21	1.58±0.33	79.5
低剂量	1.5	10	0.81±0.19	1.18±0.25	45.6
中剂量	3.0	10	0.78±0.23	1.00±0.22	28.2
高剂量	4.5	10	0.85±0.26	0.99±0.20	16.5

由表 13-16 可知，用高脂饲料饲养的各组大鼠的血清 TG 较阴性对照组均有上升，但上升幅度有显著差异。服食蝇蛆几丁低聚糖咀嚼片的各组大鼠血清 TG

随着剂量的增加幅度较阳性对照组呈下降趋势，下降幅度大于15%。高、中、低剂量组 TG 均明显低于阳性组，有极显著性差异。表明实验大鼠摄入一定剂量的蝇蛆几丁低聚糖咀嚼片能有效地抑制血清 TG 升高。

（3）蝇蛆几丁低聚糖咀嚼片对大鼠血清 HDLC 水平的影响；各组灌胃给药 28 天后，测定大鼠血清中高密度脂蛋白胆固醇含量，结果见表 13-17。

表13-17　蝇蛆几丁低聚糖咀嚼片对SD大鼠血清HDLC水平的影响（$\bar{x}\pm s$）

组别	剂量/（g/kg 体重）	大鼠数量/只	血清/（nmol/L）		HDLC 增加百分比/%
			实验前	实验后	
对照		10	0.56±0.09	0.60±0.06	−0.04
高脂对照		10	0.56±0.06	0.42±0.07	0.14
低剂量	1.5	10	0.57±0.08	0.47±0.04	0.10
中剂量	3.0	10	0.56±0.08	0.50±0.04	0.06
高剂量	4.5	10	0.53±0.06	0.53±0.07	0.00

由表 13-17 可知，除高剂量实验组外用高脂饲料饲养的各组大鼠的血清 HDLC 较阴性对照组均有下降，但下降幅度有显著差异。服食蝇蛆几丁低聚糖咀嚼片的各组大鼠血清 HDLC 随着剂量的增加其下降值呈减小趋势。高、中、低剂量组的血清 HDLC 下降值均明显低于阳性对照组，中、低剂量组有显著性差异，高剂量组有极显著性差异。这表明蝇蛆几丁低聚糖咀嚼片对 HDLC 有明显稳定作用。

13.7　力诺活力素与力诺健之素

13.7.1　力诺活力素与力诺健之素的由来

1995 年，专营"工程蝇"保健品的生物工程公司——武汉苍龙生物工程有限公司成立。以工程蝇幼虫体壁为原料，经加工提炼精制而成几丁糖，即力诺活力素的有效成分。力诺健之素则是以工程蝇幼虫血淋巴为原料，经提取、加工精制而成的活性蛋白粉。苍龙公司依托"力诺活力素"和"力诺健之素"这两个保健产品，1997 年初与美国 TXC 发展有限公司合资成立中外合资企业，公司 1997 年被武汉市人民政府批准为高新技术企业，同年，两个产品均获批卫生部保健食品，同时被列入 1997 年国家级新产品和武汉市火炬计划项目，成为湖北省科学技术委员会和武汉市科学技术委员会重大科技项目。1998 年力诺活力素被列入国家火炬计划项目，1999 年力诺健之素被列入国家火炬计划项目。两个保健品在 20 世纪末已有较广阔的市场，并已产生较大的经济效益。

13.7.2　力诺活力素的配方及生产工艺

13.7.2.1　以工程蝇幼虫体壁几丁质为原料的力诺活力素配方依据

第一，几丁糖在食品领域已被广泛用作功能食品的添加剂和抗菌、防霉、保湿的保鲜剂，在生物医学领域对抑制胃酸和抗溃疡、降低胆固醇和甘油酸酯、预防动脉硬化、促进机体对食物的消化吸收、增强新陈代谢、促进抗体产生、调节机体免疫等方面具有重要作用。

第二，以工程蝇为原料生产的粗几丁质，通过系列工艺提取的几丁糖，低聚糖含量高，色素含量低，钙盐成分少，较其他原料提取的几丁糖质量优良，有多种免疫调节作用。

第三，辅料蛋白糖、蔗糖脂肪酸酯、羧甲基纤维素、奶油香草香精，可改善口感和观感及起稳定作用。

13.7.2.2　生产工艺

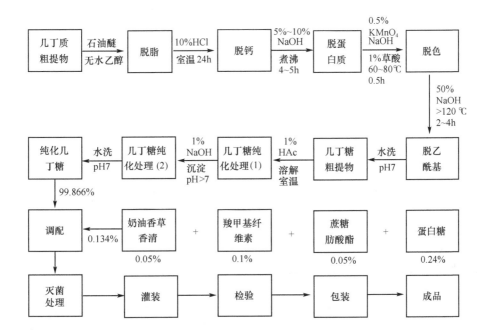

13.7.3　力诺健之素的配方及生产工艺

13.7.3.1　力诺健之素主要营养成分及特点

　　经国家农业部食品质量检测中心测定，力诺健之素富含人体所需的多种营养成分，其中：蛋白质 50.3%、脂肪 28.54%、维生素 B_1 1.95mg/100g、维生素 B_2 282.27mg/100g；1g 原粉中含氨基酸 49.4 万 μg，其中人体必需氨基酸为 58.03%，超过联合国 WHO/FAO 规定（40%）的标准；矿物元素 10 种，其中锌 180μg、铁 314mg、磷 1.36%、钙 0.33%、锰 190mg、硒 0.366μg/g、锗 0.005μg/g。力诺健之素主要营养成分与其他食品的比较见表 13-18～表 13-21。

表3-18　人体必需氨基酸占总氨基酸含量的对比

产品名称	工程蝇抗菌活性粉	蜂王浆	鲜鸡肉	蚕蛹	酪蛋白
含量/%	58.03	45.00	46.77	40.20	41.00

表13-19　粗蛋白含量的对比

产品名称	工程蝇抗菌活性粉	蜂幼虫粉	鸡肉	甲鱼粉	蚕蛹粉	猪肉
含量/%	60.33	40.55	21.50	54.70	48.05	14.40

表13-20　矿物元素含量的对比

元素名称	锌	铁	锰	钴	硒	锗	镁	磷	钙
含量单位	μg	mg	μg/g	μg/g	μg/g	μg/g	%	%	%
工程蝇抗菌活性粉	181	314	210	0.96	0.388	0.005	0.46	1.36	0.33
蜂王浆	4.66	1.46	0.876			0.004	0.006		
蜂幼虫粉	99	54.8	1.50			0.055	0.010		

表13-21　维生素含量的对比

产品名称	工程蝇抗菌活性粉	蛋类	牛肉	猪肉	鸡肉	牛奶
维生素 B_1/（mg/100g）	1.95	0.10	0.05	0.05	0.13	0.13
维生素 B_2/（mg/100g）	282.27	0.30	0.13	0.13	0.35	0.15

　　以上分析结果表明力诺健之素粗蛋白质含量为 60.33%，比甲鱼高 12%。比鸡肉高 45，1g 原粉含氨基酸 17 种，总量为 49.4 万 μg，是甲鱼的 10 倍。其中被誉

为人体"生命之花"的锌含量为蜂幼虫粉的 2 倍，为蜂王浆的 40 倍，维生素 B_1 的含量为 1.95mg/100g，是牛奶的 15 倍，维生素 B_2 的含量为 282.27mg/100g，是牛奶的 1882 倍。

除了含有上述营养成分外，力诺健之素还有多种调节生理的活性物质。①昆虫溶菌酶有抗感染及抗生素效力增加作用，有加速血液凝固和止血作用，能促进组织再生和伤口愈合。②金属硫蛋白对重金属的解毒作用明显，有助于金属的运输及贮存，可作为锌、铜的临时贮存库，以调节人体内锌、铜含量。还有清除自由基的作用，它能通过硫基和自由基结合，减少体内的自由基。金属硫蛋白还参与调节机体生长发育，在医学和保健方面有极其重要的作用。③线粒体超氧化物歧化酶（SOD）能清除体内的氧自由基，体内过量的氧自由基，与人体衰老及许多疾病有关，因此积极地补充 SOD 能增加人体内 SOD 活性，有助于减少或阻断脂质过氧化反应，延缓机体衰老，除此之外，还含有"抗菌蛋白"和"抗癌蛋白"等多种活性物质，能全面调节机体的生理机能。

因此，力诺健之素可以说是一种超级保健品，不仅具有均衡、丰富、全面的营养，还有显著的调节生理机能的作用。从其诞生之日起，就引起国内外广泛关注，中国《科技日报》以"利用苍蝇开发优质营养源"为题在头版头条对其进行了报道，并专发"苍蝇价值几多钱"的评论员文章，同时新华社对外发专稿介绍此项成果，美国《时代周刊》、《乔治亚州先驱报》、《科学美国人杂志》及英国《每日论坛》纷纷相继报道。

13.7.3.2 力诺健之素生产工艺

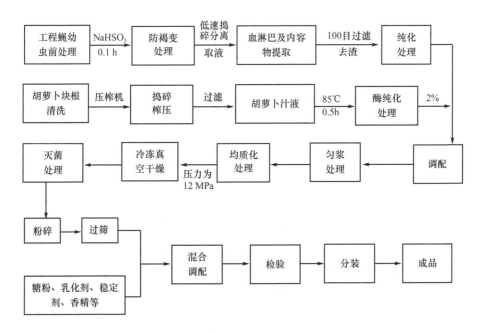

13.7.4　力诺活力素与力诺健之素的保健功能及作用机制

13.7.4.1　力诺活力素的保健功能

1）清洁肠胃，排除毒素

力诺活力素能有效吸附农药、化肥、重金属、废气污染、化学色素等，并将其排出体外；溶解后的力诺活力素呈凝胶状态，具有较强的吸附能力。砷、铅、钴、汞等中毒可引起很多种难以治疗的疾患，力诺活力素具有吸附、排泄、消除毒素的功能。力诺活力素还可以用来吸附农药、毒素、化学色素等，使人免受其害。

此外，还能消除多余胆固醇，降低血压、血脂，防止动脉粥样硬化、脑卒中等心血管疾病。

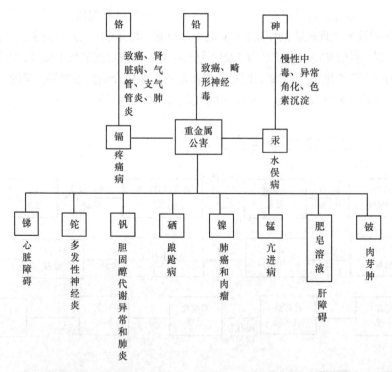

（1）能妨碍胆固醇在体内的吸收。食物中的胆固醇进入体内后，需要经胆固醇酶的作用变成胆固醇酯才能在肠道内吸收，但是酶又必须具备一定条件，这就是，胆固醇的周围必须存在着一定量的胆汁酸。力诺活力素很容易和胆汁酸结合并将其全部排出体外，胆固醇周围的胆汁酸消失，这种酶就无法将胆固醇转变成

容易被肠管吸收的胆固醇脂了。

（2）能妨碍脂肪的吸收。因为力诺活力素是带有正电荷的阳离子基团，所以，在体内它能聚集在带负电的油滴周围，形成屏障而妨碍其吸收。因此，即使摄取脂肪，如果同时摄入力诺活力素，体内吸收的脂肪量也是非常少的。而且血液中的脂肪并不是单独存在，它存在于胆固醇或蛋白质的粒子中，所以，血液中的脂肪一旦减少，胆固醇含量也会随之减少。

（3）促进胆固醇转化。胆汁酸是肝脏内由胆固醇所生成的消化液中一个重要成分，在胆囊中有一定储量，胆汁酸通常在完成体内消化、吸收脂肪的任务后，由小肠再吸收而回到胆囊中，因力诺活力素容易和胆汁酸结合并全部排出体外。那么，为了保持胆囊中一定量的胆汁酸储备，就必须在肝脏中将胆固醇转化，因而血液中胆固醇含量必然下降。

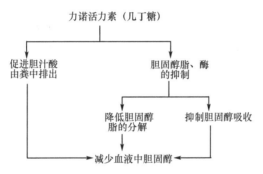

（4）降低血压。服用食盐会使血压升高，但最近科学证实，血压升高仅和食物中的氯离子有关而和钠离子无关，这是因为食盐中的氯离子使管血紧张素转换酶（ACE）活性提高，并把血管紧张素原分解成血管紧张素（An-giotensin）而引起的。力诺活力素是阳离子食物纤维，它能和食盐中的氯（阴离子）结合而随粪便排出，因此，可防治血压升高。

（5）预防心脑血管病引起的猝死。英年早逝多数是因为猝死（过劳死）而引起的，且发病率在逐年上升，其原因仍是健康的三大要素偏移而造成。猝死的病因主要为：脑出血、蛛网膜下腔出血、心肌梗死、脑栓塞、急性心功能不全等。力诺活力素有如下作用：①降低胆固醇，预防动脉硬化的作用；②抗血栓的作用；③阻止血液凝固的作用；④降低血糖浓度的作用。

力诺活力素的以上作用，对因心脑血管引起的猝死具有绝佳的预防效果。

（6）清洁肠胃，消除病菌。食用力诺活力素后能使肠内有益菌增多，有害菌下降，使肠内细菌维持均衡，确保健康。肠道的正常菌群，是人体的一道防线，有提高人体免疫、防止病菌入侵、降解致癌物质、合成维生素的能力，而一旦进入老年，肠道菌落往往发生改变，分歧杆菌和乳杆菌减少，而有害的拟杆菌、梭菌增加，另一些腐败性细菌亦随之入侵，致使肠道中氨、硫化氢、胺类、酚、靛基质等有毒物质积蓄，二次胆汁酸增多；这些有害物质被吸收后，会促使机体加快衰老，并可促发癌症。而动物性纤维素却能保持双歧杆菌在肠道中的优势，有利于维护肠道菌群的生态环境。力诺活力素属食物纤维，能增加肠蠕动，可治疗便秘、预防大肠癌。

纤维素是粪便最佳的稀释剂，1g 纤维素大约可以增加粪便容量 5～7g，人们吃高纤维的食品，12～14h 就可使肠道排空；而低纤维的食品要 28h 以上，甚至可在肠道中滞留 3 天，形成便秘。正因为纤维素服用后不被吸收而增加肠内容积，增大的容积对肠壁产生一定压力，导致肠管蠕动增加而排便。反之，如食物中缺乏一定量的纤维素，必然会引起便秘，由于便秘，粪便在肠道内滞留时间延长，粪便内的有害物质通过肠壁吸收的机会大大增加，由便秘引起的各种并发症也会大大增加。

食物进入肠道时，肝、胆就会向肠内不停地输送胆汁，而胆汁在肠道内细菌的作用下转化成二次胆汁酸，这种二次胆汁酸是一种促癌剂。排便不畅时，粪便在肠内长时间滞留，会使二次胆汁酸和其他致癌物质接触肠壁的机会增多，致使癌症发生率增高。纤维素会通过限制某些肠道细菌的增长而使二次胆汁酸降低。所以，纤维食物其实是最通常的抑癌食物。

2）增强人体免疫功能

（1）激活免疫细胞，促进疾病自愈。免疫这个概念是随着人们对自然界的认识水平不断提高而逐步发展的，传统的免疫概念认为免疫就是"免除瘟疫"，是指对传统因子的再次感染有抵抗力，而现代的免疫概念则认为免疫是指机体接触"抗原性异物"或"异己成分"的一种特异性生理反应，其作用是识别和排除抗原性异物，以此维持机体的生理平衡。

机体的免疫系统是指执行机体免疫功能的机构，由免疫器官、免疫细胞、免疫分子组成，它广泛分布于人体的各个部位，为保护机体健康发挥巨大作用。若免疫系统诸因素中任何一方面的缺失或功能不全，便可导致免疫功能障碍，免疫功能障碍患者不能发挥正常的免疫和防御功能，表现出感染、肿瘤、过敏反应和自身免疫病等现象。

力诺活力素含有大量的胺基和活性物，它能有效地激活免疫细胞，增加人体抗病能力，促进疾病自愈，抑制突变。

（2）预防癌症，阻碍癌细胞转移、抑制癌症复发。罹患癌症后，体重会迅速减轻，这是因为癌细胞释放了癌毒素，此毒素先是降低血清中的铁质，使其产生贫血，接着，使食欲减退，分解体内的脂肪。癌症患者服用本品出现食欲，是因为力诺活力素在肠内分解成小分子集团，被肠子吸收而抑制了癌毒素的缘故。

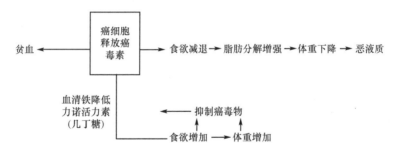

活力素能活化杀死癌细胞的淋巴细胞。人体内有大量的淋巴细胞（NK 细胞、LAK 细胞）、巨噬细胞（能分辨正常细胞和癌细胞）、T 细胞（体液免疫）、B 细胞（细胞免疫），对人体具有防护功能，即人体免疫功能。淋巴细胞杀死癌细胞的作用，在 pH7.4 左右最为活泼，但是癌细胞的周围一般倾向酸性，使淋巴细胞不容易活泼起来，对于这一点，力诺活力素具有使体内 pH 倾向碱性的作用，所以，可以创造一个适合淋巴细胞杀死癌细胞的环境。

活力素还能抑制癌细胞转移。癌细胞转移，必须经过血管。在血管壁细胞表面有所谓的接着分子，癌细胞只有被接着分子附着、结合才能转移，否则无法转移。而力诺活力素具有预防癌细胞和接着分子结合的特点，其可首先被接着分子附着，使癌细胞无法转移。

3）防治糖尿病

力诺活力素可促进胰岛素适量分泌，抑制血糖上升，防治糖尿病。糖尿病是人体内糖代谢紊乱的一种慢性病，因多数患者尿中含糖（多为葡萄糖）而得名。当体内有足够的胰岛素时糖代谢才能正常进行，而当胰岛素（由胰腺分泌）由于各种原因造成绝对或相对不足时，血糖便无法正常利用，从而患上糖尿病，多余的糖则从尿中排出。所以典型糖尿病表现多饮、多食、多尿及体重减轻，即所谓的"三多一少"症，未经治疗或治疗不合理的糖尿病患者将会导致心血管疾病（包括心、脑、周身血管等）、肾脏病、视网膜病及神经系统等并发症。

力诺活力素属于动物性纤维素，可在胃中盐酸下溶解，不仅能降低胆固醇，而且能抑制血糖上升和促进胰岛素分泌。

糖尿病患者，糖代谢水平很高，体内过量二氧化碳堆积，使体液呈酸性，使胰岛素的作用下降。使糖尿病加重。力诺活力素能使体液 pH 维持在 7.4 左右而呈弱碱性，还可中和胃酸，不但能预防和缓解糖尿病严重并发症酮症酸中毒的发生，而且能提高患者的免疫力。

力诺活力素在体内的分解产物 N-乙酰葡萄糖胺能刺激迷走神经兴奋，使毛细血管扩张，氧容量增加，使二氧化碳下降，不致酸中毒。

13.7.4.2 力诺健之素作用机制

1）提高人体免疫功能

权威部门对力诺健之素进行的免疫调节作用试验结果，按照国家规定的免疫调节作用程序评价表明，力诺健之素具有免疫调节作用。

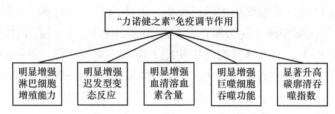

免疫是机体识别和排除抗原性异物的功能，即机体区分自身与异己的功能，引起感染的病原生物只是众多的抗原性异物中的一大类而已。正常的健康人体内，由于新陈代谢，不断地出现衰残的细胞，也会偶尔出现因突破而产生的癌细胞。这些细胞也正是由于免疫识别和清除才将其消灭，以保持机体内环境的稳定和避免发生癌症。当机体的免疫功能正常时，对维持机体的生命活动是有益的、重要的和不可缺少的，这就是免疫的生理现象；当免疫功能异常时，可使机体出现局部或全身病变，甚至引起死亡，这就是免疫的病理现象。例如，防御功能异常亢进，为进入人体内的微生物、药物（青霉素）或花粉等发生强烈的反应，这就是变态反应；反之，如防御功能过低或缺乏，易发生反复感染，这就是免疫缺乏综合征。如果自我稳定功能异常，对正常的自身细胞发生免疫应答，会出现自身免疫病；免疫监视功能缺乏或过低，常被认为是老年人或应用免疫抑制剂（如肾上腺皮质激素等）的人肿瘤发病率高的原因之一。

对照机体免疫功能分析，力诺健之素能使抗原特异性淋巴细胞（免疫活性细胞）活化、增殖、分化成熟为 T 淋巴细胞和 B 淋巴细胞。T 细胞受抗原刺激后转化成致敏淋巴细胞并可产生淋巴因子，构成细胞免疫应答，发挥抗病毒、抗肿瘤作用，实现免疫防御和免疫监视作用，同时增强或抑制免疫应答，实现免疫大相调节作用。B 细胞受抗原刺激后，转化成浆细胞并产生免疫球蛋白（抗体），构成体液免疫，协同 T 细胞实现免疫调节作用。

力诺健之素同时还能激活巨噬细胞、NK 细胞、K 细胞等免疫细胞，巨噬细胞是人体天然第一道防线，可以发挥机体非特异性免疫防御和免疫监视，清除衰老细胞、传递抗原信息、分泌介质、调节免疫应答；NK 细胞和 K 细胞是自然杀伤细胞，可提高机体排异功能，杀伤某些肿瘤细胞或被病毒感染的细胞和清除自身衰老细胞等，实现免疫调节作用。

综上分析，力诺健之素能提高细胞免疫和体液免疫，并具有双相免疫调节的作用，可使低下的免疫功能提高，亢进的免疫功能得到调整，以达到机体免疫系统维持自我稳定、免疫监视和防御感染功能，从而改善机体病理状态，使人体恢复到生理平衡状态。

2）力诺健之素能抗衰老

衰老意味着细胞代谢产生障碍，机体免疫功能下降。特点是对外来抗原、免疫功能削弱，而对自体突变抗原的监控功能下降，对自身抗原产生反应性，这就是年老体弱者易患感染性疾病、肿瘤、自身免疫病及免疫缺损症等的原因。

经权威部门进行的力诺健之素延缓衰老作用试验结果表明，其可延长果蝇的平均寿命和最高寿命，具有明显减少小鼠血清及 10% 肝匀浆脾脏过氧化脂质（LPO）和提高血清超氧化物歧化酶（SOD）活力等功效，对照国家有关延缓衰老作用评价程序，确认力诺健之素具有延缓衰老作用。

雷朝亮课题研究组发表的有关家蝇研究与利用的论文

艾辉. 2008. 家蝇幼虫抗病毒蛋白的分离纯化及其生物活性研究. 武汉：华中农业大学博士学位论文.

毕庆文, 陈晓敏, 王豹祥, 等. 2007. 蝇蛆低聚几丁糖对烟草赤星病菌的毒力测定. 华中农业大学学报, 06：785-787.

陈淑媛. 2007. 蝇蛆油脂化学成分、理化特性及其对动物实验性烫伤治疗药效的研究. 武汉：华中农业大学硕士学位论文.

陈晓敏. 2009. 家蝇不同地理种群形态学、生物学比较及遗传分化研究. 武汉：华中农业大学硕士学位论文.

陈晓敏, 朱芬, 张玥, 等. 2009. 家蝇不同地理种群生物学特性的比较. 环境昆虫学报, 02：150-155.

丁立忠, 田军鹏, 张洁, 等. 2006. 来源于家蝇、地鳖虫、黄粉虫和河虾壳几丁糖的基本特性. 昆虫知识, 06：831-834.

黄光伟, 龙坤, 朱芬, 等. 2013. 蝇蛆在低碳畜牧业中的应用现状和前景. 湖北农业科学, 14：3233-3237.

黄文, 刘彬, 易湘, 等. 2006. 蝇蛆几丁低聚糖咀嚼片的加工工艺及降血脂功能研究. 食品科学, 02：244-247.

黄文, 周兴苗, 张长禹, 等. 2005. 蝇蛆几丁低聚糖咀嚼片的调节血脂作用. 昆虫学报, 42（2）：314-318.

蒋红云. 1990. 几种家蝇饲料添加剂的营养效应的初步研究. 武汉：华中农业大学硕士学位论文.

姜勇. 1997. 家蝇血淋巴凝集素及其受体的研究. 武汉：华中农业大学硕士学位论文.

姜勇, 雷朝亮, 牛长缨, 等. 2003. 家蝇卵巢中的信息化学物质引诱雌蝇产卵的研究. 昆虫知识, 02：150-153.

姜勇, 雷朝亮, 宗良炳, 等. 1998. 家蝇血细胞的扫描电镜观察. 华中农业大学学报, 02：31-34.

姜勇, 吴明荣, 雷朝亮, 等. 1998. 家蝇血淋巴凝集素诱导动力学的研究. 华中农业大学学报, 02：35-42.

姜勇, 雷朝亮, 程林丽, 等. 1999. 蝇蛆几丁糖对几种切花的保鲜作用. 华中农业大学学报, 29：96-99.

赖凡. 1997. 蝇蛆几丁糖的制备及应用基础研究. 武汉：华中农业大学硕士学位论文.

赖凡, 雷朝亮, 钟昌珍. 1998. 蝇蛆几丁糖对几种植物病原真菌的抑制作用. 华中农业大学学报, 02：27-30.

赖凡, 雷朝亮, 牛长缨, 等. 1999. 蝇蛆几丁糖对几种细菌抑制作用的研究. 湖北农学院学报, 04：337-339.

赖凡, 雷朝亮, 钟昌珍. 1999. 蝇蛆几丁糖的制备及理化性质研究. 华中农业大学学报, 增刊（29）：89-95.

雷朝亮, 钟昌珍, 宗良炳, 等. 1992. 家蝇产卵节律的初步研究. 动物学研究, 13：116-122.

雷朝亮, 钟昌珍, 宗良炳, 等. 1993. 食物不同含水量对家蝇生长发育的影响. 华中农业大学学报, 12（4）：339-342.

雷朝亮, 钟昌珍, 宗良炳, 等. 1997. 蝇蛆几丁糖的免疫调节作用研究. 华中农业大学学报, 16（3）：259-262.

雷朝亮. 1998. 蝇蛆营养活性粉保健功能的评价. 华中农业大学学报,（2）：12-14.

雷朝亮, 钟昌珍, 宗良炳, 等. 1998. 蝇蛆几丁糖保健功能的评价. 华中农业大学学报, 17（2）：117-121.

雷朝亮, 周兴苗, 周国良, 等. 1999. 温度与营养对家蝇生殖力的影响. 华中农业大学学报, 29（11）：35-37.

雷朝亮. 1999. 家蝇的利用研究. 武汉：武汉大学出版社.

雷朝亮. 1999. 农民养蝇可致富, 盲目求学不可取. 农家顾问, 05：15.

雷朝亮, 牛长缨, 姜勇. 1999. 几种植物添加剂对家蝇产品质量的影响. 华中农业大学学报, 增刊（29）：102-105.

雷朝亮, 王健, 吴国华. 2002. 蝇蛆的饲养技术. 养殖与饲料, 02：50-51.

雷朝亮，吴颖运，牛长缨，等.1998. 蝇蛆几丁糖抑菌机理的初步研究. 华中农业大学学报，06：531-533.

雷朝亮，钟昌珍.1994. 家蝇人工饲养. 农村实用技术与信息，06：12-13.

雷朝亮，钟昌珍，宗良炳，等.1997. 蝇蛆几丁糖的免疫调节作用研究. 华中农业大学学报，03：53-56.

雷朝亮，钟昌珍，宗良炳，等.1998. 蝇蛆营养活性粉保健功能的评价. 华中农业大学学报，02：43-47.

雷朝亮，钟昌珍，宗良炳，等.1992. 家蝇产卵节律的初步研究. 动物学研究，02：116-122.

雷朝亮，钟昌珍，宗良炳，等.1993. 食物不同含水量对家蝇生长发育的影响. 华中农业大学学报，04：339-342.

雷朝亮，钟昌珍，宗良炳，等.1998. 蝇蛆几丁糖保健功能的评价. 华中农业大学学报，02：22-26.

雷朝亮，周兴苗，牛长缨，等.2002. 不同培养基质对家蝇实验种群增长的影响//中国昆虫学会. 昆虫学创新与发展-
　　——中国昆虫学会 2002 年学术年会论文集. 北京：中国科学技术出版社.

李广宏，钟昌珍，宗良炳，等.1997. 蝇蛆蛋白粉的营养评价. 昆虫知识，06：347-350.

李广宏，钟昌珍，宗良炳，等.1996. 食用昆虫蛋白质的提取研究. 天然产物研究与开发，02：82-89.

李克斌，牛长缨，雷朝亮，等.1999. 家蝇幼虫复合氨基酸营养液的动物试验研究. 华中农业大学学报,增刊（29）：
　　71-74.

李顺清.1991. 家蝇的营养转化与饲料评估. 武汉：华中农业大学硕士学位论文.

芦迪.2011. 家蝇幼虫提取蛋白的抗病毒及抗肿瘤活性研究. 武汉：华中农业大学硕士学位论文.

鲁汉平.1990. 蝇蛆（*Musca domestica* L.）养殖的技术系统优化设计. 武汉：华中农业大学硕士学位论文.

鲁汉平，钟昌珍.1993. 蝇蛆养殖技术的研究 I. 影响成蝇卵量的因子作用模型. 华中农业大学学报，03：231-236.

鲁汉平，钟昌珍.1994. 蝇蛆养殖技术研究 II. 影响幼虫生长的因子作用模型. 华中农业大学学报，06：641-643.

鲁汉平，钟昌珍.1995. 蝇蛆养殖技术的研究 III. 养殖技术的模拟优化及决策分析. 华中农业大学学报，01：43-49.

刘彬.2006. 家蝇幼虫提取物的抗辐射功能研究. 武汉：华中农业大学硕士学位论文.

刘彬，黄文，张洁，等.2006. 家蝇幼虫提取物清除氧自由基的作用. 昆虫知识，01：85-88.

刘彬，张克田，沈思，等.2007. 家蝇幼虫提取物对辐射小鼠的免疫调节作用. 昆虫学报，09：889-894.

龙坤.2014. 蝇蛆转化畜禽粪便的生态效应和低碳效应研究. 武汉：华中农业大学硕士学位论文.

毛文富.1996. 家蝇和棉铃虫抗菌肽的诱导及分离. 武汉：华中农业大学硕士学位论文.

牛长缨.1995. 家蝇油脂肪酸的分析及磷脂的提纯. 武汉：华中农业大学硕士学位论文.

牛长缨，雷朝亮，胡萃.2002. 家蝇幼虫体内的 Cu^{2+} 定位研究//胡萃，程家安. 全国第五届昆虫生理生化学术讨论
　　会论文集：89-91.

牛长缨，雷朝亮，胡萃.1999. 家蝇幼虫消化道的解剖和镉中毒时的症状观察. 华中农业大学学报，01：29-32.

牛长缨，雷朝亮，胡萃.2000. 昆虫金属结合蛋白的研究. 昆虫知识，04：244-247.

牛长缨，雷朝亮，宗良炳.1999. 家蝇油脂肪酸的气相色谱分析. 华中农业大学学报，18（3）：222-224.

牛长缨，雷朝亮，宗良炳，等.1999. 家蝇磷脂的提纯及性质研究. 华中农业大学学报,增刊（29）：82-88.

彭宇.1993. 家蝇幼虫对饲料转化利用的研究. 武汉：华中农业大学硕士学位论文.

彭宇，钟昌珍.1996. 一种麻蝇与家蝇的共栖现象. 昆虫知识，06：371-372.

彭宇，钟昌珍，雷朝亮.1996. 不同处理的饲料饲养家蝇幼虫的研究. 华中农业大学学报，05：31-36.

彭宇，钟昌珍，宗良炳，等.1996. 家蝇幼虫剩余饲料的利用研究. 湖北大学学报（自然科学版），04：13-16.

彭宇，钟昌珍，宗良炳，等.1997. 二次正交旋转组合设计在家蝇幼虫人工养殖上的应用研究. 湖北大学学报（自
　　然科学版），01：86-91.

彭宇, 钟昌珍. 1994. 麦麸的不同颗粒细度对家蝇幼虫生长发育的影响. 湖北大学学报(自然科学版), 02: 215-219.

宋春满. 1998. 家蝇抗菌蛋白的研究. 武汉: 华中农业大学硕士学位论文.

王芳. 2011. 一个家蝇未知功能基因的克隆及其生物信息学分析. 武汉: 华中农业大学硕士学位论文.

王芳, 朱芬, 雷朝亮. 2010. 利用畜禽粪便饲养家蝇的技术及应用. 昆虫知识, 04: 657-664.

王芳, 朱芬, 雷朝亮. 2013. 中国家蝇资源化利用研究进展. 应用昆虫学报, 04: 1149-1156.

王芙蓉. 2007. 家蝇幼虫蛋白提取物的抗病毒、抗氧化及护肝作用研究. 武汉: 华中农业大学博士学位论文.

王芙蓉, 黄文, 王艳丽, 等. 2005. 家蝇幼虫活性蛋白组分的提取及清除羟基自由基活性研究. 昆虫知识, 05: 546-549.

王芙蓉, 艾辉, 雷朝亮, 等. 2006. 家蝇幼虫组织匀浆液的抗病毒活性. 昆虫知识, 01: 82-85.

王佳璐, 黄文, 周兴苗, 等. 2005. 蝇蛆壳聚糖保鲜剂对几种蔬菜的保鲜作用研究. 昆虫天敌, 01: 10-14.

王佳璐, 黄文, 周兴苗, 等. 2005. 几种壳聚糖复合保鲜剂对番茄的保鲜作用研究. 食品科学, 02: 234-236.

王广兰, 符辉, 黄文, 等. 2011. 蝇蛆蛋白水解物对小鼠生长发育的影响. 武汉大学学报(医学版), 02: 150-154.

王健, 李雅, 雷朝亮. 2005. 艾蒿精油对家蝇的忌避及熏蒸活性. 昆虫知识, 01: 51-53.

王俊刚, 赵福, 雷朝亮. 2006. 不同饲料对大头金蝇生殖力的影响. 昆虫知识, 02: 223-225.

王香萍. 2001. 家蝇幼虫体外分泌物分离纯化及抑菌作用研究. 武汉: 华中农业大学硕士学位论文.

韦新葵. 2002. 蝇蛆几丁低聚糖抑菌保鲜作用的研究. 武汉: 华中农业大学硕士学位论文.

韦新葵, 雷朝亮. 2003. 蝇蛆几丁低聚糖对草莓保鲜作用研究. 昆虫天敌, 02: 59-63.

韦新葵, 雷朝亮. 2004. 蝇蛆几丁低聚糖抑菌作用的初步研究. 中国农业科学, 04: 552-557.

韦新葵, 雷朝亮. 2004. 蝇蛆几丁低聚糖对花生白绢病菌菌丝形态及超微结构的影响. 华中农业大学学报, 02: 214-217.

叶政培, 钱浏, 牛长缨, 等. 2008. 三种双翅目昆虫体内 Wolbachia 的分子检测//湖北省昆虫学会, 湖南省昆虫学会, 河南省昆虫学会. 华中昆虫研究(第五卷). 武汉: 湖北科学技术出版社.

杨军, 宋纪真, 尹启生, 等. 2005. 蝇蛆几丁低聚糖抗烟草黑胫病研究. 烟草科技, 11: 39-41, 44.

张洁. 2007. 蝇蛆蛋白水解物的功能评价及固体饮料研制. 武汉: 华中农业大学硕士学位论文.

张君运. 1991. 家蝇幼虫几种矿物营养最优化平衡的研究. 武汉: 华中农业大学硕士学位论文.

张克田, 刘彬, 黄蓉, 等. 2008. 家蝇幼虫营养保健果冻的研制. 昆虫知识, 04: 624-628.

周秀娟. 2009. 家蝇 ceropin 基因在昆虫细胞中的表达. 武汉: 华中农业大学硕士学位论文.

朱彬彬. 2005. 家蝇触角 cDNA 文库的构建及气味结合蛋白基因 cDNA 的克隆. 武汉: 华中农业大学硕士学位论文.

朱彬彬, 姜勇, 牛长缨, 等. 2005. 家蝇气味结合蛋白基因 cDNA 片段的克隆与序列分析. 昆虫学报, 05: 804-809.

朱彬彬, 姜勇, 牛长缨, 等. 2005. 家蝇触角 cDNA 文库的构建及质量分析. 动物学研究, 02: 203-208.

朱景全. 2003. 家蝇金属硫蛋白的 cDNA 克隆与序列测定. 武汉: 华中农业大学硕士学位论文.

Ai H, Wang FR, Xia YQ, et al. 2012. Antioxidant, antifungal and antiviral activities of chitosan from the larvae of housefly, *Musca domestica* L. Food Chemistry, 132: 493-498.

Ai H, Wang FR, Yang QS, et al. 2008. Preparation and biological activities of chitosan from the larvae of housefly, *Musca domestica*. Carbohydrate polymers, 72: 419-423.

Ai H, Wang FR, Zang N, et al. 2013. Antiviral, immunomodulatory, and free radical scavenging activities of a protein-enriched fraction from the larvae of the housefly, *Musca domestica*. Journal of insect science, 13: 112.

Feng X, Cheng G, Chen SY, et al. 2010. Evaluation of the burn healing properties of oil extraction from housefly larva in mice. Journal of Ethnopharmacology, 130: 586-592.

Jiang Y, Lei CL Niu CY, et al. 2002. Semiochemicals from ovaries of gravid females attract ovipositing female houseflies, *Musca domestica*. Journal of Insect Physiology, 48: 945-950.

Niu CY, Lei CL, Hu C. 2000. Studies on a cadmium-induced metallothionein in housefly larvae, *Musca domestica*. Insect Science, 7: 351-358.

Niu CY, Jiang Y, Lei CL, et al. 2002. Effects of cadmium on housefly: influence on growth and development and metabolism during metamorphosis of housefly. Insect Science, 9: 27-33.

Wang FR, Ai H, Chen XM, et al. 2007. Hepatoprotective effect of a protein-enriched fraction from the maggots (*Musca domestica*) against CCl$_4$-induced hepatic damage in rats. Biotechnology letters, 29: 853-858.

Wang FR, Ai H, Lei CL. 2013. *In vitro* anti-influenza activity of a protein-enriched fraction from larvae of the housefly (*Musca domestica*). Pharmaceutical biology, 51: 405-410.

Wei XK, Lei CL. 2003. Studies on the antimicrobial activity of Chitooligosaccharides from housefly larvae, *Musca domestica vicina* Macquart(Diptera: Muscidae). Agricultural sciences in China/sponsored by the Chinese Academy of Agricultural Sciences, 3: 299-304.

后记——我的家蝇研究历程

从 1985 年第一次接触"笼养苍蝇"起已过去 30 年了。在 30 年中，我培养了一大批研究生，也培训了一大批农民专业养殖户，其中不乏成功的喜悦，也饱含失败的苦涩。

1）扎扎实实做好基础研究（1983～1993）

我错过了家蝇研究利用最辉煌的阶段，即 1970～1985 年，从南到北，有 20 多个省市开展了养蝇，著名经济学家于光远先生 1983 年以"笼养苍蝇的经济效益"为题撰文，对推动这一事业的发展，起到了很好的作用。尽管与高潮擦肩而过，但于光远先生"推广笼养苍蝇，造福于人类"的题词却一直激励着我。我预言，在人口急剧增加的今天，未来人类的蛋白质来源很大成分会是昆虫提供。我认真分析了养蝇业轰轰烈烈开头，无声无息结束的原因，归纳起来有以下四点：一、基础研究薄弱，急功近利，缺乏强有力的研究成果支撑；二、养殖技术不过关，试点存在许多问题，而领导盲目抓普及；三、忽视管理和资金的投入；四、不重视环境保护问题，与环卫、卫生及环保相关部门缺乏沟通。针对上述问题，在 1985～1993 年 8 年中，我们重点解决和研究四个方面的问题。

第一，系统研究家蝇繁殖生物学，围绕家蝇繁殖生物学特性及其影响因子，如产卵节律、成虫营养、营养转化模式、光照及温度的影响，以及幼虫添加剂及矿物营养的效应等，以期为工厂化生产提供理论依据。

第二，重点解决工厂化养殖中的技术问题。通过家蝇生命表的研究，弄清家蝇生长发育中的关键影响因子，确定最佳饲养条件，同时，对幼虫培养基质进行筛选，优化配比，对基质的物理性状，如含水量、粒度大小等也进行了详细研究；最终对整个养殖技术系统进行了最优化设计，以期达到高产、稳产、高营养、低成本的总体目标。

第三，解决蝇蛆作为系列原料产品的问题。吸取国内养蝇业第一次受挫的教训，我们力图开拓蝇蛆产品的用途范围，从单一的饲用，向食品和医药进发，冲破人们关于苍蝇的思维禁区，为养蝇业的发展开拓一片新的天地。在实验室条件下，我们完成了蝇蛆蛋白、氨基酸、蛆油、几丁质及抗菌活性蛋白粉等系列原料产品的提取方法、制备条件及功能评价等研究。

第四，对系列原料产品开展了毒性试验、稳产性试验及产品质量检测技术的研究，为原料产品的商业化奠定了坚实基础。

八年磨一剑。1993 年，"蝇蛆工厂化生产基础技术及系列产品的研制"成果通过湖北省科学技术委员会主持的鉴定，专家们一致认为，该项成果整体居国内领先水平，部分内容达到国际先进水平。1994 年 1 月 18 日，《科技日报》头版头条以"华中农大研究成果引起轰动，利用苍蝇开发优质营养源"为题进行了专题报道，并附有"苍蝇价值几多钱"的评论员文章。成果鉴定后在国内外引起这么大的轰动是我始料不及的，家蝇真正实现产业化已大有希望。

　　2）养蝇业的产业化来得如此之快（1994～1999）

　　1994 年，武汉长实集团从 200 多家企业中脱颖而出，独家买断成果使用权，投资 1000 万元注册了武汉苍龙生物工程有限公司，在东湖高新技术产业区实施苍蝇的产业化。在不到一年的时间里，建起了 1000m² 的厂房，日产吨蛆的生产、加工设备全部到位。1997 年 8 月前，已经完成了产品与市场定位、商标注册、专利申请、生产销售许可证、报批及所有产品上市之前的准备工作。2 个健字号保健食品获批，省、市及国家火炬计划获批，1997 年 10 月，几乎是在一夜之间，苍蝇产品挤上了武汉市各大保健品商场的柜台，武汉苍龙保健品广告贴满了大街小巷。2 个月后，又相继在无锡、广州上市。力诺活力素、力诺健之素成了苍蝇产品的代名词，产品销售和市场前景非常不错，公司员工已达到 200 多人，经济效益节节攀升。我一时很难相信，养蝇业的产业化来得如此之迅速，一种不祥预感掠过心头。

　　3）养蝇业的低谷——死一般沉寂（1999～2011）

　　这一次走向低谷的原因很简单，苍龙公司涉嫌传销，公司顷刻之间破产。我信心满满要在养蝇业干出一番大事业，结果碰得头破血流，各种质疑声扑面而来，我已身心疲惫。学校个别领导找我谈话，说是身居重要岗位应面向农业主战场，我太吃惊了，什么是农业主战场？我再不敢要求我的学生尤其是留在学校工作的学生去研究家蝇。我在痛苦中挣扎，在挣扎中思索。我不甘心为之奋斗过 20 年的研究和心血付之东流。又是一个 10 年，而且是在谷底的 10 年，我看清了许多问题，明白了不少道理；同时制订了养蝇业东山再起的"两条腿"走路的策略。一方面突出高端研究，主要朝食品、化工、医药等领域发展，我仍然相信，世界人口爆炸性的增长，可耕土地面积不断减少，人类赖以生存的蛋白质资源严重不足，这是我们发展养蝇业的最好切入点。另外，家蝇独特的免疫特性和机制，人类也希望从中发掘新的抗生素和医药产品。另一方面从低端着手，接地气服务于农业。中国城市和农村目前面临两大污染问题，农村因为大规模饲养畜禽所带来的面源污染问题；而城市由于人口骤增，餐厨垃圾年排放量达 6000 万 t。这些有机废弃物恰好是可以被家蝇充分转化的，这样既可解决环境污染问题，同时，资源再生利用又可生产出大量蛋白质，利国又利民何乐而不为？在这期间，我培养了一批博士、硕士研究生，他们从蛋白质、几丁质、蛆油的提取加工及营养功能评价，以及蝇蛆抗病毒蛋白、抗菌肽等多个领域或方向开展了系统研究，发表了近 20

篇具较高学术水平的研究论文。同时，我们在江西、湖北、湖南等省建立了畜禽粪便养蝇试验点，起到了很好的示范作用。

4）养蝇业的春天来了（2012年以后）

2012年，国际应用生物科学中心（CABI）开始与我商谈加入欧盟第七框架协议研究项目。非常感谢张峰先生对我们研究小组的信任，把我们作为中方主要研究单位推荐给欧盟昆虫蛋白研究项目组；我们参与了研究项目中全部核心内容的研究。更令人兴奋的是，2013年5月13日，联合国粮食及农业组织发表"可食用昆虫：食物和饲料保障的未来前景"白皮书，充分肯定昆虫蛋白可作为人类食物来源之一，有助于缓解全球食品和饲料短缺现象，2014年5月14～17日，联合国粮食及农业组织与荷兰瓦格宁根大学联合举办"insect to feed the world"全球会议，目标是促进利用昆虫作为人类食物及动物饲料以保障食品安全。2015年，我们又承担了中英非国际合作项目。同时，我们作为主要完成单位参与了农村养殖业面源污染治理的农业部行业计划项目。所有这些足以显示养蝇业的春天已经到来。